中国饲料博物馆资助研究项目（SBG2016001）
南京农业大学金善宝农业现代化发展研究院专项经费资助
江苏科技大学2019年度人文社科优秀学术专著资助项目

中国饲料科技史研究

李群　杨虎／主编

吉林大学出版社
·长春·

编　委　会

主　任：李德发

副主任：李　群　马永喜

主　编：李　群　杨　虎

副主编：陈加晋

编　者：马凤进　葛　雯　张洪玉

目　　录

绪　论···1

第一章　中国古代饲料科技产生与发展的背景··············5
　　第一节　原始农业和畜牧业的起源·······················5
　　第二节　中国原始农业和畜牧业的发展特点·············14
　　第三节　原始种植业和畜牧业的成就与贡献·············23

第二章　秦以前中国古代饲料科技的萌芽与初步发展········40
　　第一节　秦以前畜牧业发展概况·······················40
　　第二节　秦以前饲料科技的萌芽·······················53

第三章　秦汉时期中国古代饲料科技的稳定发展············57
　　第一节　饲料资源的开发·····························58
　　第二节　优质苜蓿饲料的引进·························63
　　第三节　饲料"配方"与"名家"饲养法·················66

第四章　魏晋南北朝中国古代饲料科技的深入发展········71
　　第一节　官营牧场饲料区的建立·······················71
　　第二节　畜禽饲料甄选及利用的精细化·················74
　　第三节　饲料的加工与贮藏·····························79
　　第四节　舍饲比重的增加·····························82

第五章　隋唐五代中国古代饲料科技的规范化发展⋯⋯⋯⋯⋯　85

　第一节　饲料管理相关官职及法规的制定　⋯⋯⋯⋯　85

　第二节　规模化饲料基地的建立　⋯⋯⋯⋯　89

　第三节　苜蓿喂饲范围的有效拓展　⋯⋯⋯⋯　92

　第四节　传统饲料标准的出现及影响　⋯⋯⋯⋯　95

第六章　宋元时期中国古代饲料科技创新发展⋯⋯⋯⋯　99

　第一节　重视草场的保护　⋯⋯⋯⋯　99

　第二节　饲料管理官职的细化　⋯⋯⋯⋯　103

　第三节　大家畜饲料利用的进步　⋯⋯⋯⋯　105

　第四节　畜禽饲料加工的创新发展　⋯⋯⋯⋯　110

第七章　明清中国古代饲料科技体系的完善化⋯⋯⋯⋯　113

　第一节　饲料种类的增加及加工技术的提高　⋯⋯⋯⋯　113

　第二节　畜禽饲料利用方式　⋯⋯⋯⋯　135

　第三节　饲料利用的特点与影响　⋯⋯⋯⋯　148

第八章　民国时期中国现代饲料科技的初步发展⋯⋯⋯⋯　162

　第一节　西方先进饲料科技成果的传入　⋯⋯⋯⋯　163

　第二节　中国饲料科学的初步建制化　⋯⋯⋯⋯　177

　第三节　饲料科技研究的主要成就　⋯⋯⋯⋯　206

　第四节　饲料科技成果的转化　⋯⋯⋯⋯　244

后　记⋯⋯⋯⋯　254

绪　论

　　"民以食为天，畜以饲为食"，饲料作为畜禽生长的营养来源，其重要性不言而喻。由于中国古代尚未出现"饲料"这一名词和相关定义，更不曾有专门对其研究的著作文献，畜禽饲料一般依附于农业、畜牧业之下，呈零星状，在相关文献中内容简短，且分布庞杂散乱。本书正是从前人很少研究的古代"饲料"入手，以历史的视角选取远古至民国时期（1949年止）作为整体时段，基于历史时期中国农业和畜牧业发展情况，探讨中国饲料科技史的发展过程。本书对远古至近代中国饲料科技利用所做的分析、探讨、论述是建立在前人的研究基础之上的，并且结合传世典籍的记载，将这一历史阶段与饲料有关的史料信息进行分类，以时间为序大致分成几个大的阶段，并阐述总结各阶段畜禽饲料种类、加工、利用等方面的演变与特点，再"由点及面"，探讨饲料与社会生产之间的联系。

　　从畜禽饲料的发展脉络来看，饲料体系的完善经历了极其漫长和复杂的过程，自圈养开始，牲畜在野外自由觅食的方式便随着人工喂饲的出现发生了改变，饲料的重要性亦与日俱增。随着王朝更替和社会发展，人们的生产经验也日积月累并逐渐沉淀下来，古代劳动人民一直在牲畜喂饲及饲料利用之路上不断探索，从未停止脚步，且不断总结，使得中国饲料科技的历史发展呈现出自身的显著特征。首先，与大多事物发展进程不同，古代资源的缺乏和自然环境的恶劣反而促进了饲料品类的拓展，可以说饲料是在"逆境"中成长起来的。其次，虽然古代饲料从未被单独分离出来进行研究，但却能从农学、畜牧兽医学、中医学、动物伦理学、中国古代哲学、中国古代经济学等多种学科中找到其身影，足以说明其重要性，这也是本研究的具体价值体现。最后，当今社会一些热门话题如"资源合理开发与利用""生态农业的建设""人与自然和谐共处"等在古代就已经产生并实施了。

秦汉时期广辟饲料资源，苜蓿的引进可谓是我国饲料史上开天辟地的大事，对汉唐养马业的繁盛功不可没。到了魏晋南北朝，饲料利用最突出的特点便是精细化，无论是饲料的选择、饲料利用原则，还是饲料的加工和管理都有相当细致的规定。可见，先民们在牲畜牧养上已经不仅仅是让它们"吃得饱"，而是开始讲求"吃得好"了。至隋唐，人们对饲料的利用已趋近专业化了。这一时期，出现了掌管饲料的官职和规模化的饲料基地。值得一提的还有《唐六典》中完备、系统化的传统饲料利用标准，这在我国古代饲料发展史上具有里程碑式的意义。到宋元时期，我国在饲料利用上更是有了一个质的突破，不仅对饲料专管官职进一步细化，有严格保护管理草场的规定等，还发明了"三和一缴"饲料调制法、发酵饲料等。可见，这一时期，人们对饲料的利用已经有了一个系统化的认识，并在此基础上积极寻求创新，且取得了不小的成就。

明清时期又是一次饲料科技的大发展时期，从当时饲料配方的搭配、中草药添加剂的应用等各方面都具有较强的科学性。但正如任何一种事物的发展过程都不是单一进行的，这一时期饲料技术的发展从一定程度上来说，代表了其他相关科学的进步。从古代劳动者以"经验论证"代替"科学论证"的漫长过程中，体现了中华民族为了生存，不畏艰难、积极探索的优秀品质，这在科学飞速发展的今天依然需要学习和铭记。

民国时期饲料科技现代化发展从根本上改变了中国曾沿袭数千年的传统饲料科技体系，既是一次对传统饲料科技体系较为彻底的重构，也是对现代饲料科技体系的初步奠基。自此，现代饲料科技体系初见雏形。见微知著，民国时期中国饲料科技的学理化发展是中国畜牧科技乃至整个科技体系科学化的缩影，其发展历程与基本面貌彰显出其独特轨迹，发人深思，可总结如下。

一、民国时期对鸡饲料的研究远超其他畜种。在我们所收集的348篇饲料专文中，单论鸡饲料的专文就有161篇，占比46%，高居各畜种之首，且远远高于位居次位的牛饲料（47篇），这是鸡饲料拥有远超其他畜种饲料的热度、广度乃至深度的最直接体现。细究专文内容则更加明晰，绝大部分的理论探讨都是以养鸡领域最先或最多，例如饲料的"三分法"就最早见于1921年朱晋荣的《家禽饲料之研究》，最早的饲料配合专文，即1930

年鹤鸣《饲料的配合》也是讲的鸡饲料（发表在《中国养鸡杂志》）。鉴于饲料又是饲养业生产需求的最直接反映，所以民国时期鸡的饲养备受学界重视无疑，一则因为鸡为近代我国出口贸易的重要商品，新式养殖企业最先发展；二则可能鸡体型小，繁育快，是科学研究的良好材料。

二、民国时期是传统饲料科技向近现代饲料科技转型的重要时期。民国时期由于近现代西方先进饲料科技的引进，近现代饲料科技逐渐突破中国传统饲料科技而在中国大地上生根与开花。这一时期饲料科技的发展，同时也是受惠于多个学科的引领，这与当今学科体系下的饲料学囿于畜牧学的情况完全不同。饲料学之所以具备如此明显的学科交叉优势，除了其本身所具有的学科交叉特性以外，相关或外围学科的接纳也是重要因素。根据统计，20世纪上半叶先后有149种不同的中文期刊刊发过饲料学专题文章，按《中国图书馆图书分类法》（第五版），其中"人文与社会科学类"期刊下包含了"人文与社会科学总论"（2种、2篇）、"经济类"（13种、16篇）、"教育类"（3种、6篇）、"文学类"（2种、2篇）等四个学科门类；"自然科学类"期刊同样囊括了四个学科门类：即"自然科学总论"（18种、42篇）、"工业类"（6种、14篇）、"农业类"（63种、201篇）、"军事类"（3种、5篇）、"医学类"（2种、2篇）。

这种多学科背景的期刊能同时关注一个事物的情况在当今学界已很难发生，即便是与饲料学的科学关联度较高的植物学，据我们所查，也未见有将饲料学纳入其知识体系内。在科学体系日益细分化、精密化趋势下，各学科间的壁垒越来越高，某种程度上是对新兴学科，尤其是交叉学科的出现与发展是不利的。

三、科技的应用必然要经过"科技"原则与"经济"原则的角力。从饲料营养观与经济观的碰撞及最后结果来看，科技的现代化受经济原则所桎梏，科技若超出成本原则必然导致推广无力，只能流于形而上的理论探讨。这种略显尴尬的境地只能说明在助力畜牧业近代化上是"不切实际"的，饲料学人最初对畜禽纯饲料营养价值研究和推广实践，最后不得不考虑中国畜牧业的具体实际，从经济利益出发，寻求发展契机，这种饲料学界最后的调整看似是一种妥协，倒不如说是对现状再认识的结果。饲料的"营养性"与"经济性"并不是一对并列对等的关系，前者属科学原则，后者属经济原则，两者之所以能够相互碰撞与交织，皆因科学理论的最终归宿在生产应用。一方面，饲料的营养价值与畜禽业生产力成正比（即畜禽业近代化）；但同时，其营养价值又决定了经济价值，所以中国畜禽业近代化需要高昂的成本做代价。

由此来看，现代化需要依靠作为第一生产力的科技，但仅依靠科技是不够的，科学问题往往最终要转化为经济成本问题，这就导致本来只需深耕科学的知识分子们，同时还需花费大量时间去解决科学的普及性与普适度问题，而这实际上往往是其所力不能及的。总之，在仅有有限物质生产力的时代，现代化所需的成本问题很难得到有效解决。

秦汉至近代不同时期饲料资源的挖掘、饲草的加工与管理技术，饲料利用上的精进及新饲料的发明，无不凸显了古人的勤劳与智慧，超出我们的想象。古人在饲料利用上的一些具有历史开创性的经验与总结，不仅是一笔宝贵的财富，更予后人以指导作用，意义深远。总之，对中国饲料科技利用的历史发展做整体考察并加以整合及梳理，不仅能从微观饲料中探知古代宏观畜牧业的发展，亦能为汲取中国传统农学精华、发展现代饲料科学奠定基础。

第一章　中国古代饲料科技产生与发展的背景

饲料是畜牧业发展的物质基础，它与畜牧业相伴而生。中国以农立国，农业是国民经济的基础，而畜牧业是农业的重要组成部分，因此农业和畜牧业发展决定了饲料科技的产生与发展，可以说农业和畜牧业的起源与发展是饲料科技发展的先决条件，故欲了解中国古代饲料科技的发展过程，必先探讨原始农业的起源与发展。考古资料显示，中国古代农业和畜牧业的起源经历了数千年之久，其产生不仅最终引发了饲料科技的产生，而且对整个人类历史的演进都具有重大意义。

第一节　原始农业和畜牧业的起源

根据考古资料显示，中国古代农业的起源是一个漫长的过程，其起源中心区可分为数条独立的源流：一是以沿黄河流域分布、以种植粟和黍两种小米为代表的北方旱作农业起源；二是以长江中下游地区为核心、以种植稻谷为代表的南方稻作农业起源；三是以珠江流域地区为中心、以种植薯芋等块茎类作物为特点的南方地区（华南热带）原始农业起源[1]；四是以长城以北及以西地区原始种养结合农业类型为特点的农业起源。

一、中国是世界农业和畜牧业起源中心之一

世界农业和畜牧业主要有三大起源中心：西亚、中南美洲和东亚，其中的东亚起源中心主要在中国。中国距今七八千年前已有较为发达的原始农业，如黄河流域裴李岗文化、磁山文化，长江中下游彭头山文化、城背溪文化、河姆渡文化，年代皆在七八千年之前。20世纪90年代在江西万年仙人洞和吊桶环上层遗址（距今14000～9000年）发现类似人工栽培水稻的

---

[1]　赵志军：《中国农业起源概述》，《遗产与保护研究》，2019年第1期，第1-7页。

植硅石，湖南道县玉蟾岩遗址（距今1万年）发现水稻谷壳实物，河北徐水县南庄头遗址（距今10500～9700年）地层的花粉分析发现较多的禾本科植物和猪、狗等家畜遗骸。最新的考古发现资料证明，中国农业的起源可追溯到距今1万年以前。具体而言，主要可以从下列三个方面论证分析。

（一）中国是观念农业产生的地区

根据地质学研究，在地质学史第四纪[1]的更新世初期，曾经历过一个气候的骤然变冷期，致使森林大面积消失，取而代之的是大面积草甸、草原及荒漠，植被类型主要为荒漠草原和针叶林带，含冷杉、云杉等。约在晚更新世，中国东部冬季风进一步发展，干冷的大陆性气候加剧，黄河流域及北方广大地区乃至长江流域都出现大面积黄土，在黄土的西北外围地区形成大面积沙漠，并在东北的广大地区及华北部分地区气候较湿冷，发育了冻土冰缘现象，出现了猛犸象和披毛犀动物群。这类动物生活的环境主要是冻土苔原带及干冷的黄土草原带。

通过中国大量存在的第四纪残遗植物说明，中国大陆的冰川作用不是大陆型，而是山脉川型，使这里人类仍能生存。从考古上也证实了这一点，在华北地区冰期最盛时，依然有人类生存。最为著名的是发现于上述山西朔县的峙峪文化遗址，年代在距今30000年前，该遗址有许多遗物出土，石器灰烬与烧石共存，另外与之共存的是至少代表120只马、80只驴的动物化石，没有禾谷类粮食作物的碳化遗存，气温也比现在低。这一地区还有一些相近年代的人类遗址被发现，如河南安阳小南海遗址、河北阳原虎头梁遗址、山西沁水下川遗址等等，他们都属于距今至少1万年的人类生活的遗址。这些遗存的发现表明，尽管第四纪晚更新世冰期气温下降较大，但是依然有人类生存，中国没有像欧洲北部和美洲北部地区那样，人类无法生存，这一点又同时表明，中国北部地区属于上述观念农业的产生地。如图1-1为峙峪遗址出土的石器[2]。

---

[1] 第四纪大冰期的全球性冰川活动约从距今200万年前开始直到现在，是地质史上距今最近的一次大冰期。在这次大冰期中，气候变动很大，冰川有多次进退，分为4个冰期和3个间冰期。第四纪大冰期在国际上的划分以阿尔卑斯山为标准，根据对阿尔卑斯山第四纪的山岳冰川的研究，确定第四纪大冰期中有5个亚冰期。

[2] 贾兰坡、尤玉桂：《山西怀仁鹅毛口石器制造场遗址》，《考古学报》，1973年第2期，第11-29页。

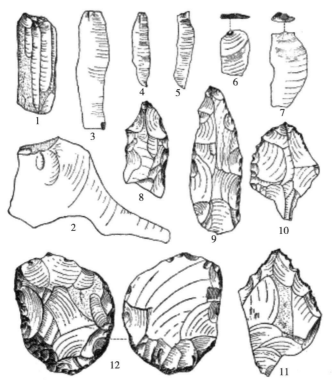

1.石核（N.0017）　2.歪尾石片（N.0056）　3—5.长石片（N.0001—3）　6、7.修理台面的石片（N.0012，N.0005）　8、9.厚尖状器（N.0089，N.0087）　10、11.尖状器（N.0046，N.0045）12.砍砸器（N，0122）（10为煌斑岩，余为凝灰岩；均1/2）

图1-1　峙峪遗址出土的石器

（二）中国栽培植物的本地特征

中国具有产生实体农业的条件，但是否独立产生农业还要看这里的古代人们是否驯化了当地的野生植物，假如种植的不是本地野生植物，而是别处的野生植物，那么独立起源之说依然难以成立。

根据中国最新的考古发现表明，中国黄河流域的农业以粟为主体，而粟的野生种是一种至今仍分布于北方黄河流域的狗尾草。根据北京大学考古文博学院邓振华先生的最新研究，[1]到目前为止，探索粟、黍的起源，主要依赖于两种证据和技术手段，一是植物遗存，包括种子和植硅体，二是骨骼的稳定同位素分析。基于现代植物所建立的鉴定标准，可以较好地

---

[1]　邓振华：《粟黍的起源与早期南传》，社科院考古所中国考古网，2019年6月28日。

鉴别出考古遗址中出土的粟、黍种子和植硅体，结合年代学证据，便可初步确认粟、黍驯化的时间和地点。同时，由于粟、黍均为C$_4$植物[1]，而本地自然植被则以C$_3$植物为主，因此对于人骨的稳定同位素分析，可以比较明确地识别出某一时期人群的食物结构是否已经以C$_4$植物为主，从而推定粟、黍农业在当时生业经济中的地位。基于上述手段，已有十余处新石器时代早中期遗址开展了针对性的研究工作，其中较为重要者包括内蒙古赤峰兴隆沟，北京房山东胡林，河北武安磁山，山东济南张马屯、月庄和西河，河南新郑唐户，陕西临潼白家村，甘肃秦安大地湾等。这些遗址年代最早者可到距今9000年，但大部分的年代大约在距今8000—7500年前后。[2]根据这些证据，我们基本可以确认，至少在距今8000年前后的新石器时代中期，粟作农业已经在包括内蒙古东部、华北、山东、中原、关中和陇西的这一广大地域内普遍出现。大地湾、兴隆沟等遗址出土人骨和狗骨的稳定同位素分析结果表明，粟、黍在当时已经成为部分地区的主要食物资源。[3]如图1-2甘肃永靖大何庄出土粟粒。[4]

因此，即便粟的种植起源不仅仅是中国一地，也不能由此断定黄河流域原始居民驯化的不是当地的粟，而是舍近求远到非洲或印度去寻找粟属植物。由此可见，栽培对象的独一性，即驯化本地所拥有的野生植物，也为中国农业本土独立起源提供了关键依据。

图1-2　甘肃永靖大何庄出土粟粒

[1] C$_4$植物一般指碳四植物。CO$_2$同化的最初产物不是光合碳循环中的三碳化合物3-磷酸甘油酸，而是四碳化合物苹果酸或天门冬氨酸的植物。又称C$_4$植物。如玉米、甘蔗、高粱、苋菜等。而最初产物是3-磷酸甘油酸的植物则称为碳三植物（C$_3$植物）。

[2] 刘建祥：《兴隆洼文化聚落形态初探》，《考古与文物》，2001年第6期，第58-67页。

[3] 甘肃省博物馆等：《1980年秦安大地湾一期文化遗存发掘简报》，《考古与文物》，1982年第2期，第1-4页。

[4] 中国科学院考古研究所甘肃工作队，《甘肃永靖大何庄遗址发掘报告》，《考古学报》，1974年第2期，第29-81页

（三）中国全新世来临的时间

地质学的研究表明，晚更新世冰期在距今1万年之际开始退却，由于纬度的不同，退却的时间也不同。西亚地区的退却时间在距今1.3万年之际，而中国的晚更新世冰期退却时间在1.2万年之际，冰期退却以后，人类便有条件将贮藏的剩余粮食作物用于种植的尝试，西亚的底格里斯河、幼发拉底河流域有条件在1.3万年前开始从事种植的尝试，而黄河流域的居民在1.2万年之际才有可能从事种植的尝试，由此中国农业起源时间，大体落在1.2万年以后的时间内。[1]

二、原始农业和畜牧业产生的原因

根据考古及相关资料研究，中国的原始农业和畜牧业起源于距今1万年之前的旧石器时代和新石器时代交替之际，人类已开始使用磨光石器为主要生产工具。人们通过长期的采集生产活动，不断总结生产经验，最终发明了原始种植业；通过长期的狩猎生产活动，学会了豢养畜禽，逐步促进了原始畜牧业的产生。虽然考古发掘的史料已经证明，中国黄河流域和长江流域，在距今七八千年已有相当发达的原始农业，距今1万年之前的一些遗址中发现了谷壳实物，说明原始农业已经产生。原始农业的起源具体过程与动因，虽然学术界尚存不同看法，但与当时自然环境、气候及社会发展是分不开的。

（一）原始农业和畜牧业产生的自然环境

如上所述，在更新世初期，曾经历过一个气候的骤然变冷期，致使生活在地球上的一种高级类人猿受到很大生存危机，这种高级类人猿迫于环境压力，部分遭遇死亡，部分向赤道周围迁徙，成为今天猩猩、大猩猩、黑猩猩的祖先，还有部分开始从树栖步入平地，慢慢学会使用工具，直立行走。最终，在大约300多万年之际进化成为古人类，即为今天人类的祖先，这是气候变化迫使人类进化的结果。

至更新世中晚期，气候波动更为剧烈，尤以晚更新世冰期波动最大。距今约7万年前，地质学史上第四纪晚更新世冰期来临，范围广阔，遍及全

---

[1]　徐旺生：《中国农业本土起源新论》，《中国农史》，1994年第1期，第24-32页。

球，影响巨大。其主要特点是降雪量增加，融雪量减少，雪线远低于冰期以前，导致气温大幅度下降并持续长久。在当时的中国表现为大理冰期。蓝田人所在地区气温比现在平均低8℃，河北平原平均气温仅为4～5℃。[1]由于温度变化，温带型植物也随之发生变化，原先生长在蓝田高山地区的云杉逐渐蔓延到河谷，挤压代替了该地区原有的多汁浆果植物，导致水果等喜温作物逐步减少，而草本植物大量繁殖，渐渐取而代之。导致主要以木本为食物的古人类难以觅食，遭遇生存危机。由此，大量动物开始南迁，猛犸象、披毛犀等寒带亚温带动物由北向南转移。期间，许多植物灭绝，只有在一些封闭的山麓地区，气温变化较小，影响较少，一些古老的种属得以幸存，如中国南部地区保存下来的苏铁、水杉、银杏等。由于温度下降，植被变化，浆果类植物减少，从前的采集生活便变得极其艰难，遭遇饥饿的风险增加，这也促使人类为了生存必须寻找新的食物来源。气温的大幅度下降，在造成浆果类植物减少的同时，促成了禾本科类植物大量繁衍，禾谷类种子便成为人类的主要采集对象，人们对草本禾谷类植物的实践认识加强，同时慢慢学会贮藏食物以备不时之需，使得人类在利用自然的基础上迈开了一大步，诱发了农业观念的产生，为真正实体农业的产生准备了条件，而作为种植的实体农业的产生，必须有驯化的植物为基础，这就需要对植物进行长时间的连续种植，从而为持续地获得植物种子提供了可能。

（二）石器与火的使用

在原始农业和畜牧业未产生之前的更新世时代，人类生活在采集相对丰富的时代，如从蓝田人遗址中可以看到，各类繁多的浆果、坚果、嫩叶、花蕊、昆虫、鸟蛋和易于捕捉的鸟类、蛙类、蜥蜴、老鼠，都被作为蓝田人食物，另外，鹿、野猪、羚羊、野马等不时成为其狩猎对象。蓝田人已经学会了使用石器进行劳动，其石器的类型有砍砸器、刮削器、尖状器、手斧和石球。在北京西郊房山的周口店遗址，还出土了当时人们的用火遗迹。火的使用，开拓了人类的生存空间，为当时人类的体力和智力的发育创造了条件，使得人类可以吃到熟的食品。陕西的沙苑遗址和东北的

---

[1] 赵锡文主编：《古气候学概论》，北京：地质出版社，1992年，第153页。

扎赉诺尔遗址以及山西的峙峪遗址都出土了石箭头，峙峪遗址出土石箭头距今28000年前。这些事实说明，当时的人类在采集和狩猎过程中，具备了种植和畜牧的能力，只要当时的人们有发明种植和畜牧业的要求，农耕和畜牧就可能产生。[1]

（三）动植物驯化方法的发明与应用

动植物的驯化是农业和畜牧业起源的关键，只有通过合适的驯化方法才能使植物和动物脱离其野生状态，满足人们的不时之需。对特定的动植物进行训化是古人长期从事生产实践经验积累的结果，通常而言，植物驯化具体途径主要有下面二条。

一是通过贮藏来改变其野生习性。野生状态的植物种子成熟后，就会自然脱落到地表上，经过风吹雨打等各种自然力作用进入土壤，若有适宜的温度、阳光及水分条件，便发芽生长，达到尽可能多地代代相传。而用于种植的种子经过人为地贮藏以后，它就不可能随时随地发芽，因人类播种不可能总是准确掌握天时地利，从而在某种意义上改变了植物的自然习性。同时贮藏时的外部理化条件与种子自行脱落进入土壤中的外部理化条件决然不同，可以说是对野生植物的最大干预行为。首先贮藏的目的往往是保存不致发芽，一般放在比较干燥的地方，否则霉烂以后便没有用处，须知最初的种子多半是冬春的口粮。这与植株上的种子自行脱落掉入土壤中相比完全不一样，贮藏的种子一般处于干旱环境，而野生的种子一般处于相对较湿润的环境，长此以往，驯化的植物种子具有耐旱的特征。植物种子绝大多数是秋天收获的，越冬过程中贮藏的种子往往不及进入土壤的种子温度条件好，因土壤覆盖具有保温性，长此以往，驯化的种子逐渐开始具有一定的耐寒特征。由此可知，驯化的植物将向着耐寒耐旱方向进化。驯化水稻的原始种质是籼型普通野生稻，其进化系列是籼型普通野生稻——籼型栽培稻——粳型栽培稻，经过科学研究表明，进化程度高的种质具有耐寒耐旱性能，说明贮藏本身的干预促进植物向着耐寒耐旱方向进化。[2]

二是通过人工选择提高其收获量。在种植的过程中，人类除通过贮藏

---

[1] 张居中、陈昌富、杨玉璋：《中国农业起源与早期发展的思考》，《考古学研究》，2014年第1期，第6-16页。

[2] 徐旺生：《从农耕起源的角度看中国稻作的起源》，《中国农史》，2001年第1期，第70-77，80页。

不自觉地驯化外，还通过选择有意识地驯化。以水稻驯化为例，野生稻的稻粒较小且易自行脱落，单穗重也较小，穗秆易折断，因此人类在选择种子之际一般挑选那些穗秆不易折断、稻粒不易脱落、单穗上种子数目多、稻粒饱满的作为种用，这样在长期的驯化过程中，一些有利的基因得到巩固，尤其是变异的种质有利于多收获的特点极易被人们发现，尽管这种选择属于现代育种上的表型选择，但由于时间较久，效果仍是十分明显的。

另一重要方面，就是驯化必须具有连续性，一旦中断，植物种子也会中断，原始农业亦无法产生。这也是前述更新世末期尽管作为观念农业已经产生，而实体农业却没有真正产生的重要原因。当时的驯化行为还是一个不太完全自觉的过程，其驯化程度相对较低，因此其训化的连续性尤显重要，否则将导致前功尽弃。因有连续性，进化才能得以持续发展，由于全新世食物相对丰富，因而有可能将进化系列延续下去，而更新世末期尽管有种植行为，由于没有时间的保证，短期和零碎的干预不构成驯化的形成，也不能脱离野生状态，即便被今天考古发现了，也只能定为采集狩猎阶段。

有学者认为，在农耕的起源过程中，存在一个"观念农业阶段"的概念。故而从农耕起源的角度，将1万年以前漫长的考古学上的旧石器时代和新石器时代，分成三个阶段：采集经济阶段、观念农业阶段、种植和畜牧业阶段。[1]作为观念的农业在晚更新世冰期已经产生，但是还不足以产生实体农业，限制农业产生的关键因素是气候。到冰期结束，地质史上的全新世来临以后，由于气候的好转，农业才有可能产生。由于温度的变化，植物群落也发生变化，可供食用的植物多起来，这主要由于气候等因素造成植物种子在升高了温度的地区可以萌芽生长，人类采集生活比较宽裕，越冬到第二年依然有剩余，于是人们便把剩余的种子有意识地撒在居住地周围或特定的区域，这种播种的尝试可谓是最早的种植业雏形。这种采集产品的剩余为人类原始农业的产生准备了基本条件，即不像更新世末期的人类那样仅仅偶尔从事种植活动，他们可以通过连续的贮藏、种植、收获等活动来走上驯化道路。种植的产生还可以从社会学角度分析，可能与人类的自私行为有关，即在采集不太丰富的时代，人们各自占有一块尚未成

---

[1] 徐旺生：《论原始农业起源过程中的"观念农业阶段"》，《中国农史》，2001年第1期，第3-10页。

熟的野生稻，然后逐渐从采集走向种植，加速了对大自然的索取。

（四）动植物驯化动因学说

关于动植物驯化的原因目前学术界还存在争议，至今尚无定论，其观点主要有如下几种：

（1）采猎经验积累说。由于人类长期采集与狩猎生产实践，积累了大量植物与动物生长发育知识，在充分掌握这些知识基础上，逐渐发明了农业。

（2）人口压力说。为了满足人口繁衍和增长的食物需求，而产生了农业。古人类学家推断，旧石器时代末期地球上人口总数不到300万，中石器时代已繁衍到1000万，新石器时代达5000万。[1]

（3）气候变化说。距今7万年更新世晚期冰期来临，直至距今约1.8万年前冰川全盛期，导致大批野生动植物死亡和变异，一些地区食物严重短缺，迫使人们去认识动植物，开始具有部分种植的知识，或偶而尝试种植作物，处于"观念农业阶段"。距今1.2万年全新世来临时，气候好转，人口增加，食物不足，进行最初的植物驯化和栽培活动，农业得以产生。

（4）宗教说。认为种植植物和驯化动物最初并不是出于经济目的，而是出于宗教的原因。原始人很早就有宗教信仰，为了祭祀的需要，他们不得不准备一些动物、植物做牺牲，在长期与动物、植物接触过程中，驯养了动物，也种植了植物。

（5）妇女儿童说。还有一种观点，认为农业的起源与妇女儿童有关，因为，在远古时期，人们为了生活，大部分人需要外出采集与狩猎，妇女因为照顾儿童的需要而留在居住地方，她们通过照看狩猎回来的受伤或幼小动物，观察采集遗留下的植物种子，在长期观察与实践中，掌握了驯养动物及种植植物的经验，从而发明了农业。

除此以外，农业起源还有发明说、群集说、外来说等。[2]综合而言，我们农业起源更多可能是多种原因综合的结果，不能简单地用一种原因来解释，毕竟农业是以自然先天条件为基础的生产性活动，与自然环境关系最为密切，人对自然的改造集中体现于生产工具的使用与改进，因为生产

[1]　《世界上古史纲》编写组：《世界上古史纲》上册，人民出版社，1979年，第7页。

[2]　N . I. Vavilov，The Origin Variation Immunity and Breeding of Cultivated Plants. 1950，p, 29.

工具是生产力发展水平的重要标志。因此，研究某一地区的农业起源问题，首先须考察当时当地的自然环境特点及其变迁影响，以及远古先人在生产活动中所使用的生产工具的具体情况。

第二节 中国原始农业和畜牧业的发展特点

中国原始农业产生与发展显示出自身的区域性特点，主要表现为黄河流域及其北境以种植粟、黍为主，长江流域及其南境则以种植水稻为主，这与西亚地区以种植大小麦为主和中南美洲以种植马铃薯、南瓜和玉米为主截然不同。根据考古研究，从农业耕作方式的角度，我们可以对距今11000年至4000年的中国原始农业遗址，做出一个大致的分区，可以分为如下四个大的区域（见表1-1），各区域在农业起始时即已形成各自的特点，即黄河流域：以粟、黍等类旱作物为主的旱地农业区；北方地区（长城以北和西部地区）：以旱作种植业及渔猎结合畜牧业的种养结合农业区；长江流域：以种植水稻为主的水田农业区；南方地区（武夷山至南岭一线以南地区）：以种植块根类植物及采集和渔猎为主农业区。

在畜牧业方面，中国最初驯养的动物是狗、猪、鸡和水牛，尤以猪为主要家畜的驯养时间长，而西亚则以饲养绵羊、山羊为主，中南美洲则是以饲养羊驼为主。中国又是最早养蚕缫丝的国家，其历史可以追溯到距今5500年左右[1]。蚕桑为中国传统农业社会立国之本，蚕桑经济在中国古代社会中占有重要地位。由其形成的"丝绸之路"承载着中外商贸、科学技术乃至民族文化交流的使命[2]。中国原始农业和畜牧业形成过程中所驯化的植物和动物种类数量与地域分布的差异也决定了后来中国饲料科技发展的自身特点。

---

[1] 据新华社2019年12月3日郑州报道，当日在河南郑州召开的仰韶时代丝绸发现新闻发布会上，郑州市文物考古研究院院长顾万发指出，汪沟遗址发现的丝织物残存，与此前青台遗址瓮棺中出土的织物为同类丝织物，结合巩义双槐树遗址发现的骨雕蚕蛹，确切证明中国先民在5000多年前已经开始育蚕制丝。他说"这是目前世界范围内发现的时代最早的丝制品，距今5300至5500年。此前良渚文化钱山漾遗址出土的丝织品距今是4200至4400年。"

[2] 杨虎：《改进还是停滞：民国苏南桑树育培技术实践探讨》，《自然辩证法通讯》，2019年第3期，第26-33页。

表1-1　中国原始农业和畜牧业的分区和分期简表

年代与分期		黄河流域		长江流域			南方地区	北方地区
		中下游	山东	上游	下游	中游		
火耕农业	11000 / 9000	陕西大荔沙苑文化 山西怀仁鹅毛口 河北徐水南庄头		青海贵南拉乙亥		江西万年仙人洞和吊桶环上层 湖南道县玉蟾岩	广东阳春独石仔 广东封开黄岩洞 广西桂林甑皮岩 广东潮安陈桥村	内蒙古科尔沁旗嘎查 内蒙古扎鲁特旗南勿呼井
锄耕农业	8000				河姆渡—罗家角文化	彭头山—城背溪文化		昂昂溪类型 辽宁阜新查海遗址
锄耕农业	7000 / 6000	裴李岗文化 磁山文化 老官台文化 仰韶文化	后李文化 北辛文化 大汶口文化	甘肃秦安大地湾 马家窑文化	马家浜文化 崧泽文化	李家村文化 大溪文化		兴隆洼文化 辽宁东沟小珠山下文化层 辽宁东沟后洼遗址 辽宁沈阳新乐下文化层 新开流文化
犁耕农业	5000 / 4000	龙山文化	山东龙山文化	甘肃民乐东山齐家文化	青莲岗文化 良渚文化	屈家岭文化 石家河文化	深圳咸头岭遗址 南海西樵山文化 广东石峡文化 福建昙石山文化	红山文化 富河文化

一、黄河流域原始旱作农业类型

黄河流域最早的农业遗址主要有河北徐水南庄头、陕西大荔沙苑文化和山西怀仁鹅毛口遗址。南庄头遗址被认为是中国北方地区年代最早的新石器时代的遗址，距今10500～9700年左右，已发现的遗迹有5条灰沟、2座灰坑和2个用火遗迹和石磨盘、石磨棒、骨锥、骨针、种子和少量的夹砂深灰陶、夹砂红褐陶片、石片以及水沟等人类活动的足迹。大荔沙苑文化遗址发现的石器属中石器时代遗物，人头骨化石属同时期遗骸，具体时间约在万年左右。鹅毛口人打制石片的技术还很落后，主要用砸击、捶击、锤击等方法。一般打制厚大的石片用砸击法，将石片从巨大的岩块或岩体上用大石块砸击下来，这种方法鹅毛口人常用且很熟练，正由旧石器时代向新石器时代过渡。

根据考古学文化区的划分，新石器时代中期的黄河流域主要由黄河上游的大地湾文化区、黄河中游的裴李岗文化区[1]和磁山文化区以及黄河下游的后李文化区构成。新石器时代中期是北方地区旱作农业类型形成的关键时段，构成旱作农业类型的农业对象和农业部门已然出现，并且，一种结构性组合的原初形态亦已呈现。在新石器时代中期的北方地区各典型性遗址内，均存在以粟、黍代表的种植业遗存和以猪为代表的养畜业遗存。粟、黍、猪等农业对象在同一遗址内的相伴出现，以及前一时期——旧石器时代晚期至新石器时代早期栽培植物与畜养动物的人类行为在北方地区大体同时发生，揭示出种植业和养畜业在起源、发展进程中存在一定的耦合关系。[2]种植业一方面为原始人类提供了必要的植物性食物补充，另一方面也为养畜业的进行提供了一定的饲料来源，栽培植物和养畜动物已经成为当时人类行为的重要组成部分。

在畜牧业领域，新石器时代中期的家猪养殖尚且存在一定的放养迹象，表明原始人类对猪的照料处于较低的水平，但新石器时代晚期的家猪

---

[1] 河北省文物管理处，邯郸市文物保管所：《河北武安磁山遗址》，考古学报，1981年第3期，第303-347页。

[2] 中国社会科学院考古研究所河南一队：《1979年裴李岗遗址发掘报告》，考古学报，1984年第1期，第23-52页。

养殖则更多地体现为居家舍饲为主的形式，从而揭示出原始人类在家畜养殖技术上的进一步发展。更为重要的是，对猪进行放养则很难避免猪对栽培植物构成的破坏与威胁，采取居家舍饲的方式则可以很好地解决这种产业之间的必然矛盾；而从人力资源分配上来讲，在定居生活条件下，土地耕种与舍饲家畜也能够更好地调节人类的劳动支出。家猪饲养技术从放养到舍饲的转变，表明种植制度与饲养策略的相互协调与理性发展，种植业和养畜业的生产方式能够在同一区域、同一人群中相互兼容，也说明种植业与养畜业的有机组合、种养结合的农业类型开始形成。

二、北方地区（长城以北和以西）原始种养结合农业类型

在新石器时代中期的北方地区，栽培植物与养畜动物在同一人群中同时存在。栽培植物的主要对象仍是粟和黍，养畜动物的主要对象亦仍是猪。在种植业内部，黍具有更高的抗病性，更易于栽培，而粟的栽培条件则相对要求更高一些，黍的田间管理要求也要低于粟。粟的优势在于其产量要高于黍，其粒食品质也优于黍。当时农业虽已产生，但技术水平却依然较低。黍为主、粟为辅的种植业结构是一种在当时来讲并非最佳、却是极为理性的技术选择。当时的北方地区，延续了旧石器时代晚期至新石器时代早期动植物驯化的历程，农作物与家畜同时产生于北方地区各区域。种植业和养畜业基本形成，且两者之间存在一定相关性和依存性。[1]

根据考古学提供的研究成果，新石器时代晚期的北方地区一般划分为甘青地区、内蒙古中南部地区、西辽河流域等三个文化区。新石器时代晚期的北方地区原始农业获得进一步发展，无论是农业自身的产量还是农业在整个人类生产模式中的比重都比之前有明显的提升；从新石器时代晚期各遗址中出土的动植物遗存来看，其主要农产品属于旱作农业类型，且在比例上出现了由黍为主、粟为辅转变为粟为主、黍为辅。同时，猪的饲养比重和饲养量也有所增加；C_4 类植物成为猪食谱的主要来源，还发现有圈栏遗址的存在，表明猪的饲养策略以居家舍饲为主。

位于甘青地区的秦安和礼县地区，研究发现在4300—4000B.C.时黍多

---

[1]　严文明：《东北亚农业的发生与传播》，《农业发生与文明起源》，北京：科学出版社，2000年，第35-43页。

粟少；3700—3500 B.C.时粟逐渐占据主要地位；3500—3000 B.C.时粟已成为农作物主体并出现少量水稻。[1]该地区自 5200B.C.年开始，出土猪骨的 $\delta 13_C$ 值明显偏正，说明猪以 C_4 类植物为主食，可能是圈养的结果。[2]

关于内蒙古中南部农业生产研究还不够充分，其在整个人类生业模式中所占的比重可能不及黄河流域。但是，新石器时代文化谱系的相关研究表明：仰韶时代这里呈现出文化融合的迹象，5000—4300B.C.时，仰韶文化半坡类型与后岗一期文化首先在此相遇，形成红台坡下类型；约 4000B.C.左右，庙底沟类型在此形成王墓山类型，3000 B.C.时大司空文化与红山文化又在此汇聚成海生不浪文化，且在遗物种类上皆显示出农业文明特征。[3]对这一地区新石器时代晚期遗址——庙子沟遗址出土的人骨稳定同位素的分析认为：当期原始居民的动物性食物摄入比例较高，摄入的植物类食物则以 C_4 类植物为主，说明以农业生产方式为主，同时渔猎采集也占据重要地位的经济形态。[4]

西辽河地区的种植业包括粟、黍，两者比重不同时期有所反复，但在距今 4000~3500 年的二道井子遗址，浮选出粟 181685 粒，黍 41266 粒，分别占比 72.55%和 16.48%。[5]而且该地区家养动物种类有逐渐增多趋势，如兴隆洼文化有家猪，赵宝沟文化和红山文化出现的狗，为新增加的家畜，也说明家畜饲养业所占比重开始逐渐增多。[6]但是，同样应该看到在北方地带的生产模式中，一种区别于渔猎采集经济的农业类型开始结构完整地呈现出来，即种植业与养畜业已形成一种比较固定的依存关系，家畜

[1] 安成邦等：《甘肃中部史前农业发展的源流——以甘肃秦安和礼县为例》，《科学通报》，2010 年第 14 期，第1381-1386页。

[2] 王辉：《甘青地区新石器—青铜时代考古学文化的谱系与格局》，北京大学考古文博学院、北京大学中国考古学研究中心编：《考古学研究·9——纪念严文明先生八十寿辰论文集》，北京：文物出版社，2012 年，第 210-243 页。

[3] 韩茂莉：《中国北方农牧交错带的形成与气候变迁》，《考古》，2005 年第 10 期，第57-67页。

[4] 张全超等：《内蒙古察右前旗庙子沟遗址新石器时代人骨的稳定同位素分析》，《人类学学报》，2010 年第 3 期，第270-275页。

[5] 孙永刚：《西辽河上游地区新石器时代至早期青铜时代植物遗存研究》，博士学位论文，内蒙古师范大学，2014 年，第 86-89 页。

[6] 索秀芬、李少兵：《辽西地区新石器时代动物遗存》，《草原文物》，2013 年第 1 期，第43-49、115页。

和人共享种植业产出，此类种植业构成人类生业模式中不可或缺的组成部分。

从整体上看，北方地带粟成为种植业中主体的时间要晚于中原地区，从而揭示出前者在农业生产的技术水平上要稍滞后于后者，尤其是西辽河流域的情况，粟对黍的绝对优势产生于新石器时代末期的2000—1500B.C.期间。[1]这些不同时限也印证了原始农业区域类型在形成阶段体现出的区域不平衡性。最终新石器时代晚期的北方地区形成了以种植业为主、畜养业为辅，种养结合的原始农业发展类型。

三、长江流域原始稻作农业类型

南方最早的农业遗址主要是长江流域的江西万年仙人洞和吊桶环上层、湖南道县玉蟾岩遗址。根据碳十四测年样品与陶片的地层等关系，证实仙人洞遗址出土陶器的年代可以早到距今2万年，是目前世界上已发现陶器的最早年代。吊桶环遗址发现的打制石器、磨制石器和大量低温烧成的陶片，均为圜底釜的残片，属中国最早的陶器之列。通过对其土样进行分析，发现了野生和栽培稻的植硅石，表明当时以采集野生稻为主，并开始了稻的栽培。遗址年代为距今约12500年南方地区比较典型的农业遗址还有广东的阳春独石仔、封开黄岩洞和潮安陈桥村以及广西桂林甑皮岩遗址。这些遗址反映了原始农业社会由旧石器时代向新石器时代转变的生活状况。

相对于北方地区，南方地区原始农业的发展水平显然相对滞后，稻作种植业与养畜业之间的组合情况基本尚未显现。甚至，养畜业的发展水平也远不及中国北方地区。无论是具体到个别遗址中被确定为家猪遗存的标本数量，还是出土被确定存在家猪遗存的遗址数量，都与北方地区存在很大差距。尽管南方地区稻作农业起源的时间远远早于北方地区粟、黍为代表的旱作农业，但是，到新石器时代中期时，北方地区已经出现了具有驯化状态的粟、黍遗存，而在南方地区，包括贾湖遗址，出土的稻作遗存却依然处于半驯化状态。在农业起源与发展进程中，北方地区在发展速度上

---

[1]　吕厚远：《中国史前农业起源演化研究新方法与新进展》，《中国科学：地球科学》，2018年第2期，第181-199页。

远快于南方地区。

在新石器时代中期的中国南方地区，以水稻种植为代表的稻作种植业和以家猪饲养为代表的养畜业，即原始农业对象和原始农业部门已经初步形成，并在纵向上比之于新石器时代早期获得初步发展。农业对象在数量上有所增加，农业产出也比新石器时代早期有了明显增长。在北起贾湖遗址，南迄长江中下游地区的广阔地域范围内，都不同程度地出现了家畜养殖和水稻种植的迹象。在整个南方地区，农业生产的存在已然是一个极为普遍的现象。八十垱遗址出土的猪骨也揭示出驯养家猪的可能性或已具备。而且，家畜饲养中除猪之外的另一个对象——狗，在新石器时代中期的南方地区也有比较广泛的存在。河南舞阳贾湖遗址、浙江萧山跨湖桥遗址、华南地区甑皮岩遗址第五期遗存和邕江流域贝丘遗址都曾发现一定数量的狗骨遗存，家畜养殖在南方较为广阔的空间内已成为一种普遍存在的现象。[1]

依据考古学提供的研究成果，可以将新石器时代晚期的中国南方地区粗略地划分为长江中游地区的大溪屈家岭早期文化区，长江下游地区的河姆渡文化区、马家浜—崧泽—良渚早期文化区，以及出现在长江中、下游之间，即长江下游西部地区的北阴阳营文化区和凌家滩文化区等。[2]

在长江中游地区，公元前5000年之后逐渐进入大溪文化时期。原始的水稻种植在这一时期延续着前一阶段的态势进一步发展。各个遗址几乎都出土了相应的水稻遗存，而且，在一些个别的遗址中，出土水稻遗存的绝对量要远大于前一阶段；水稻种植依然与陶器制造保持着密切的关系，并进一步拓展至建筑领域。例如，在湖南华容县车轱山遗址属于大溪文化时期的遗存中，便出土了大量含有稻谷壳、稻草等用于房屋居住面和墙壁修建的红烧土块，以及为数众多的贮稻陶器，更为重要的是还在疑似窖穴的灰坑中出土成堆的大米遗存。在湖南澧县的城头山遗址属于大溪文化时期的遗存中，则出土了众多的尽管非粳非籼，但更非野稻的"城头山古稻"，被认为是古稻亚种之一，同时也可以明确其为栽培稻无疑，即人为

---

[1] 徐旺生：《中国原始畜牧的萌芽与产生》，《农业考古》，1993年第1期，第189-199页。

[2] 吕厚远：《中国史前农业起源演化研究新方法与新进展》，《中国科学：地球科学》，2018年第2期，第181-199页。

种植的水稻。在湖北枝江的关庙山遗址属于大溪文化时期的遗存中，同样可见与车轱山、城头山等遗址类似的稻作遗存。遗址出土的陶器大多羼有稻壳炭末，而房屋建造中，墙体、屋顶也多用羼有稻壳的红烧土修筑。[1]

在长江下游地区，公元前5000年以后逐渐进入河姆渡文化和马家浜文化时期，后者又在之后的时代里相继进入为崧泽—良渚文化时期。丰富的动植物考古学和科技考古学研究基本可以确定，在新石器时代晚期的长江下游地区，原始稻作农业类型已然基本形成。[2]原始的水稻种植和家畜饲养在新石器时代长江下游地区与同一时期的长江中游地区一样，基本同时存在。即出土原始稻作农业遗存的遗址地区，基本也出现了原始养畜业的迹象。图1-3为浙江河姆渡遗址出土的陶猪[3]。

图1-3　浙江河姆渡遗址出土的陶猪

到新石器时代晚期时，在中国黄河与长江流域，基本上形成了两种截然不同的原始农业类型。在黄河流域，一种农业对象较为多元的原始旱作农业类型得以最终形成，同时也确立了其在原始先民生业模式中的主导地位；在长江流域，原始稻作农业类型也基本形成，但作为一种生产性经济的农业，在原始先民的生业模式中尚且难以完全占据主导地位。

[1] 赵志军：《中华文明形成时期的农业经济发展特点》，《国家博物馆馆刊》，2011年第1期，第19-31页。

[2] 王星光：《新石器时代粟稻混作区初探》，《中国农史》，2003年第3期，第3-9页。

[3] 浙江省文物管理委员会、浙江省博物馆：《河姆渡遗址第一期发掘报告》，《考古学报》，1978年第1期，第39-111页

四、南方地区（武夷山至南岭一线以南）采集渔猎农业类型

与长江中下游地区不同，武夷山至南岭一线以南的南方地区在新石器时代早期之后出现的是一种高度依赖捕捞水生动物的采集渔猎生活方式，而且在很长一段时间里一直保持着这种经济形态，直到新石器时代较晚时期才有农业的出现，而且显然是从长江中下游地区扩散过去的。由于与长江中下游地区一直保持着密切的联系，南方地区的新石器时代文化的发展和变化也经历了几个发展阶段。

在新石器时代中期，南方地区仍然有前一时期延续下来的洞穴居住方式，仙人洞、甑皮岩、鲤鱼嘴等洞穴遗址都有这个时期的堆积，而且还继续延续到了很晚的时期，特别是在一些偏远的地区。这个时期普遍出现了河流左右两侧分布密集的平地聚落遗址，其中年代较早的遗址主要有分布于广西左江、右江和邕江及其支流的顶蛳山文化，稍晚的有分布在重庆东部的峡江地区城背溪文化和玉溪下层遗址。[1]这些集中分布在河边的平地型聚落的形式虽然与长江中下游地区同时期彭头山—皂市文化、跨湖桥文化表面上看来大致一样，但聚落经济的内容却有很大的不同，即这一时期的遗址中至今没有发现与农业或家畜有关的遗存，其中顶蛳山文化遗址多为螺壳堆积的贝丘，它所表现的是一种高度依赖捕捞水生动物的采集渔猎生业形态。岭南地区目前可以确定的这类遗存还只有顶蛳山文化，云贵地区同时期则只有类似云南蒙自马鹿洞和保山塘子沟遗址。[2]因此可以说，高度依赖水生动物的新型采集渔猎经济文化在岭南也许分布并不十分普遍，在除峡江以外的西南地区则很可能还没有出现。

到新石器时代晚期，随着全新世大暖期暖湿气候的来临，南方地区采集渔猎经济也获得了迅速发展的机遇。分布于沅水中游的贝丘遗址大多是属于这个时期的。峡江地区聚落点迅速增多，是史前该地区最为繁盛的时期。石器制作业也很发达，多数遗址都有大量石器制作的遗存。岭南地区

---

[1] 邹后曦等：《重庆峡江地区的新石器文化》，重庆市文物局等编《重庆·2001三峡文物保护学术研讨会论文集》，科学出版社，2003年，第17-40页。

[2] 张兴永：《云南两处旧石器末期至新石器早期遗址》，封开县博物馆等编《纪念黄岩洞遗址发现三十周年论文集》，广东旅游出版社，1991年，第109-111页。

也发现有这个时期的石器制作场，如广西百色革新桥、都安北大岭一期，以及广东英德史老墩等。这些专门的石器制作地点代表了新的经济与文化因素，这一时期华南地区另一个重大变化是对新区域和新的采集渔猎资源的开拓。

新石器时代后期气候的变冷使得南方地区的采集渔猎文化逐渐萎缩，同时由于长江中下游地区生产方式的剧烈变化和社会群体的重组，促使一些原始人类族群开始向岭南地区迁徙，由此在华南形成了昙石山文化和石峡文化，促成稻作农业向华南地区的扩张。同时，西南地区川西北也有粟作农业群体的迁入。由此引发了旱作农业类型与华南和西南原来的采集渔猎农业类型的直接交流、融合，改变了当地的人口和社会结构，并在这里产生了新形态的农业类型。在随后的新石器时代末期，长江中下游地区文化衰落，人口不断向华南和西南迁徙，新形态的文化迅速成长，使华南和西南地区在史前时代最后阶段成为南方地区的农业中心，揭开了南方地区史前历史新的一页。[1]

第三节　原始种植业和畜牧业的成就与贡献

在漫长的原始农业形成过程中，原始人类结群而居，以渔猎采集维持生活，依靠集体的力量抵御着恶劣的自然环境。他们在劳动实践中不断积累经验，从制造简单的工具到制造较为精美的工具，从认识火到使用、控制火种，从采集到种植原始作物，从渔猎到开始畜养家畜，进步缓慢却持续，也算得成就巨大，可以粗略地概括为种植业和畜牧业两个方面。

一、原始种植业成就

种植业的产生是以作物的栽培为标志，其进步与发展集中体现在粟、黍、稷、稻等旱作谷物的驯化以及蔬菜瓜果和纤维植物的种植。

（一）粟的驯化

粟［Setaria italica var. germanica （Mill.） Schred.］属于禾本科一年生

---

[1]　张弛：《南方史前文化的发展及其意义》，《南 方 文 物》，2006年第2期，第38-46页。

草本作物，原产于中国北方，它是从野生的狗尾草驯化而成的。何时驯化，目前尚不清楚。在河南、河北、山东、山西、辽宁、黑龙江、陕西、甘肃、青海、新疆等省区的新石器时代遗址中都出土了炭化粟粒、粟壳或粟灰。其中最早的为河北省武安市磁山遗址和河南省新郑市沙窝李遗址，前者距今8000年左右，后者距今7000多年。磁山遗址共发现了88个存有粮食的窖穴。腐烂的粮食堆积在窖穴的底部，十分疏松，出土时略为潮湿，颜色显绿，风干后成灰白色，大部分

图1-3 粟（引自《本草纲目·谷部》卷9）

已成粉末状。粉灰之中，可以看到清晰的外壳，颗粒完整，外部形态圆隆饱满，直径约2毫米，与现代粟粒基本相同，[1]经灰象法[2]鉴定证明是粟。有些窖穴的底部粮食堆积中发现有完整的陶盂，推测是盛放粮食的容器。有些窖穴在粮食堆积的底部整齐地摆放着猪、狗等家畜（骨架），可能是存放粮食时举行某种宗教仪式而放入的。新郑沙窝李遗址也发现一片面积约0.8～1.5平方米比较密集的粟的碳化颗粒。在距今6000多年前的西安半坡仰韶文化遗址中，也发现了大量粟的遗存。这些粟粒有的是存放在窖穴里，厚达18厘米。有的是放在陶瓮、陶罐或陶钵中。其中有的可能是作为种子而保存的，也有的是放在坟墓里作为随葬品，可见粟在当时人们生活中占有重要地位。此外，在黄河下游的山东省胶县三里河大汶口文化遗址中也发现了距今4800多年的粟粒，体积达1立方米多。说明至迟在距今5000年前后，粟也成为黄河下游的主要粮食了。[3]

[1] 石兴邦：《下川文化的生态特点与粟作农业的起源》，《考古与文物》，2000 年第 4 期，第17-36页。

[2] 灰象法是用来鉴定已灰化（炭化）的植物遗存的方法，在考古学界最早是由黄其煦介绍到国内。见黄其煦：《"灰象法"在考古学上的应用》，《考古》，1982年4期。现一般称为植硅石分析法。

[3] 赵志军，《中国古代农业的形成过程——浮选出土植物遗存证据》，《第四纪研究》，2014年第1期，第73-84页。

（二）黍、稷的驯化

黍（Panicum miliaceum L.）、稷为禾本科一年生草本作物，生育期短，喜温暖、抗旱力极强，特别适合在我国北方尤其是西北地区种植。黍稷本是同种作物，农学界一般将圆锥花序较密，主穗轴弯生，穗的分枝向一侧倾斜，秆上有毛，籽实黏性者称为黍；将圆锥花序较疏，主穗轴直立，穗的分枝向四面散开，秆上无

**图1-4　新石器时代黍粒
（辽宁大连郭家村出土）**

毛，籽实不黏者称为稷。甘肃省秦安县大地湾遗址出土了公元前5850年的炭化黍粒，说明黍在中国的栽培历史也有近8000年，几乎与粟一样古老。在陕西省临潼县姜寨遗址和山东省长岛县北庄遗址也都发现了距今5500年左右的黍壳。在甘肃省临夏县东乡林家遗址的窖穴里，还发现了堆积达1.8立方米的稷穗，是捆扎成束堆放在一起的，有可能是作为种子贮藏的，其年代距今4000年左右。此外，在新疆、青海、辽宁、吉林、黑龙江等地也发现了距今4000多年的黍稷遗存。它们和粟一样，都是当时中国北方的主要粮食作物。[1]如图1-4　新石器时代黍粒（辽宁大连郭家村出土）。[2]

（三）小麦的驯化

小麦（Triticum aestivum L.）起源于西亚，后传入中国，并逐步地取代粟和黍两种小米成为中国北方旱作农业的主体农作物。21世纪以来，植物考古学的田野方法——"浮选法"开始被广泛应用到考古遗址的发掘中。截至目前，有多处考古遗址通过系统的浮选出土了小麦遗存。这些遗址大多数分布在黄河流域一带，按考古学文化区域的划分可分为三个部分，从东向西分别是海岱地区、中原地区和西北地区。

在海岱地区，新发现的小麦遗存的年代相对较早，例如，通过科学的浮选法在聊城教场铺、胶州赵家庄、日照两城镇和日照六甲庄四处考古

[1]　赵志军：《中国古代农业的形成过程——浮选出土植物遗存证据》《第四纪研究》，2014年第1期，第73-84页。

[2]　陈文华：《中国农业考古图录》，南昌：江西科学技术出版社，1994年第40页

遗址都出土了属于龙山时代的炭化小麦遗存，绝对年代在距今4600～4000年之间，这是目前在中国发现的可信度较高的最早的小麦遗存。在中原地区，通过浮选出土的小麦遗存的数量较多，年代最早的属于二里头文化时期，绝对年代在距今3900～3500年，例如在偃师二里头、新密新砦、登封王城岗等遗址。这些资料说明，小麦应该是在二里头时期传入中原地区，随后便很快在这一区域内普及开来，成为当地农耕生产中普遍种植的农作物品种之一。

考古学中的西北地区涉及了陕西、宁夏、甘肃、青海和新疆这一广阔区域，该地区小麦遗存出土相对比较集中，已见报道的有陕西扶风周原遗址和青海互助丰台遗址的资料。但是，西北地区出土的小麦遗存的年代相对较晚，除了尚存很大疑惑的东灰山小麦遗存之外，其他出土的小麦遗存的年代一般在距今3500年以降，至今尚未发现可信的早于5000年的资料。

图1-5　新疆孔雀河古墓沟出土
新石器时代小麦粒

根据目前已经掌握的可信的考古出土实物资料分析，小麦传入中国的时间在距今年4500～4000之间。[1]如图1-5新疆孔雀河古墓沟出土的新石器时代小麦粒。[2]

（四）稻的驯化

稻（Oryza sativa L.）是一年生的禾本科草本作物，喜温暖、潮湿，是我国长江流域及其以南的最主要粮食作物。栽培稻是从野生稻驯化来的。驯化的时间大约在1万多年前。考古学家在江西省万年县仙人洞和吊桶环遗址旧石器时代晚期或新石器时代初期的文化层中，发现了12000年前的野生稻植物蛋白石，但已具有人工干预的痕迹，说明当时人们不但已经采集野生稻作为食物，而且可能已尝试人工种植。在湖南省道县玉蟾岩遗

---

[1]　赵志军：《小麦传入中国的研究——植物考古资料》，《南方文物》，2015年第3期，第44-52页。

[2]　陈文华：《中国农业考古图录》，南昌：江西科学技术出版社，1994年第48页

址也发现了3粒半1万年前的稻粒，其中一粒是野生稻，其余属古栽培稻。在广东英德市牛栏洞遗址也发现了1万年前的水稻植硅石。浙江省浦江县上山遗址也发现了9000年前稻作遗存。这就证明我国栽培水稻的历史已有万年之久。到了8000年前左右，水稻的种植在长江流域中游和淮河上游都颇具规模。考古学家在湖南省澧县彭头山遗址、八十垱、李家岗遗址都发现了大量距今8000年左右的稻壳和稻谷遗存，有的保存极好，出土时如同新鲜稻谷。在淮河上游的河南省舞阳县贾湖遗址也发现了距今8000年左右的稻谷遗存，经鉴定都属于古栽培稻，说明已经越过选育、驯化阶段，形成了早期稻作农业文化。大约到了7000年前，我国的稻作农业已进入发展阶段。淮河流域下游、长江中下游都已发现很多稻作文化遗址，如湖南省的临澧县胡家屋场、岳阳市坟山堡遗址，湖北省宜都城背溪、枝城北以及秭归县柳林溪遗址，浙江省桐乡县罗家角、余姚市河姆渡遗址，江苏省高邮县龙虬庄遗址等，都发现了大量的栽培稻遗存。这些遗址的年代距今7300～6800年。说明这一时期，稻作已经在长江中下游地区得到普及，并且水稻品种也得到了初步的改良，已有籼稻和粳稻两个种类。到了6000年前，我国的原始稻作开始进入发达阶段，水稻种植的范围进一步扩大，稻田的整治已初具规模。至5000年前，水稻的种植已经遍布长江流域各地以及华南、闽台地区，甚至连黄河流域的陕西、河南、山东等地都已开始种植水稻了。水稻的驯化与培育成功，是我国原始农业的巨大成就之一。[1]如图1-6浙江桐乡罗家角遗址出土碳化稻。[2]

图1-6 浙江桐乡罗家角遗址出土碳化稻

（五）蔬菜瓜果的种植

原始居民除了食用主粮之外，还要吃蔬菜瓜果。根据文献资料，商周时期我国种植蔬菜瓜果的园圃业已相当发达，推测其起始年代应在新石器中期。目前考古发掘中已出土了新石器时代的葫芦、菱、芡、甜瓜子、莲

[1] 傅稻镰等：《稻作农业起源研究中的植物考古学》，《南方文物》，2009，第3期，第38-45页。

[2] 陈文华：《中国农业考古图录》，南昌：江西科学技术出版社，1994年第48页

子、桃核、梅核、枣核、栗壳以及菜籽等实物，年代最早可达7000年前，但是大部分都是属于野生植物，看来当时人们的主要精力还是放在培育粮食作物方面，同时采集一些野生果实充饥，不可能有人工种植。不过，在甘肃省秦安县大地湾遗址曾出土过距今近7000年的油菜籽，在陕西省西安市半坡的一座房子遗址里发现一件小陶罐，口很小，内盛碳化了的菜籽，经鉴定是属于白菜或芥菜的种子。将菜籽装在不易取出的小陶罐里，显然不是为了食用，应该是供来年种植使用。由此可见，我国人工种植蔬菜的历史已有六七千年之久，而白菜、芥菜和油菜的起源地正是中国，至今仍然是民间最主要的蔬菜。

（六）纤维作物的种植

原始人最初可能并没有完整的衣服，冬披兽皮，夏穿树叶，后来逐渐学会利用野生葛、麻的纤维纺织布料制成衣服。当原始农业发展以后，人们在种植粮食的同时也尝试栽培麻、葛等作物，以满足日益增长的穿衣戴帽等日常生活需要。这个过程可能要晚于粮食作物的栽培，大约是在新石器时代中晚期才发展起来的。首先被驯化栽培的是大麻。大麻是雌雄异株植物，雌株结的籽粒可食用，古人曾作为粮食，被列为"五谷"之一。雄株的纤维细柔，可作为纺织原料。原始先民可能是在采集雌麻籽粒过程中，发现了雄麻纤维可做衣料，从而逐渐加以栽培种植。甘肃省临夏县东乡林家遗址出土过四五千年前的大麻籽，新疆孔雀河古墓内出土过4000年前的大麻纤维，辽宁省北票市丰下遗址出土的4000年前的麻布残迹，是目前最早的实物标本。另一种纤维作物苎麻是雌雄同株，大约与大麻同时被种植，浙江省吴县钱山漾遗址曾出土了一些苎麻布和苎麻绳子，距今也有4000多年。葛是野生纤维植物，在江苏省吴县草鞋山遗址发现过6000年前的葛纤维纺织品残片，说明当时原始先民可能已经有意识地加以保护利用，甚至也可能尝试种植。

二、原始畜牧业成就

原始人类在长期狩猎实践过程中逐渐改善了工具，捕捉野兽的能力逐步提高，弓箭、陷阱、围栏的出现使人类捕捉活的动物成为可能，并且有机会捕获更多的动物，这为野兽的驯化创造了客观条件。人们开始尝试着把猎获的多余的，受伤的，较为温顺的野兽或幼兽、幼雏驯养起来以备不时之需，这样就开始了初期的畜牧业。随着生产力的提高，驯化的家畜也日益增多。考古资料揭示，至少在距今5000年左右，已经饲养猪、狗、牛、羊、马、鸡等家禽家畜和家蚕，彰显了畜牧业的成就。

（一）猪的畜养

猪（Susscrofa domestica）可谓是人类最早驯养的家畜之一。家猪和现在的野猪有着共同的祖先，家猪是由野猪驯化而来，因为直到今天，在野猪出没的地区，常有野猪和家猪混群自行交配，并产生正常后代。野猪生活的范围相当广泛，在更新世初期，也就是说在人类开始着手驯化它们时，野猪早已广泛分布在非洲和亚欧大陆。因此如果那时的人们想要驯化野猪的话，就地取材即可，不必舍近求远。今天现存野猪的分布也十分广泛，因此家猪一般被认为是多中心起源的。中国的家猪应是由当地的野猪驯化而来的。

考古工作者在广西桂林甑皮岩遗址中发现了距今大约9000年的猪骨，个体数达40余个，鉴定认为它们是人类有意饲养和宰杀的。此外，还发现在猪的牙齿标本中，犬齿的数量不多，较为长大粗壮的犬齿更少见，犬齿槽外突的程度很差，而门齿一般较细弱。这些情况显示在人类的驯养条件下，猪的体质形态在发生细微的变化。

河北徐水南庄头遗址发现了一种早于裴李岗、磁山文化的新石器遗址，其中发现的猪狗遗骸可能为家畜，该遗址的年代为距今约10815±140～9690±95年。因而家猪的驯养历史可以追溯到距今9000年以前。野猪经过长时间的人工圈养驯化、选择，在生活习性、体态、结构和生理机能等方面逐渐起变化，终于与野猪有了明显的区别，典型是体型方面的改变。自然界的野猪因为寻找食物的缘故，经常觅食掘巢、拱土，使嘴进化得长而有力，犬齿发达，头部强大伸直，头长与体长之比例大约为二比一。而被人类控制的野猪，经过长期的给料喂养，不必费劲觅食并限制其活动后，头部明显缩短，犬齿退化，胴体伸长，头与体长的比约为一比二。

年代在距今大约7000年的浙江余姚河姆渡遗址中出土了猪的骨骼，同时出土的还有陶制的猪模型。在遥远的古代，陶制工艺制作时的动物形象

极有可能是以当时猪的形体为模特
的，余姚河姆渡遗址中出土的陶制猪
模型也不应例外。余姚河姆渡遗址中
出土的陶猪，其前后躯的比例为5：
5，介于野猪的比例7：3和家猪的比
例3：7之间，属于驯化和野生之间的
中间型，因而间接地反映出河姆渡遗
址的家猪远远不是最初开始驯化时的
家猪，而是具有明显驯化特征的家
猪。[1]如图1-7家猪驯化体形变化示意
图[2]。

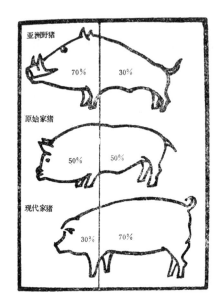

图1-7 家猪驯化体形变化示意图

新石器时代出土的猪遗骨及陶
猪，其体型依然保留不少野猪的特
征，如大汶口出土的猪头骨和李氏
野猪有一定的差别，生产性能比野猪有很大的提高，但与现代家猪相比，
生产性能还是比较低的，只能称之为原始家猪。在内蒙古自治区伊克昭盟
伊金霍洛旗朱开沟遗址出土的距今大约3000多年的猪骨，鉴定结果表明，
牙齿与早期的出土的家猪相比，明显变小，而与河南安阳殷墟的肿面猪相
似，吻部变宽短而与野猪不同。

在各地新石器时代遗址出土的家畜骨骼和模型中，以猪的数量最多，
而且在新石器时代晚期的墓葬中经常以猪作为随葬品，说明猪已成为财富
的象征，可见猪早在我国原始畜牧业中已占据最重要的地位。

（二）狗的畜养

狗（Canis lupus familiaris）是由狼驯化而来的。早在原始社会时期，
人们就已驯养狗作为狩猎时的助手，狗偶尔也会有一部分成为人们肉食对
象。在河北省武安县磁山、河南省新郑县裴李岗、浙江省余姚市河姆渡等
遗址，都出土了距今七八千年的狗骨骼，说明至少在8000年前狗已成为家
畜之一。陕西省西安市半坡遗址出土的狗骨，头骨较小，额骨突出，肉裂

[1] 徐旺生：《家猪的驯化与起源》，《猪业科学》，2010年第4期，第114-116页。
[2] 梁家勉主编：《中国农业科学技术史稿》，北京：农业出版社，1989年，第33页。

齿小，下颌骨水平边缘弯曲，与现代华北狼有很大区别，已具备家养狗的特征。而山东省胶县三里河遗址出土的陶狗鬶造型生动逼真，使我们得见新石器时代家狗的形态特征。

（三）羊的畜养

羊分绵羊（Ovis aries）和山羊（Capra aegagrus hircus）两种，绵羊属洞角科绵羊属，山羊属洞角科山羊属。家绵羊是由野生的羱羊驯化而成，家山羊则是由野生盘羊驯化而成。中国是家山羊的起源地之一，绵羊则被认为是由西亚传入，因为绵羊在西亚有上万年历史，在那里与小麦一同起源并传入中国。因此，在我国北方的遗址中发现的家羊遗存较南方为多，如河南省新郑县裴李岗遗址出土过一件陶羊头，陕西省临潼县姜寨遗址也出土过一件陶塑器盖把纽，呈羊头状，西安市半坡遗址曾出土过羊骨骼。在南方，最早的发现是浙江省余姚市河姆渡遗址的陶羊，其形态属于家山羊，看来，至少在7000年前，山羊的驯化已经成功。到了4000多年前的新石器时代晚期，我国南北各地已普遍养羊，北方主要是绵羊，南方主要是山羊。

（四）牛的畜养

中国饲养的牛类家畜主要包括黄牛（Bovine）、水牛（Bubalus arnee）、牦牛（Bos mutus）三大类，它们在动物分类上属于洞角科、牛亚科、牛属和水牛属，牛属的有黄牛与牦牛；水牛属有水牛、低地水牛、民都洛水牛、山地水牛4个种。中国是黄牛、水牛最早驯养的国家之一，在河北省武安县磁山遗址出土过黄牛的骨骼，河姆渡遗址出土过黄牛的残骨和牙齿，半坡遗址也出土过黄牛的牙齿，江苏省邳县刘林遗址还发现30多件黄牛的牙床和牙齿，说明黄牛的驯养早在8000年前就已开始，至6000多年前，南北各地都已饲养黄牛。水牛的饲养在南方可早到7000年前，河姆渡遗址就出土了16个水牛头骨，江苏省吴江县梅堰遗址也出土了7个6000年前的水牛头骨。在北方，山东省的大汶口、王因遗址，河北省的邯郸涧沟村遗址，陕西省的长安客省庄遗址，都发现过水牛骨骼。可见至少到了新石器时代晚期，水牛已经生活在淮河以北的一些地方了。

（五）马的畜养

马（Equus caballus Linnaeus）的驯养比较晚，在我国一些较早期的新石器时代遗址中均未发现马的遗存。中国家马的祖先是生活在华北和内蒙古草原地区的蒙古野马，最早驯养马的也应该是这一地区的先民。目前只在半坡遗址发现2颗马齿和1节马趾骨，未能肯定是家马。在新石器晚期的龙山文化遗址（距今4000多年），如山东省历城市城子崖、河南省汤阴县白营、吉林省扶余市长岗子、甘肃省永靖县马家湾等遗址都曾出土过马骨，其中永靖大何庄齐家文化遗址出土的马下颌骨和下臼齿，经鉴定与现代马无异，可以认定当时的马已被饲养，河南安阳殷墟出土了马骨和马车，结合卜辞中也有"王畜马才（在）兹窝（厩）"的记载，马在商代已成为家畜确定无疑了。

（六）鸡的畜养

鸡（Gallus gallus domesticus）是由野生的原鸡驯化而来的。江西省万年县仙人洞新石器时代早期遗址就发现原鸡的遗骨，西安半坡遗址也发现原鸡属的鸟类遗骨，说明原鸡在长江流域和黄河流域都有分布，各地都有条件加以驯化。河北省武安县磁山、河南省新郑县裴李岗、山东省滕县北辛等遗址都有家鸡遗骨出土，说明家鸡的驯化年代可能早在8000年前，这是目前世界上最早的记录。到了新石器时代晚期，黄河流域、长江流域以及西北地区都已饲养家鸡，成为主要的家禽。

（七）家蚕的畜养

原始先民在采集野生桑椹充饥过程中，会发现桑树上野蚕所结的茧，从而逐渐利用野蚕茧丝，继而有意识地保护、饲养，终于将它驯化成家蚕。世界上的家蚕起源于中国已是定论。河北省正定县南杨庄新石器时代遗址出土过两件5400年前的陶蚕蛹，钱山漾遗址也出土了4700多年前的家蚕丝带、丝线和绢片。可见，至少在5000年前，我国原始先民已经掌握了养蚕缫丝技术，这是纺织史上的一个重大成就。

1958年3月，浙江省吴兴县钱山漾新石器时代良渚文化遗址出土了一些丝带、丝线及丝质的绢片，虽然已经炭化，但不是很严重，依稀仍可辨别，还能做切片分析。其所发掘的相关丝织品起初由浙江省纺织科学研究所检验，后复由浙江丝绸工学院做了第二次鉴定，纤维切片所得截面图像，显示了截面呈钝三角形的一般蚕丝的特征，证明这些丝带、丝线及绢片是以家蚕丝做原料的。绢片为平纹组织，表面细致，平整光洁，丝缕平直，可以清晰地看到经纬丝是由多根单丝茧丝合并成一股丝线交织而成。根据同时出土的稻谷的放射性碳素断代，钱山漾下层为公元前270年±100年（半衰期5730年）。该丝织物经浙江省纺织研究所用放射性同位素C14测定及树轮年代校正，其年代分别为B.C.3310年~B.C.3035年，显示中国在良渚文化（约公元前3300—2300年）中已开始了饲养家蚕。

　　1977年冬天，浙江省文物管理委员会在江南地区的余姚县河姆渡村第二次发掘了距今约7000年的河姆渡遗址，出土了许多与纺织有关的纺缚、织机零件，另有双股的麻线和三股的麻绳，这些都是第一次发现。在遗址的第3、第4层（公元前5000—前4000出土了木卷布棍、骨机刀、木经轴和牙雕小盅等物件。结合1973年第一次发掘中出土的陶纺轮、骨针、管状针和织网器等纺织用具，说明当时的河姆渡人已经有较原始的纺织工具。出土的"牙雕小盅"，平面呈椭圆形，制作精细，中空呈长方形，圆底，口沿处钻有对称的两个小圆孔，孔壁有清晰可见的罗纹。外壁雕刻编织纹和蚕纹的图案。骨制盅上刻制了四条形态逼真的蚕纹。[1]这是研究蚕丝起源的罕见实物。它比江苏吴县梅堰新石器时代遗址出土的黑陶上绘的蚕纹[2]，描述得更形象更生动。从河姆渡遗址出土的物品看，早在7000年前，蚕丝已被人们所认识了。古人很可能是为了突出展现蚕对人们穿衣织绸的奉献，就恭敬虔诚地将蚕纹刻画下来做装饰，以示崇敬。因此，在古代遗址和墓葬里曾经出土了许多用石、玉、陶、骨、铜等制作的蚕形装饰品。如图1-8浙江河姆渡出土骨盅上刻的蚕纹。[3]

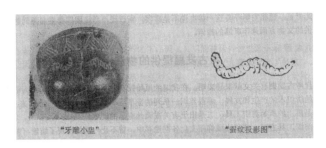

"牙雕小盅"　　　　　　　　　"蚕纹投影图"

图1-8　浙江河姆渡出土骨盅上刻的蚕纹

[1]　河姆渡遗址考古队：《浙江河姆渡第二期发掘的主要收获》，《文物》，1980年第5期，第1-17页。

[2]　周匡明：《我国早期蚕业史研究的几个问题》，《中国农史》，2011年第2期，第23-29页。

[3]　周匡明：《我国早期蚕业史研究的几个问题》，《中国农史》，2011年第2期，第23-29页。

据《史记》"帝元妃西陵氏始蚕"和《通鉴外纪》"西陵氏之女名嫘祖，为黄帝元妃，始教民育蚕，治丝茧以供衣服"等记载，一般认为嫘祖为饲养家蚕之鼻祖。

三、原始农业和畜牧业发展的贡献

农业的起源被认为是人类在新石器时代取得的最为重要的技术成果之一，考古学者柴尔德（V. Gordon. Childe）认为，农业的产生使人类"开始控制了'自然'，至少是以和她合作的办法顺利地控制住了她"，并进一步认为，农业这种"生产食物经济开始，是一种革命，必然要影响到所有有关者的生活"。[1]起初，农业作为一种新生的事物，依托于更早阶段形成的渔猎采集经济而存在，直到原始农业类型的产生，才使它具有了脱离渔猎采集经济而独立发展的能力。原始农业类型赋予了人类一种能力，人们的生活不再单纯地依靠特定地理空间内自然禀赋的馈赠，而是可以通过人为地创造一种合适的微观环境来生产食物。原始农业类型的形成，使人们具备了更强的环境适应能力，也拓宽了人们对生存空间的选择范围，使人们对自然环境的依附程度降低。由此，人们逐渐构建起了区别于自然环境的人类社会。而所谓人类文明，显然是针对上述这一人类社会而言的，从而可以认为，正是原始农业类型的形成为早期文明的起源提供了条件。[2]

（一）改变了人类生活方式

促使人类经济生活由采集、渔猎转向种植和畜牧。在农业发生以前的几百万年里，人类一直过着采集和渔猎的经济生活，对待食物只能采取"现获现吃"的方式，无法贮藏加工以应对不时之需，极大地受到活动范围内采集渔猎资源供应量的限制，采集渔猎还受极大的季节影响，春夏采集资源丰富，渔猎以小动物类为主，秋冬则宜于打猎较大型的动物。这两者都受自然界的各种条件制约，人们不得不过着经常性的迁徙生活。这一时期，人类采食的食谱极为广泛，并非都是野生的禾谷类，而是种类极多的茎叶、块根、水果、核果等。因为可以帮助狩猎，狗是最先驯化的家畜

---

[1] （英）柴尔德著，周进楷译：《远古文化史》，上海：群联出版社，1954年。

[2] 严文明：《农业发生与文明起源》，北京：科学出版社，2000年，第43页。

之一。当人们驯化了牛羊等食草家畜时，最初是人们自己驱赶着牛羊放牧和迁移，随着畜群扩大，人口增加，帐篷、炊具等生活必需品也增多，紧跟着便是马和骆驼的驯化，牧民们在放牧时，发现一些野生禾草（如野黍、莠草）既是家畜的好饲料，也是人们可以利用加工的好食物。他们有意地对这些种子进行采集播种，迈出了驯化栽培的第一步，人们在采食野生稻谷中发现稻谷的种子可以贮藏，要吃临时拿来脱粒加工，非常方便，这会促使人们不断选择发芽力强、萌发整齐、成熟期一致的种子，进行繁殖留种。一旦种植业和畜牧业得以在采集渔猎的经济生活中稳定下来，它们的比例便会逐渐上升，终于取代了采集和渔猎。人类的生活方式也由迁徙流动转向定居守业。

种植业和畜牧业的出现，有条件实行相对的定居，改变了采集渔猎环境的制约。在定居条件下，因粮食有盈余，人们开始建造贮粮的仓库，不便随迁徙携带的笨重的石臼和易碎的陶器等粮食加工和烧煮工具才有可能被制作和使用。饲养的猪、牛、羊等提供比较稳定的肉食来源，摆脱了渔猎时期的被动局面，人口随之逐渐增长。聚落居住区的规模也随之扩大。定居的聚落引发新的问题，即保证聚落内部居民的人身及祖先坟墓的安全和公共财产的安全。据考古发掘所见的中国新石器时期的聚落业已发展成为具有壕沟或兼有城墙的，共有50余处，散布于黄河中下游华北平原、长江中游两湖平原、长江上游四川盆地和内蒙古高原。[1]再如，"國"和"域"二字同源，"國"是"或"外加大框，"域"是"或"旁加"土"代表领土。最后，"國"取得国家的意义，"域"取得领土所有权的意义，一直使用至今，追根溯源，这都缘于原始农业的定居。

（二）为人类精神文明的发展提供了物质基础和契机

地球上所有的生物，都受地球环境的控制，地球又受太阳的巨大影响。一切生物都在这个特定的环境下竞争，一些物种消失了，一些物种兴起了，这就是演化。人类只有在进化到一定时期，才能够初步意识到这些客观环境对自身控制的存在，并对之做出反应、解释和选择，这个特定时期就是原始农业的出现。

---

[1]　任式楠：《我国新石器时代聚落的形成与发展》，《考古》，2000年，第7期，第48-59页。

　　原始农业起源在黄河流域和长江流域难分先后，但发展速度则是北方快于南方，即因一年四季及以后的二十四节气首先产生于黄河流域之故。有无四季和二十四节气的划分，其意义不在节气本身，而在于背后体现的天文、天象知识积累的差别，表明原始先人已经主动观察日月、星辰等宇宙天象，探索寻求其规律，迈出天文学的最原始、最简单的第一步。月亮作为地球的伴侣，其圆月到缺月的周期性，给原始人创造一年12个月的周期提供了最佳条件。由于地球绕日一周的回归年不是365天整数（365日5小时48分46秒），月球绕地一周不是30天整数（一个朔望月为29.5日），这是促进人们数学运算的极大推动力。

　　原始农业时期人们在面对采集狩猎收获物的喜悦，通常会以跳舞来表达庆祝，舞蹈可能是最早的一种娱乐方式，而用来引诱野生畜类的骨哨等发声器物则可能是乐器的先行物，事实上贾湖遗址即已出土有五孔甚至七孔的骨笛。新石器时期从内蒙古、云贵到西藏一带即已出现大量的岩画，岩画的出现，表明人们的思维活动已经具有人类独有的抽象审美观点。动物的审美表现如孔雀开屏，是演化过程中所形成只通过遗传基因表达的，不以孔雀的主观意志为转移，即不会做任何的自由修改表达。绘画的抽象和计算的抽象，代表原始农业时期人的脑力活动开始向着科学的严密思维和艺术的自由思维发展，成为后世自然科学和人文科学的萌芽。使得这种抽象性思维进一步发展的是文字的创造。文字的大规模使用虽然是进入有史以后的贡献，但文字的起源和萌芽，却可以追溯到原始农业晚期，由原始的图画文字演变而来。通常把半坡、姜寨、马家窑遗址的陶器刻符，以及大汶口文化陶器上的刻符、良渚文化黑陶上的刻符，视为最早的文字雏形或"原始文字"，它们可能是甲骨文的前身。

　　与科技和人文这两大精神活动发展的同时，产生了原始的精神信仰，这种精神信仰是采集渔猎种植时期的人们的一种原始宇宙观。宇宙观的概念是指客观世界（日月星辰、风雨雷电、万物生灭等）作用于人们的头脑的一种反映和解释。那时的宇宙观可以概括为"万物有灵"和"天人合一"这两点。"万物有灵"观认为万物都由神灵所主司，灵也即神（或魂）。太阳是神，月亮是神，推而广之，稻有稻魂，牛有牛魂，树有树神，山有山神，雷有雷神……这就是万物有灵。就人而言，人由肉体和灵魂组成，肉体会死亡，灵魂却是永生的。死去祖先的灵魂，时时刻刻就在人们身边，这是祖先崇拜的理论依据。原始人以为灵魂往往住在头颅里，部族战争中，杀死对方的人，把对方的头颅悬挂在本族人的屋前，意味着对方灵魂已加入本族人的群体里，意味着本族人丁兴旺。[1]"天人合一"观则认为天是自然的，人是自然的一部分。人和自然在本质上是相通的，故一切人事均应顺乎自然规律，达到人与自然和谐。

（三）为国家机器的出现准备了条件

一是加速了原始血缘性族群的繁殖。原始血缘性族群的繁殖类似于细胞的分裂，从一个母体的族群之中，不断地分裂出去一个个子族群，而分裂出来的子族群也同样可以继续分裂出去新的族群。原始农业的发展通常不会带来某一固定范围内血缘族群的人口激增，血缘族群数量的急剧增长主要是通过原始先民们一种远距离迁徙的能力，从而导致了人口从一个母体族群中分离出来的异地增长。原始农业的形成使人们逐渐具备了一种脱离母体族群独自寻找新居地继续生存的能力和远距离迁徙的能力，当面临食物短缺的情况时，人们自然可以将族群中的一部分人迁移到别处，在一个更大的地域范围内加速了原始血缘族群的繁殖，血缘性族群的数量急剧增长。

二是促使区域性中心聚落的形成。如果说原始血缘族群的繁殖与族群总量的增加是原始农业形成的最直接影响，那么区域性中心聚落的形成便是其间接影响。例如，在长江中游地区，从宜昌到巴东的长江两岸，分布着近30个大溪文化的遗址。在黄河中游地区的罗河两岸，同样分布着14处仰韶文化的遗址。这些遗址之间相互联系，构成了一个聚落群，聚落群与聚落群之间的相互联系，则构成了聚落群团。这些聚落群或聚落群团在最初形成的时候，有可能是按照一定的血缘关系相互组合在一起的，这种组合的动因，一部分是因为人类"亲亲"（血亲）的天性，而另一部分则是源于遗址处自然承载力限制，导致族群之间资源的争夺，由争夺进一步产生矛盾，这便必然需要一个凌驾于整个区域社会之上的公共权力来处理和化解这种矛盾。[2]由于不同族群所选的居址条件不可能完全一致，便会形

---

[1]　游修龄：《中国农业通史·原始社会卷》，北京：中国农业出版社，2008年，第457页。

[2]　董恺忱，范楚玉：《中国科技史·农学卷》，北京：科学出版社，2000年，第42页。

成财力、实力对比上的强弱。加之，农业的自然属性不可避免地导致自然环境对农业的深刻影响，当这种深刻影响表现为对农业的毁灭性打击时，往往造成一个血缘族群农业生产的颗粒无收，从而陷入食物严重短缺的困境，当这种情况发生的时候，具有血缘关系的族群便需要相互救济，因此，也要求有一个凌驾于区域社会之上的公共权力来主持这种偶有发生的互助行为，人们还通过共同的始祖崇拜、宗教信仰，将繁殖出去的新族群与母体族群紧密地联系起来，用于处理族群与族群间关系与秩序等事务，这为早期文明和国家的形成准备了基本条件。

三是增强了不同血缘族群间的联系。当一个相对固定的地域范围里，血缘性族群到达饱和状态而新的族群又继续繁殖出来的时候，人们便会跨越地域的界限，向着其它的地域迁徙，其直接结果便是不同血缘族群之间的相互接触。

在新石器时代晚期最后的几百年里，伴随着长江中游地区屈家岭文化和长江下游地区良渚文化的逐渐形成，两大文化区所在的原始稻作农业类型区都开始了极力向北发展的历程。由此，经营稻作农业类型的族群开始在淮河一线与经营旱作农业类型的族群相互接触，新石器时代晚期的南阳盆地，便是这种原始旱作农业类型和原始稻作农业类型相互争夺和扩张的边缘地带，也成为一个具有不同血缘关系的族群相互接触、融合与争斗的典型地带。新石器时代中晚期以来，南阳盆地先后成为北方旱作农业类型区的典型文化——仰韶文化和南方稻作农业类型区的典型文化——屈家岭—石家河文化的分布地区。[1]

若将新石器时代晚期区域性中心聚落的形成看作是早期文明和早期国家的起源，从这个意义上讲，中国南北方地区的各区域皆在这一时期里一定程度上开始了其文明化进程。[2]中国的原始农业起源于旧石器时代向新石器时代过渡的历史阶段，对于早期人类而言无疑是一次重大的事件，其意义与影响都不容小觑。但是，在原始农业起源后的数千年间，它仅仅作为渔猎采集经济的附庸，并没有作为一个独立的生业方式而存在，直到新

---

[1] 靳松安：《河洛与海岱地区考古学文化的交流与融合》，郑州大学博士学位论文，2005年，第1页。

[2] 易华：《良渚文化与华夏文明》，《中原文化研究》，2019年第5期，第5-13页。

石器时代晚期，原始农业类型在中国南北方地区逐渐形成，原始农业才进入了一个独立发展的阶段。原始农业类型的形成使人们具备了一种从母体族群中迁移出去、并独立生存繁衍下去的能力，由此，伴随原始农业类型的形成。在新石器时代晚期，中国南北方地区都出现了血缘族群大量繁殖的现象。[1]

血缘族群的大量繁殖，为早期人类文明与早期国家的出现提供了可能性，更为重要的是，由于血缘族群的大量繁殖，来源于不同区域的、具有不同血缘关系的族群发生接触，不可避免地会产生一定的冲突矛盾，极有可能引发较大规模战争的出现，为早期人类文明和国家机器的产生提供了必要性。

---

[1] 苏秉琦:《中国文明起源新探》，北京:人民出版社，2013 年，第 138-139 页。

第二章　秦以前中国古代饲料科技的萌芽与初步发展

秦以前中国经历了漫长的原始社会、夏商、西周、春秋战国时期，这一时期不仅社会形态发生很大变化，人类经济发展水平、科学技术、农业及畜牧生产水平亦发生巨大变化，社会形态从原始公有到私有制及国家的形成，生产工具从木石农具到青铜农具、铁制农具，人们已经驯服牛马等为人类提供畜力动力，畜牧业尤其是养马业，越来越受到人们的重视，畜牧业赖以存在的饲料生产和利用自然也受到重视和相应发展。

第一节　秦以前畜牧业发展概况

一、原始社会时期畜牧业

（一）原始人类的进步

中国原始畜牧是随着原始社会发展而发展，这一时期经历了一个极其漫长的岁月。根据考古研究，人们一般把中国原始人类的发展划分为三个阶段：即猿人阶段、古人阶段、新人阶段。猿人的主要代表有云南元谋人（距今170万年），陕西蓝田人（距今约98万年），北京周口店的北京人（距今约50万年）；古人的主要代表有山西丁村人、广东马坝人和湖北长阳人，其生存年代距今亦有一二十万年；新人的主要代表有北京周口店山顶洞人、四川资阳人、内蒙古河套人、广西柳江人，其生存年代距今也有几万年了，新人没有了猿人的原始性，同现代人已经十分接近。其实原始人类发展的这三个阶段正是旧石器时代的早、中、晚三个时期，而且我国古代传说的有巢氏"构木为巢"（《韩非子·五蠹》）、燧人氏的"钻燧取火"和庖牺氏"以佃以渔"（《易经·系辞下》）正是发生在这个漫长的时代。在旧石器时代，人类已经能够用石头打制简单、粗糙的生产工具。为了抵御自然灾害，原始人类必须依靠集体的力量进行活动，所以旧时器时代早期，猿人结群而居，这便是最初的人类社会，直到经过旧石器时代中期的过渡，到旧石器时代末期的新人阶段逐渐进入母系氏族公社时期，依然是集体劳动，他们靠采集、狩猎和渔捞来维持最简单的生活，在与自然的不断抗争中发展着自己。

大约在1万多年以前，我国进入了新石器时代。当时人们所用的劳动工具是磨光的、较之旧时器时代较为精美的石器，这就是新石器名称的由来。这时人类已经历了旧石器时代两三百万年以上的渔猎采集生活，积累了大量关于动植物的知识，很自然地发明了养畜业、种植业、制陶业及各种农业生产的磨制工具，母系氏族社会随之繁荣兴盛起来（10000～5000年前），这相当于新石器时代早期，我国河北磁山、河南新郑裴里岗、浙江余姚河姆渡、陕西西安仰韶等遗址都是这一时期的代表。随着社会生产力的发展，大约从5000年前起，我国黄河和长江流域的一些氏族部落先后进入到父系氏族公社时期。这一时期男子取代妇女，在社会中居于主导地位，这时的种植业和家畜饲养业的作用更加重要，狩猎和捕鱼已不再是人们生活资料的主要来源，我国著名的龙山文化、齐家文化、大汶口文化等便是这一时期的代表。父系氏族社会时期也是阶级因素萌芽时期，是氏族公社向阶级社会过渡的时期。如图2-1河南新郑裴李岗遗址出土石磨盘及磨棒。[1]

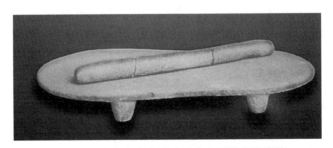

图2-1　河南新郑裴李岗遗址出土石磨盘及磨棒

[1]　宋树友主编：《中华农器图谱》第一卷，北京：中国农业出版社，2001年第76页

（二）原始畜牧业的发展

原始社会中，原始人类依靠采集和渔猎生活，其生活资料来源并不稳定，有时翻山越岭仍所获无几，食不果腹；有时却有盈余。况且大自然中的动植物资源并非无穷无尽，而人口数量却不断增长，由此人们切实感受到了饥饿的威胁，在取有余以补不足的同时，也会考虑如何解决这一长期困扰他们的问题，这样从主观上就有了驯养动物的想法。

客观上，人类在劳动过程中逐渐改善了工具，弓箭、陷阱、围栏、网绳的出现使人类捕捉活的动物成为可能，而且由于工具的改进，生产力的提高，捕获更多动物的可能性也增加，这就为野兽的驯化创造了客观可能条件。人们开始尝试着把猎获的多余的、受伤的、较为温顺的野兽或幼兽圈养起来以备不时之需，这样就开始了初期的畜牧业。传说伏羲氏是我国畜牧业的始祖，因为是他发明了网、罟用以猎兽捕鱼。然而，如此伟大的发明不可能是一人之功，它应该是我们祖先的群体发明，伏羲氏只不过是一代表人物。

根据研究，我国最早驯化的动物可能是猪、狗、鸡，如河北徐水南庄头遗址（距今10500～9700年）出土的鸡骨、猪骨、狗骨，被认为可能是家畜[1]；在距今约9000～7500年的广西桂林甑皮岩洞穴遗址也有较多猪骨出土，"据鉴定有67个个体，猪的年龄数值比较集中，以1～2岁间的成年猪最多，罕见长大粗壮的犬齿，门齿一般都较细弱，未见有磨蚀深重的第三臼齿，这些都是反映人工饲养和被宰杀的结果，饲养的时间又较短"。[2]而到距今8000～5000年左右，鸡、猪、狗等家畜的饲养已很普遍，牛、羊的饲养也已开始，如裴李岗、磁山、贾湖、大地湾、跨湖桥等遗址都有牛羊遗骨的发现，到再晚一些的龙山文化时期，我国已形成马、牛、羊、鸡、犬、豕等"六畜"俱全的畜牧业。

（三）原始家畜的饲养方式

把无拘无束的野生动物驯服，使其在人工饲养的条件下繁衍生息，并要它们的后代按照人类的意志发生定向变异，确实不是一件简单的事，由

[1] 李君、乔倩、任雪岩：《1997年河北徐水南庄头遗址发掘报告》，《考古学报》，2010年第3期，第361-362页。

[2] 阳吉昌：《桂林甑皮岩洞穴遗址》，《化石》，1980年第1期，第25+2页。

此也可以想象我们的祖先在这个过程中付出了多么艰辛的努力。

不同地域地理环境不同，所畜养的家畜种类和驯化时间也有差异，因此家畜的饲养方式自然随之变化。在新石器早期所有动物驯养初期，由于动物的驯化程度不高，为了不让这些动物逃逸，一定是限制性饲养的，只有到不会逃逸、可自行回到原住地时，人类才可放心地让这些完全驯化的动物即家畜自由活动和采食，即所谓的"散放"，这种"散放"形式，在1949年中华人民共和国成立前，我国南方一些保持"刀耕火种"的少数民族所采取的家畜饲养大多就是这种方式，如：怒江地区的怒族，喜欢把牲口放在水草茂盛且耕地较少的山谷中，为防止逃逸，则用树木石块堵住隘口，牲畜日夜不归，主人只需偶尔巡视一下。这种散养方式不仅应用于牛羊，也应用于猪马。散放形式下，家畜生长缓慢，死亡率也高，而且杂交乱配，导致牲畜品种杂劣。

到距今8000至5000年前的锄耕时代，人类开始定居生活，家畜散放的弊端得到一定程度的解决，这时散放的形式向着两个方向发展，在自然条件适合于放牧的地区就发展畜牧业为主的经济，由散放直接发展为游牧；而在适宜于种植业发展的地区，牲畜栏圈出现了，散养发展为圈养。圈养方式是家畜饲养的高级形态，它的出现大大改变了家畜的生存环境，加速了家畜性状和体态的变异与巩固，使得原始家畜向现代家畜转化成为可能和必然。当然，最初的圈养可能是野放和圈养的结合形式，即天亮将牲畜放养于野外，夜晚则赶回栏圈中。西安半坡村发现的两座木栅围绕的遗存便是圈养形态的早期物证，如图2-2西安半坡猪栏复原图。[1]

图2-2 西安半坡猪栏复原图

[1] 陈文华编著.中国农业考古图录［M］.南昌：江西科学技术出版社，1994年第426页

虽然这时圈养形态初具，但饲养管理依然粗放落后。人工饲养方式的问世，标志着圈养形式走向成熟。在人工饲养下，家畜无需自己觅食，食物来源较为稳定，且食物构成和进食方式也有变化，这些都利于家畜的迅速变异。例如猪，"食来张口"导致头部变得既宽又短，腿部变得既细又矮；食物性质的改变导致猪肠的长度与体长比例发生了明显变异，由野生种的9∶1变为家养种的16∶1；甚至，圈养条件下猪发情交配的季节性消失，变为一年四季都可以发情、交配、妊娠、分娩。可以说，圈养方式隔绝了家畜与野外大自然环境的联系，而使得人工干预的因素大为增加，这也正是畜牧业不断发展进步的主要原因之一。

（四）原始兽医事业

畜牧与兽医自古密不可分，有了畜牧业自然也就有了兽医的活动。我国历史上早有"神农尝百草和药济人"之说，可见自原始社会开始就有了医学的萌芽。在公元前3000-前4000年，我们的祖先在人医和兽医方面已有很多成就，但是，直到黄帝时代（公元前2700-前2600年）历史上才有相关资料记载。《周易·系辞下》记载黄帝"服牛乘马，引重致远"，如此则当时牛马被人类饲养已久，而兽医治疗的技术亦久已被人类掌握。传说我国历史上最早的兽医是黄帝时的马师皇，他从小就很聪明，长大成人后懂得五行阴阳的盛衰，会看马牛的形色神态，诊断马牛的脉搏呼吸，能察其五脏六腑之虚实，据此以草药医治牲畜。此外，还有歧伯也是黄帝的臣下，精于医人，被称为医学的祖师，他对兽医亦有研究，据说曾做过关于治疗马疮黄疔毒的研究。

二、夏商周时期的畜牧业

原始社会发展到后期父系氏族公社时，由于生产力的发展，生产的产品有了剩余，私有财产开始出现，原始氏族制度逐渐解体。到夏代，氏族制度完全解体，国家产生，并进入私有制的阶级社会。

（一）夏代的畜牧业

夏朝（约前2070-前1600年）是中国史书中记载的第一个世袭制朝代，一般认为夏朝共传14代，后被商所灭。夏代以前各部族实行的是部落联盟，其王位实行禅让制，至大禹时，大禹的儿子启通过拉拢一批贵族，武力夺得王位，建立夏朝，实行世袭制，建立了我国的第一个国家形态。

夏代产生了青铜冶炼技术，生产工具较之以前木制、石制阶段有所进步，也使得生产力有所提高，开始利用畜力，并且出现了文字（象形会意字）计数和记事，当然，也有巫医和巫马出现，中国原始畜牧业进入了一个新的境界。

据传夏启破坏"禅让"制度时，有扈氏不服，起兵反对，夏启战败有扈氏，把整个有扈氏的氏族成员变成放牧的奴隶，由此反映出当时畜牧经济比较发达。《楚辞·天问》王逸注说夏启的第四代孙少康曾做过"牧正"，即管理畜牧生产事务的官。少康即位后，对夏代畜牧生产的管理有所改进，使畜牧和作物生产有所发展，史称"少康中兴"。另还有传奚仲造车为"车正"，牛车、马车的出现大大提高了牛马作为役畜在运输和战争中的功用。河南偃师二里头遗址中发现了大量的戈、钺、刀、凿等青铜器和大批零散的猪、狗、牛、马等兽骨，经研究表明，当时的农业工具有了显著的改进，畜牧生产在社会生产中占据重要地位。另外，水产捕捞技术也在不断进步，二里头遗址出土的渔具骨鱼镖、铜鱼钩和陶网坠等制作较为精良，便是很好的明证。《竹书纪年》所载夏王"狩于海，获大鱼"，[1]也表明海上捕鱼活动在当时颇受重视。

在夏代，已有脱离劳动专事人神交往的中介人——巫的出现，城子崖遗址就有带钻刻痕的卜骨出土。《世本》："巫咸作筮"（《吕氏春秋·勿躬》）。宋注："巫咸，尧臣也。以鸿术为帝尧医。"[2]鸿术是巫术的一种，治病先由巫作法，而医药治疗为次，兽医则被称为巫马。例如，《韩诗外传》卷十说："俞跗之为医也，榒木为脑，芷草为躯，吹窍定脑，死者更生"。踰跗是这一时期的巫医，他将昏厥休克的病人用辛香的芷草、榒木包住头和躯体，用以催醒复苏，其本质仍是一种医疗方法，而其形式却采用巫术。

（二）商代的畜牧业

商又称作殷，源自公元前1300年商王盘庚迁都于此。商汤在灭夏之前，其农业、商业、手工业较之夏代已有相当的进步，故而造成代夏而兴

---

[1]　《初学记》卷一三礼部上

[2]　《太平御览》卷七二引《世本》宋注

之势。商代畜牧业的特点是：不仅"六畜"俱全，而且数量众多。其用途除了食用、役力之外，还被作为祭祀用牲，一次用牲数量少则数头、数十头，多则三四百头，这在甲骨卜辞中多有记载，充分表明了当时畜牧业的兴旺。几处遗址的发现也证明了这一点，如河南偃师二里头文化是商代早期的代表，郑州二里冈文化是其中期的遗址，殷墟1-4期文化遗址是商代晚期的遗存。这几处文化遗址皆有马、牛、羊、猪、狗、鸡等大量骸骨出土，有些易于驯养或猎捕的动物如肿面猪、四不象、鹿及水牛数量竟在千头以上，百头以上的有家犬、猪、獐、鹿、殷羊及牛六种。牛在殷商时代已大量饲养，数量之多为"六畜"之首，卜骨多取材于牛的肩胛骨，祭祀用牛数量也很可观，一次常用30~40头，若无大量饲养，不可能一次祭祀就用如此之多的牛。牛在当时也用于随葬，安阳苗圃北地的一处墓葬随葬有一头捆缚的水牛，殷王武丁之妻妇好墓中也出土四件玉牛和两件石牛，且玉牛的鼻膈有小孔相通，当是牛已穿鼻的写照。《世本·作篇》："胲作服牛"，穿牛鼻是控制降服牛的一个重要措施。这时牛已用于拉车，但还未见用于耕田的迹象。猪和犬的饲养多而普遍，猪主要供食用，商中期以后，猪已较多地用于祭祀，少数用于随葬；犬则常用于狩猎或守卫，祭祀时也用犬，狗主人死后，也常用其爱犬随葬，少则一只，多则六只，意在守卫。羊也是殷人常用的食畜和祭祀、随葬品。妇好墓中亦有大卷角的玉绵羊发现。不过殷墟中很少见到马的零散骨骼，中小型墓中用马随葬的甚少；几处大墓中倒有随葬的车马坑发现，大部分为乘车，少数为战车，且多是一车两马，个别为一车四马。商晚期殷墟出土的马车，结构已相当完善，无疑是经历了一个发展阶段，所以可以推测，在商早期或在夏代应该已经有比较原始的马车。

鸡字甲骨文写作，鸟旁加奚为声，是个形声字。鸡是商人重要食禽，也常用于祭祀和殉葬，在殷墟已发现作为祭祀殉葬的鸡骨架。

殷商时期捕鱼活动主要在黄河中下游进行，捕鱼工具主要是网具和钓具，如河南二里头商代早期的宫殿遗址中就有工艺水平很高的青铜鱼钩出土，所捕鱼种很广泛，如：青鱼、草鱼、赤眼鳟、黄颡鱼，另外还有河口鱼类等。[1]

---

[1] 方酉生，河南偃师二里头遗址发掘简报，考古，1965年第5期，第215-224页。

从甲骨文中"渔"字的形状还可以看出网和钓仍然是当时普遍使用的两种捕鱼方法。

商代是巫医盛行的时代，较之夏代有过之而无不及。成汤、太甲时的伊尹、大戊，河亶甲时的伊鸷、巫咸，祖乙时的巫贤，武丁时的甘盘等都曾是巫的教主，他们是人鬼之间的中介者，又是掌握和左右政权的实力派，可想而知其影响之深远。《山海经·西山经》中记载着十个巫人在灵山上繁忙采药的情况，还记载着用流赭涂于马、牛之体以防止他们生病。流赭是氧化物类矿物质赤矿的矿石粉，有平肝镇逆、凉血止血的作用。用流赭预防马牛疫病的发生，反映了商代兽医积极预防、防患于未然的思想。但是，甲骨文中有一块关于占卜马群是否患传染病、侵袭病的卜辞，反映了当时人们对于家畜传染病的认识并不清楚，更没有有效的防治措施，只能问卜于天，向天祈祷。

（三）西周时期的畜牧业

公元前1066年，周武王起兵伐纣，灭殷商建立周王朝，开创了八百余年的基业。这八百年又分为两个阶段，以公元前770年周平王东迁为界，之前称西周，之后称东周。这段时间是中国历史上极为特殊的时期，文化异常繁荣，科技不断进步，生产力大为发展，畜牧兽医事业也藉此兴旺发达起来。

周族是一个以农业发迹的民族，其祖先"弃"最早教民种稷和麦，史称后稷，其子孙世世袭农，对农事比较重视，对从事农业劳动的人也比较宽厚。《孟子·梁惠王》记载，文王时便已实行井田制，八家各分私田百亩，助耕公田百亩，即纳九分之一劳役田赋。大小官员均有份地，而且世袭，以此为公禄，即所谓的封建领主制。《诗·小雅·北山》："溥天之下，莫非王土；率土之滨，莫非王臣。"天子有权授予各领主土地，有权直接或间接向接受和使用土地者征收贡赋和劳役。至周宣王时废除助耕的公田制，改收田租，实行什一而税的彻法。《孟子·滕文公上》说："夏后氏五十而贡，殷人七十而助，周人百亩而彻，其实皆什一也。彻者，彻也；助者，藉也。"实际上是说，"彻"即指车辙，辙就是车的轨迹，车有两轮，而辙就有双轨，所以说周人在赋税上采用的是双轨制，即国中用"贡法"，在野用"助"法，二者兼用是为"彻"。西周的统辖区域仅限于黄河流域中下游，其余广大地区为其它部族或少数民族居住，他们相互之间不断交往融合，形成后来的由汉族和部分少数民族共同组成的中华民族。在西周时期，作物生产已成为农业生产的主流，畜牧业反退居其次，但养殖技术较之前仍有所发展。

《诗·小雅·无羊》是一首歌颂周宣王的放牧诗，其中"谁谓尔无羊？三百维群。谁谓尔无牛？九十其犉。"《毛诗正义》注："黄毛黑唇曰犉"。此诗反映了周宣王时牧场上的牛羊之健壮和数量之众多。因为周族崇尚黄色，故所选祭祀用牛牲皆为黄色黑唇而无杂毛者，这也是长期留种选育形成的中国黄牛的特征。《诗经·小戎》《诗经·北山》中还有形容贵族领主乘坐"四牡孔阜，六辔在手""四牡彭彭，八鸾锵锵"的诗句，即乘坐四匹公马拉的车，威严雄武，反映了当时马匹多控制在贵族手中。据《周礼·夏官·校人》记载，西周规定："天子十有二闲，马六种；邦国六闲，马四种；家四闲，马二种。"六种马为：繁殖用的种马，战争用的戎马，仪仗用的齐马，驿传用的道马，狩猎用的田马，使役用的驽马，前五种为良马。《周礼》郑注：十二闲共有马3456匹，诸侯邦国没有种马和戎马，士大夫家只有田马和驽马。《诗经》中也不乏反映农村中安居乐业从事畜牧活动的景观，如"日之夕矣，牛羊下来，或降于阿，或饮于池"；农户家中是"鸡栖于埘""鸡栖于桀"[1]；由这些资料，我们不难看出西周时期牛、羊、鸡等家畜家禽的养殖规模较大，养马业也有较大的发展，马匹已广泛应用于社会生活的各个方面。虽然《诗经》中对家养猪和犬的描述缺乏，但不能就此得出西周农户不养猪，不养犬的结论，只是未有记载而已。《诗经·郑风》中还有羊裘章，介绍羊裘的轻、暖、柔、软、毛卷花穗的美丽，反映了当时对绵羊的培育和制裘工艺已达到相当高的水平。

西周时期捕鱼技术也有了长足的进步。除沿用以前网鱼、钓鱼等方法外，又发明了"罩"（画罩）"汗"等新方法，"汗"即将柴置水中，引鱼栖其间，然后围而捕之。尤其"汗"这种方法是现代人工鱼礁的先河。又据《诗经·大雅·灵台》记载周文王时："经始灵台，经之营之……王

---

[1] 《诗经·王风·君子于役》

在灵沼，於牣鱼跃。"说明文王建成规模甚大的皇家园林，其中"灵沼"便是人工开凿的水体，放养了许多肥美的鱼儿供其赏阅，这很可能是人工养鱼的肇始，为之后的家鱼饲养奠定了基础。

在西周封建领主制社会中，祀与戎乃国之大事，所以国家设专人掌管此类事。如：牧人、牛人、羊人、鸡人、充人等专门饲养繁育供应祭祀用牲，牧人掌六畜的繁育，牛人掌养国之公牛，充人掌养祭祀之牲使其肥充者。为了军事上的需要，设校人掌管王马之政，辨别鉴定六马之属；还设了"掌养疾马而乘治之，相医而药攻马疾"的巫马[1]。当时的人们懂得了用"掌赞正良马，而齐其饮食，简其六节"[2]即充分喂料，加强管理的方法调教饲养良马；懂得通过观察其奔跑的驰骤、进退的能力来区分六马之属；懂得在放牧时合理地分配牧地，在春季第一月将公、母畜合群，以便其交配繁殖；懂得在母畜产仔后给予母、子丰盛鲜嫩的牧草；懂得在初春放牧后，清扫厩舍，并对厩舍进行消毒和修缮，以备归牧时使用；懂得在夏季给畜群盖棚遮荫；懂得根据不同畜种、不同年龄段和不同功用分别加以管理和调教。以上种种表明：西周时人们对家畜的饲养管理已经有相当的经验，能够掌握牧草的生长规律，家畜的最佳配种季节，母畜产前产后的特殊护理，畜舍的清理消毒以及良马的择选等等。总之，当时的饲养管理水平已有相当的提高。

西周时期巫与医便逐渐分离开来，专职兽医开始出现，巫马仅为从夏朝沿袭下来的名称。在王室中兽医隶属于医师之下，与食医、疾医和疡医平行。兽医掌疗兽病、疗兽疡。前者以五味、五谷、五药疗其病；后者则先灌药以行其气，刮去疮口脓血、腐肉后，以"五毒攻之、以五气养之、以五药疗之、以五味节之"。[3]"养之""疗之""节之"大意基本相同，之所以区别使用，是为了体现所用药物的药理和治疗机制的差异。《诗经·小雅·天保》中也曾提到羊群要健壮，要"不骞不崩"，"骞"和"崩"便是两种动物疾病。"骞"是蹄病而羸弱，"崩"是因腐蹄、疥癣、湿疹和内寄生虫引起的成片脱毛。关于马提到了"陟彼高冈，我马玄

---

[1]　《周礼·夏官·巫马》

[2]　《周礼·夏官·趣马》

[3]　《周礼·天官·冢宰下》

黄""陟彼崔嵬，我马虺隤""陟彼砠矣，我马瘏矣"[1]。"玄黄""虺隤""瘏"亦是三种马病，是由于马匹爬高山或乱石险坡，过度劳累而产生的疾病。根据考古发现，西周时期的马拉车用的是胸引式套具，尚未发明套在颈肩处的颈套，也没有现在所用的肩引式套具。而胸引式套具压迫马的呼吸，使其呼吸不畅，尤其是在上坡时。所以，过度劳役使得马匹虚脱昏厥，只是三种病病因相同而症状不同罢了。由此可见，当时的巫马对这些疾病均有研究。

（四）春秋战国时期的畜牧业

春秋战国时期是我国封建地主制经济逐渐形成的时期，由于各国诸侯争霸，积极发展本国经济，促进了诸侯各国农业及畜牧生产，加之牛耕、交通和战争的需要，养牛业、养马业迅速发展，同时，各诸侯国还进一步完善畜牧管理机构，如在湖北省云梦睡虎地秦墓出土的秦简《厩苑律》中，更是出现世界现存最早的畜牧法规。

当时的畜牧业，根据《墨子·天志篇》说："四海之内，粒食之民，莫不刍牛羊，豢犬彘。"《荀子·荣尊篇》也载："今之人生也，方知畜鸡狗猪彘，又畜牛羊"，《韩非·难二》进一步指出："务于畜养之理，察于土地之宜，六畜遂，五谷殖，则入多。"《管子·七法》亦载："六畜不育则国贫而用不足"，《管子·立政》也说："六畜育于家，国之富也"，不仅把畜牧业看作社会经济的重要组成部分，而且已经懂得畜牧业与种植业互相促进以及可增加收入的道理。

随着畜牧业的发展，这一时期的养畜技术也有明显的进步。据《礼记·月令篇》载："季春之月，乃合累牛腾马，游牝于牧。牺牲驹犊，举书其数。仲夏之月，游牝别群，则絷腾驹，班马政。季秋之月，天子乃教于田猎，以习五戎。班马政。仲冬之月，牛马畜兽有放佚者.取之不诘。"说明对牲畜已进行四季简单的科学管理。

《吴子·治兵策三》中还特别强调对军马要精心饲养和管理，提出要"适其水草，节其饥饱""冬则温厩，夏则凉庑"，日常要"刻剔毛鬣，谨落四下，戢其耳目，无令惊骇"，训练时要"习其驰逐，闲其进止，人

---

[1] 《诗经·周南·卷耳》

马相亲，然后可使"，役使过程中："日暮道远，必数上下，宁劳于人，慎无劳马"。《晏子春秋》也说："大暑而疾驰，甚者马死，薄者马伤，非据孰敢为之。"

春秋战国时期，为了评定畜禽的好坏，还涌现出许多相畜名家，其中最著名的有卫国善相牛的宁戚，秦国有善相马的伯乐、九方皋（也作"九方堙"）。相传九方皋曾为秦穆公外出选马，他不辨毛色雌雄，而主要靠观察马的内在气质，因得天下良马，伯乐称他"得其精而忘其粗，在其内而忘其外。"[1]史载当时还有《伯乐相马经》和《宁戚相牛经》传世。当时还有善相良马不同部位的十大名家，他们是：寒风相口齿，麻朝相颊，子女厉相目，卫忌相髭，许鄙相尻，投伐褐相胸胁，管青相膹吻，陈悲相股脚，秦牙相前，赞君相后。由此可见，中国的相马技术到春秋战国时已从相体形、毛色，发展到相马的牙齿、颊、目等部位了。

从文献记载看，春秋战国时期人们也普遍饲养家禽，如《孟子·尽心下》载："五亩之宅，树墙下以桑，匹妇蚕之，则老者足以衣帛也。五母鸡、二母彘，无失其时，老者足以无失肉矣。百亩之田，匹夫耕之，八口之家，足以无饥矣。"《孟子·梁惠王上》记载："鸡豚狗彘之畜，无失其时，七十者可以食肉矣。"可见鸡是当时农家普遍饲养的禽类和肉食的重要来源之一。

鸡除了提供肉食外，还做娱乐品。《左传》昭公二十五年载："季、郈之鸡斗，季氏介其鸡（杜注：以芥末散于鸡翼），郈氏为之金距。"《庄子·逸篇》也说："年沟之鸡（司马彪注曰：年沟，斗鸡处），三岁为秩（秩，魁帅也），相者视之，则非良鸡也。然而数以胜人者，以狸膏涂其头也（狸膏，狸的脂膏。古时斗鸡时取以涂抹鸡头，使对方畏怯，从而战胜对方）。"战国时齐国的临淄"斗鸡走犬"已成为市民的重要娱乐活动[2]。这说明到战国时斗鸡不但已经出现，且较普遍。

这一时期，已有文献明确记载饲养了家鸭、家鹅，如《战国策·齐策四》载田需与管燕的对话："士三食不得餍，而君鹅鹜有余食。"《尔雅·释鸟》："舒雁、鹅，舒凫、鹜。"李巡注："野曰雁，家曰鹅"，

---

[1]　《淮南子·道应训》《列子·说符》

[2]　《战国策·齐策一》

"野曰凫，家曰鹜"，可见鹅和鹜是家鹅与家鸭的专称。又从上引《战国策》的材料看，鹅鹜是家养的，其饲料由人供给。因为它们由人工饲养，所以住在"舍"里，如《管子·轻重甲》载："鹅鹜之舍近，馰鸡鹄鸹之道远。"因为这时鹅鹜是人工饲养的，所以有"舍"。春秋战国时期家禽饲养的规模有的相当大，出现了"鸡陂墟""鸡山""鸭城"等大型的养鸡场和养鸭场，如《越绝书·记吴地传》："娄门外鸡陂墟，故吴王所畜鸡处，使李保养之，去县二十里。"[1]另外书里还提到"鸡山在锡山南，去县五十里"[2]，是越王勾践为伐吴犒劳死士而养鸡的地方。又传说吴县东南二十里有"鸭城"，是"吴王筑以养鸭"[3]的地方。

春秋战国时期的畜牧业不仅包括以中原南方华夏族为代表的农业民族经营的畜牧业，还包括游牧民族所经营的大规模游牧业，它们主要分布在黄河中下游地区以北和以西的广大草原沙漠地区，在二者交界地带形成了"半农半牧"，也就是种植业与游牧业混杂的状态。

战国以前进入中原地区的主要是来自西方的戎族，以养羊养牛为主，不是骑马民族。中原的华夏族食五谷、衣布帛，而戎狄族则是食畜肉、衣皮毛。《左传·襄公四年》晋魏绛提出"和戎"的建议，指出"戎狄荐居，贵货易土，土可贾焉"，孔疏引服虔说："荐，草也，言狄人逐水草而居，徙无常处。"荐居与定居意义相对，正是因为逐水草而居，所以才"贵货易土"。此时北方以骑马为主要特征的游牧民族尚未强大，《左传·昭公四年》晋国司马侯说："冀之北土，马之所生，无兴国焉。"

到了战国时代，进入中原的戎狄族绝大部分融入到华夏族中，但另一部分向西转移；同时北方地区又兴起了以匈奴族和东胡族为主要代表的游牧民族。这样华夷杂处的局面就被农牧分区的新局面所代替。大体上以长城为界，以南是华夏族为主的农业民族活动区域，以北则是游牧民族控制地区。北方游牧民族不同于西方戎狄族的主要特点，在于他们善于骑马，《管子·小匡》称之为"骑寇"。近年来在内蒙古阴山山脉西段的狼山地区，发现了大批反映匈奴族游牧生活的岩画，其时代大约相当于中原

---

[1]　《太平御览》卷918，引《吴越春秋》

[2]　《太平御览》卷918

[3]　范成大《吴郡志》卷8

战国时代或稍前。这些岩画所描绘的牲畜以马和羊为最多，马用于拉车和骑乘。岩画中骑者的形象也很多，有单骑，有二三连骑，有四五列骑，有七八众骑，这充分反映了匈奴族作为一个骑马民族的特色，反映出北方游牧民族逐步强大起来。

第二节　秦以前饲料科技的萌芽

饲料是家畜生存的物质条件，家畜是饲料产生的基本前提。与人类演变过程一样，从野兽到家畜也是一个漫长的驯化过程。在旧石器晚期，虽然人类已开始豢养动物，但目前发掘到的动物遗骸都与野生种相差不大，显然当时的野兽驯化程度还没有达到谓之家畜、家禽的程度。

进入新石器时期后，家畜、家禽开始大量出现，还出现了舍饲牲畜的圈栏和放牧牲畜的夜宿场，饲料就一直成人类饲养家畜家禽的重要物质基础，在推动畜牧业发展，改善人们生活中起着独特的作用。

一、牲畜圈养与饲料获取

根据考古研究，在新石器时期，我国南北各地均驯养了家畜家禽，如广西桂林甑皮岩遗址、河南新郑裴李岗遗址、河北武安磁山文化遗址、浙江余姚河姆渡遗址等，都出土了猪的骨骼，有的还出土了陶制猪模型，或出土牛、狗的骨骼，表明早在距今七八千年前，我国就已驯养了家畜。人类驯养动物，最开始为了防止动物逃逸，一定是限制性饲养的，而且一定是经过无数代的驯化，才逐渐消除了这些动物的恐惧，最后实现了与人类的亲和性，终于不再逃逸，人们才放心散养这些驯化好的家畜家禽。在限制性饲养过程中，人类会利用动物们喜食的各种植物饲喂，尤其是人们容易获得的农作物产品、野菜、野草等。不过，由于那时没有文字，也就没有明确记载，其具体操作目前我们不得而知。

到夏商时期，根据甲骨文，马字作 🐎，是马的侧视图形的简化，卜辞还有"王畜马才兹"[1]，表明商代马已养在马厩中。甲骨文中还有 🔲、🔲、

---

[1]　陈梦家：《殷墟卜辞综述》，北京：中华书局，1988年第556页

🐂、🐗等字，都是表示将牛、羊、马、猪等家畜饲养在圈栏中。甲骨文还有🐂、🐑字，即"牧"字，表示放养牛羊。甲骨文还有"卜贞从牧，六月""辛酉又其豢""土方牧我田十人"等有关畜牧业生产的简单记载。可见商代既有圈养，也有放牧，还比较普遍。[1]

家畜圈养必须使用饲料，商甲骨文中已有"获刍""告刍"的记载，"刍"，甲骨文作"🌿"，以用手取草意，与《说文》"刍，割草也"解释一致，表明割草做饲料。[2]

在中国最早古文献之一的《诗经》中，记载了相当多的畜牧景观，从中可窥探出在距今2500年前我国畜牧的大致情况。总体上看，夏商西周时期，我国牲畜饲养量已经相当可观，放牧的畜群明显增大，饲养水平已相当高。如《诗经·小雅·无羊》中有云："谁谓尔无羊？三百维群。谁谓尔无牛？九十其犉。尔羊来思，其角濈濈。尔牛来思，其耳湿湿。"[3]说明当时饲养的羊都是300只一群，还随时可以看到90头一样的黑唇黄毛牛。由此可见，《诗经》中还载有每至"日之夕矣"，农户家中"鸡栖于埘、日之夕矣，羊牛下来；鸡栖于桀，日之夕矣，羊牛下括"[4]马匹养在马厩里，猪"执豕于牢"，明确说明牲畜是圈养的。如图2-3苏州出土春秋战国铜锯齿镰。[5]

图2-3　苏州出土春秋战国铜锯齿镰

牲畜圈养后，改变了牲畜的饲喂场所，喂饲场所由野外转移到了室内。而且，牲畜获取饲料的方式也发生了改变。牲畜的饲料摄取量和食物

[1] 安岚：《中国古代畜牧业发展简史》，农业考古，1988年第1期，第360-367页。

[2] 梁家勉主编：《中国农业科学技术史稿》，北京：农业出版社，1989年第80页。

[3] 程俊英撰：《诗经译注》，上海古籍出版社，2016年，第345页。

[4] 程俊英撰：《诗经译注》，上海古籍出版社，2016年，第118-119页。

[5] 宋树友主编：《中华农器图谱》第一卷，北京：中国农业出版社，2001第299页

种类受到了人为控制，不仅使庄稼免遭践踏，还可以定量、科学喂食。有了人的干预后，人们可以把废料、残羹冷炙给牲畜吃，减少了资源浪费。而家畜圈养的另一好处，就是使农户喂饲更方便、更精细，这就为后世的精细化饲养奠定了基础。《国风·周南·汉广》中记载："之子于归，言秣其驹。"[1]表明当时的主要饲料原来是秣，即小米谷子的稍秣。《小雅·鸳鸯》描述得更为细致，在喂马时将草切碎，加上谷物来喂，"摧之秣之""秣之摧之"，说明当时人们已经认识到在圈养后将粗饲料和精饲料配合使用可以以促使牲畜更好地生长。

春秋战国时期，家畜饲养和管理方式基本都是对前朝的沿袭和发展。圈养进一步发展，且圈养与牧养结合更为紧密，尤其在马的饲养上，这一特征体现得很明显。据《左传·庄公二十九年》记载："凡马，日中而出，日中而入"。[2]"日中"指昼夜平分，即春分与秋分。"日中而出"和"日中而入"说的就是牲畜的两种不同的管理方式与不同的饲料获取方式，即春分草木繁盛伊始开始放牧，让其自由觅食；而到了秋分草木枯黄之时，便开始圈养，其饲料获取方式也转向人为供应。

此外，与圈养相对应的牧地管理，统治者也很重视。《周礼》中就记载了专掌牧地的官职，即"牧师"，而牧地管理的最佳办法就是"孟春焚牧"，在元月新草尚未发芽之时，对牧地进行焚烧，能尽除旧草，还能增肥，是促进草地更新的好办法。《周礼》中还另有专门管理马厩的官职，即"圉师"，该官职主要负责马厩的清理，春天马匹由舍饲转为放牧之后，"圉师"则须将马厩内的粪便和藉草打扫干净、保持卫生。天气炎热时，则要搭建马棚，供其乘凉，如此便能为马匹提供一个健康的成长环境。

二、马料标准的雏形

春秋战国时期，因各国竞争，战争频仍，军马受到相当重视，养马业也兴旺发展，其饲养管理技术也是当时家畜饲养技术的最高水平。除对马采用放牧和舍饲相结合的喂饲方式外，对其饮食、管理和调教等各方面均有较为详细的总结。如据《吴子》云：（在饲养上）适其水草，节其饥

[1]　程俊英撰：《诗经译注》，上海：上海古籍出版社，2016年，第16页。

[2]　［春秋］左丘明著、陈戌国撰：《春秋左传校注》（上册），长沙：岳麓书社，2006年，第141页。

饱；（在居处上）冬则温厩（同厩），夏则凉庑；（在管理上）刻剔毛
鬣，谨落圈下，戢其耳目，无令惊骇；（在调教上）习其驰逐，闲其进
止，人马相亲，然后可使。[1]这是我国军马饲养管理技术的精辟总结。

在养马过程中，越来越多的有识之士意识到饲料已不单单只是家畜生
存的基础物质，更是家畜健康生长的关键因素。齐国名士鲁仲连就曾对孟
尝君说："君之马厩马百乘，无不被绣衣而食菽粟者。"[2]可见当时对养
马饲料的重视。

饲料的标准化在家畜饲养中至关重要，只有正确应用饲料标准，合理
开发、利用饲料资源，才能在保证畜禽健康的前提下提高饲料利用率，充
分发挥畜禽的生产性能。早在春秋战国时期，劳动人民在长期畜牧生产实
践中，率先总结出来一套马饲料标准。据《睡虎地秦墓竹简·仓律》中记
载："驾传马，一食禾，其顾来又一食禾，皆八马共，其数驾，毋过日
一食，驾具马劳，有益壹禾之。"[3]从现代家畜饲料学来看，《仓律》所
载虽远没有达到根据饲料的特性、来源、价格及营养物质含量来计算出各
种饲料的配合比例，即配制出一个平衡全价的日粮，但已初步认识到每匹
马每天每阶段应给与的能量和营养物质的数量，并具有一定的科学性，这
已是难能可贵。春秋战国时期马饲料的初步标准化，无疑为其他畜禽品种
饲料的标准化提供了一个范式和样板。

---

[1] 白寿彝主编：《中国通史》（第3卷），上海：上海人民出版社，1999年，第495页。

[2] ［战国］刘向著，陈岸峰译注：《战国策》，北京：中华书局，2013年，第165页。

[3] 《睡虎地秦墓竹简》仓律。

第三章　秦汉时期中国古代饲料科技的稳定发展

　　原始农业和畜牧业的发展为饲料科技的发展准备了先决条件，提供了可能，也告诉我们，秦以前，圈养便已初步发展，牲畜获取饲料的方式开始发生改变，春秋战国时期，马饲料的供给标准也已初具雏形。秦汉时期是我国封建社会前期的鼎盛期，是中华大地由割据分裂走向大一统的时期。秦在春秋时代是位居我国西部的邦国，戎狄杂处，可畜牧业比中原发达。自商鞅变法后，秦国力日强，公元前221年，秦始皇兼并六国，建立了统一的多民族中央集权王朝。秦朝虽然历时短暂，但其统一和扩充了全国至地方的畜牧机构，在机构设置中对与牲畜饲养、饲料等相关领域有所倾斜，并对重要的饲料产地，即牧场做了全国性的扩充和布局。汉承秦制，由于政府采取了很多有利经济发展的措施，如大修水利、推广先进农具及农业技术、在西北边郡设立牧马苑三十六所，养马达三十万匹，并积极鼓励民间养马等，使汉初农业及畜牧业得到很快恢复和发展，正如《汉书·食货志》载："众庶街巷有马，阡陌之间成群"，富人以骑母马而自觉惭愧，汉武帝出猎时，有"从马数万匹"。为了改良马种，曾派使臣去西域大宛引进汗血种马，对我国马种的改良起了一定的作用。汉代的养羊业也比较发达，曾出现了许多养羊能手，其中最突出的是卜式。他入山牧羊十多年，养羊千余只而致富。

　　西汉自中期起，由于阶级矛盾突出，贫富悬殊加大，特别是官僚、大地主、大工商业者、商人高利贷者，大量兼并土地造成了"富者田连阡陌，贫者身无立锥之地"现象。到西汉末年，便激起农民起义，直到刘秀称帝进入东汉，农业及畜牧业生产又得到一定恢复发展。总的说来，汉代畜牧业经济还是不断向上发展的，不失为我国畜牧业经济史上的一个重要时期。

　　在牲畜的喂饲技术方面，这一时期还从西域引进了优质牧草苜蓿，尤其是在本土饲料资源的开辟和饲料配方的发明上，更是做出了超越前人的成就。可以说，秦汉是我国古代饲料利用模式初步形成的重要时期。

第一节　饲料资源的开发

随着畜牧业的发展和马政政策的施行，畜禽对饲料的需求量也不断增加。因而，秦汉时期相当重视本土饲料资源的开发，这些在古文献中多有体现。

一、粗饲料："刍茭""刍稾"

《说文解字》："茭，干草，从草交声。一曰牛蕲草，古肴切。"[1]众多学者都对"茭"做了解读，有的认为'茭'即'秼'，也就是"牛马的粮食"；还有的认为"茭便是干草，是牛、马、羊的主要饲料"，[2]他们大多对'茭'有相同的见解，认为'茭'是指饲草的一种。在万物生长的季节，无论是放牧还是舍饲，青草都是最好的饲料，但在不适合植物生长的寒冬，部分牧草枯萎死亡，趋于腐烂的枯草被遗留在了地面上，其营养元素远不及青草，食用价值大幅度下降。在青黄不接的冬季和春季，牲畜一般处于舍饲期的居多，而仅仅依靠营养价值较低的秸秆，根本无法满足草食性牲畜的营养需求，因此无论是放牧还是舍饲条件下的反刍动物，均演绎着"夏活、秋肥、冬瘦、春死"的规律。图3-1显示的是广州沙河顶遗址出土东汉陶牛圈[3]。

图3-1　广州沙河顶遗址出土东汉陶牛圈

为改善上述饲养困境，我国劳动人民至迟在汉朝就采用在夏秋牧草旺盛生长期开始贮存青干草以备冬春利用的方法。在《四民月令》中的家庭

---

[1]　[汉]许慎撰，[清]段玉裁注：《说文解字注》，上海：上海古籍出版社，1981年第44页。

[2]　王子今：《汉代河西的"茭"——汉代植被史考察札记》，《甘肃社会科学》，2004年第5期。

[3]　宋树友主编：《中华农器图谱》第一卷，北京：中国农业出版社，2001年第519页

生产与交换活动中，农户从五月开始就"刈英刍。日至后，可籴，曝干，置窖中，密封，至冬可以养马"；七月份"刈刍茭"，八月则继续"刈萑苇及刍茭"，[1]刍茭即青干草，是草食家畜必备的饲草。汉朝人民在长期农业生产中，摸索出一套调制贮存青干草的方法，据据质量和产量状况，选择青干草的最佳刈割期，再经过自然干燥的程序，调制成保质期较长的饲料，方法简便，成本低，便于长期大量贮藏，很大程度上缓解了冬春季节家畜缺食的矛盾。

《说文解字》又载："稾，杆也。杆，禾茎也。"汉简中亦不乏刍稾作为马、牛饲料的记载。摘录如下：

马牛当食，县官者，骖（三岁牛）以上牛，日刍二钧八斤；马日二钧□斤，食一石十六斤；□□稾□。乘舆马，刍二稾一。牛市、玄食之各半其马牛。仆牛，日刍三钧六斤，犊半之。以冬十一月稾之，尽三月止。其有县官不得刍牧者，夏稾之如东，各半之。（二年律令·金布律）[2]

张家山汉墓竹简中还保存了有关刍稾税的资料：

《二年律令·田律》：入顷刍稾，顷入刍三石；上郡地恶，顷入二石；稾皆二石。令各入其岁所有，毋入陈，不从令者罚黄金四两。收入刍稾，县各度一岁用刍稾，足其县用，其余令顷入五十五钱以当刍稾。刍一石当十五钱，稾一石当五钱。[3]

《二年律令·田律》：刍稾节（即）贵于律，以入刍稾时平贾（价）八钱。

可见，政府每年不仅要征收大量的粮食来供养宫廷贵族、官吏及军队，作为战马及其他各种牲畜的饲料来源，刍稾也同样被大量征收。而且从简文中还可以看出，各县向政府交纳的刍稾一定是当年所获，不能是陈旧的刍稾，否则将会受罚。这样一来，饲草的营养价值便得到了最大限度的保留，于牲畜生长有利。

[1] 缪启愉：《四民月令辑释》"八月"，北京：农业出版社，1981年。

[2] 张家山二四七号汉墓竹简整理小组：《张家山汉墓竹简》，第66页。

[3] 张家山二四七号汉墓竹简整理小组：《张家山汉墓竹简》，第41页。

二、精饲料："粟""麦""糜""菽"

早在西周时期，我国就有了将粟作为饲料的文献记载。《诗经·周南·汉广》曰："翘翘错薪，言刈其楚，之子于归，言秣其马……翘翘错薪，言刈其蒌，之子于归，言秣其驹"，[1]可见以粟饲马的历史由来已久。秦汉时期，随着农业的发展和马政政策的施行，大量农作物诸如粟、麦、糜等被种植，不仅军民的粮食问题得到了基本保障，还有一部分富余的粮食可以被拿出来饲喂马匹，在汉武帝与匈奴交战时期，汉军"乃粟马，发十万骑"，以粟饲马的情况更为普遍。汉简中就有大量以"粟""麦""糜""菽"饲马饲牛的记载，笔者现节选部分简文摘录如下：

表3-1 汉简中与精饲料有关的部分记载

饲料名称	资料来源
粟	1、□廿七出粟一石，食尉史马。（一四二.二九B）
	2、凡马粟□千三百卅二石二斗四升。（四.七六）
	3、出粟二百七十一石二斗，摄食候长、候史私马廿匹，积千七百六十匹□(四.七八)
麦	1、出麦大石三石四斗八升，闰月己丑，食驿马二匹，尽于酉□（四九五.一一）
	2、贺私马一匹，六月食麦五石二斗二升□。(三五一)
	3、承私马一匹，十一月食麦五石二斗二升，已禀官。（三五三）
	4、临私马一匹，十一月食麦五石二斗二升√十五日食二石七斗，十二月癸未日出。（三五五）
糜	1、出糜二石六斗，以食候史吴偃私马一匹，五月壬戌盡甲戌十三日食。（九OD八：五）
菽	置传马粟斗一升，叔一升。其当空道日益粟，粟斗一升。长安、新丰、郑、华阴、渭成（城）、扶风厩传马加食，匹日粟斗一升。并骑马，匹日用粟、叔（菽）各一升。建始元年，丞相衡、御史大夫谭。(Ⅱ0214②：556)
	2、牛食豆四石（E.P.T44:5）

资料来源：《敦煌汉简（全2册）》《敦煌悬泉汉简释粹》《居延新简》

---

[1] 程俊英撰：《诗经译注》，上海古籍出版社，2016年，第16页。

先秦时期，"粟"在粮食中占有重要地位，通常为粮食的总称。《毛传》解释"糜"为："糜，赤苗也。"《尔雅》："赤，梁粟也。"郭璞注："今之赤，梁粟。"[1]可知，糜，即为粟的一种。至汉，谷物的加工方法多为"春"，大量的以麦饲马则可能是因麦子经过蒸煮后于人的适口性不强，因而便用来喂马了。"菽"是豆类的总称。《说文解字.尗部》："尗，豆也。象尗豆生之形也。"[2]大豆是一种种植历史悠久的粮食作物，主产区在中国东北部，植物蛋白质含量极其丰富。至今，磨成粉的大豆或其加工过程中的豆渣还被用来当作饲料，丰富畜禽食物来源。图3-2山东济南出土汉代石磨。[3]

图3-2　山东济南出土汉代石磨

三、青绿饲料："梓叶""桐花""瓠瓢"

青绿饲料可直接喂饲家畜家禽，新鲜干净，采摘方便，因此是秦汉畜禽饲料的重要来源。东汉《神农本草经》就曾提到梓叶和桐花喂猪效果好，"肥大易养三倍"。[4]这也是历史上第一次梓叶和桐花用作猪饲料的记载，"肥大易养三倍"的效果也不能说是夸张，梓叶和桐花均是中草药，梓叶还具有清热解毒、止痒之功效；桐花（这里很可能指泡桐花，而非梧桐花）与梓叶相似，亦可用于清热解毒。将中草药用作饲料或饲料添加剂，不仅为家畜提供了营养，还能对家畜有一定的抗病免疫和保健之功效，一定程度上弥补防病疫苗之不足，使得家畜能够健康生长。

[1]　胡奇光、方环海：《尔雅译注》，上海：上海古籍出版社，2004年，第293页。

[2]　［汉］许慎著：《说文解字》，北京：中华书局，1963年，第149页。

[3]　宋树友主编：《中华农器图谱》第一卷，北京：中国农业出版社，2001年第365页

[4]　《神农本草经》.下经.木。

西汉《氾胜之书》则第一次总结了可用瓠瓤来喂猪，"（瓠）其中白肤，以养猪致肥；其瓣，以作烛致明。"[1]"瓠"即瓠瓜，"白肤"即为瓠中瓜肉。瓠瓜乃葫芦科葫芦属一年生蔓性草本，在中国南方栽培普遍，其瓤品质柔嫩，而且营养丰富，含有多种维生素，可补充家畜生长中所需的多种营养。

四、动物蛋白质饲料："白虫"

除各种精饲料外，人们根据多年饲养经验，还懂得了利用动物蛋白质饲料给鸡增加营养，可使鸡生长快，产蛋多。如《家政法》载："养鸡法：二月，先耕一亩作田，秫粥洒之，刈生茅覆上，自生白虫。便买黄雌鸡十只，雄一只……"。[2]这是说，养鸡可先在地上洒一些秫粥，接着在粥上铺一层茅草，等这些茅草下面生出了虫子，再用来喂鸡。这便是我国人工生产白虫，为鸡提供动物蛋白质饲料，可提高产蛋产肉的最早记载，也是我国开发饲料资源的另一新途径。

五、其它饲料："秕""稗""胡豆"

"稗"是与稻相似的一种野草，常作稻田的害草，但其营养价值较高，粗蛋白质含量近10%，马牛羊均喜食，是天生适合牛马羊的饲料原料，其果实还可以酿酒。《氾胜之书·种稗》："稗既堪水旱，种无不熟之时。又特滋茂盛，易生芜秽，良田亩得二三十斛，宜种之备凶年。稗中有米，熟捣取米，炊食之不减粟米，又可酿作酒"。[3]可知，稗米亦为粮食的一种，以稗米饲马，可令马匹更好地吸收营养物质。

在《家政法》中还总结了如何让家鸡快速肥育的方法，其中就有"常多收秕、稗、胡豆之类以养之，亦作小槽以贮水。"[4]其中"秕"为不太饱满的稻谷，而"胡豆"则是一种野豌豆，据《太平御览》记载，是由张骞出使西域时带回的豆种，含畜禽生长必需的多种氨基酸和碳水化合物。

---

[1]　[汉]氾胜之著,石声汉译释:《氾胜之书今释(初稿)》,科学出版社,1956年,第32页。

[2]　[北魏]贾思勰著,缪启愉校释:《齐民要术校释》,中国农业出版社,1998年,第450页。

[3]　[汉]氾胜之著,石声汉译释:《氾胜之书今释(初稿)》,科学出版社,1956年,第30页。

[4]　[北魏]贾思勰著,缪启愉校释:《齐民要术校释》,中国农业出版社,1998年,第449页。

从现代动物营养学标准来看，将以上三种饲料混合配制喂鸡，能量补充搭配，既有精有粗，又含不同营养，确实有快速催肥家鸡之功效。

对于新孵出后、长至鹌鹑大小的小鸡，《家政法》则强调："其供食者，又别作墙匡，蒸小麦饲之，三七日便肥大矣。"[1]小麦也是一种重要饲料，能量高，粗蛋白质含量更是居谷实类之首。

第二节　优质苜蓿饲料的引进

汉代是继秦之后的大一统国家，不仅国家强盛、文化统一，而且对外开放，尤其是丝绸之路的开通，开启了我国域外农业科技和农作物的第一次引种高潮。苜蓿作为一种重要的饲料作物，就是在这一时期引进的。目前，我国的苜蓿种植面积居于世界第五位，优质苜蓿在我国的畜牧业发展过程中发挥了重要的作用。

一、苜蓿引种的背景

苜蓿的引种有其特殊的时代背景。一方面，汉武帝初年，在与匈奴连年不断的征战中，匈奴骑兵凭借极高的战斗力和机动性在军事上经常占有优势，给汉军以沉重打击。因此，汉朝急需组建一支强有力的骑兵对匈奴予以反击。然而史载汉初马匹极度匮乏，根本无法创建一支无坚不摧的铁骑。要想抵御外侵、对抗匈奴，"为伐胡敌，盛养马"成为必然选择。

另一方面，"马者甲兵之本，国之大用。安宁则以别尊卑之序，有变则以济远近之难。"[2]可知在古代，马与车更是彰显阶级地位和贵族身份的象征。《后汉书·舆服志》载："天子所御驾六，余皆驾四，后从为副车。公卿以下至县三百石长导从，……三车导，主簿、主记两车为从。县令以上，加导斧车。"[3]可知，上至天子及皇室成员，下至文武百官用马都有差别，甚至官员出行、狩猎都是必备车骑的，且规模相当大。如此声势浩大的车骑仪卫队必然也需要大量的马匹作为支撑，供其驱使。

---

[1]　[北魏]贾思勰著，繆启愉校释：《齐民要术校释》，中国农业出版社，1998年，第450页。

[2]　范晔著：《后汉书》卷二十四《马援传》，中华书局，1962年，第840页。

[3]　范晔著：《后汉书》卷三十《舆服志》，中华书局，1962年。

此外，实施屯田制以后，大片的牧场变为农田。大规模的军屯和民屯不但使劳动力需求旺盛，对畜力的需求也急剧增加。大面积的农田开垦、农作物播种及运输都少不了畜力。牛、马等大型牲畜成为农业发展的必要条件，而引进苜蓿这种对牛、马体质有重大增强作用的牧草也成为历史的必然选择。

二、苜蓿的引种过程

苜蓿起源于西亚美尼亚、伊朗等亚洲西南部地区。最早在作品中提及"苜蓿"二字的文学家是亚理斯多芬，他说："马食科林斯之山查子以代苜蓿"。[1]这也是有关苜蓿的最早记载。古罗马地理学家斯特拉波在米地亚发现此种植物的时候，就说它是马类牲畜的主要草料，而在此之前，伊朗就已种有苜蓿了。因此一般认为苜蓿的中心起源地是伊朗，在古代伊朗，苜蓿是用来饲养良马的。

晋代陆机《与弟书》载："张骞使外国十八年，得苜蓿归"。[2]苜蓿确由张骞引入，专饲"汗血马"。最初这种马得自乌孙，后来发现大宛的马种更优良，叫"汗血"，相传是"天马"的后嗣。汉武帝时期，张骞分别于公元前138年和前119年两次出使西域。他在带回了有名的大宛马（也叫"汗血马"）的同时，也带回了苜蓿种子。这种"汗血"所吃的饲料就是苜蓿。张骞考虑到苜蓿对于"汗血马"强壮体质的重要，便带回这种饲料。

苜蓿引进后，最初由武帝命人于宫中试种这种新奇植物，以养御马。随着汉朝的强盛，外国公使来华渐多，骆驼马匹成群，

图3-3 苜蓿
引《本草纲目·菜部》卷10

---

[1] ［美］劳费尔著，林筠因译：中国对古代伊朗文明史的贡献（着重于栽培植物及产品之历史），商务印书馆，1964年。

[2] ［北魏］贾思勰著，缪启愉校释：《齐民要术校释》，中国农业出版社，1998年，第224页。

都要以苜蓿为食，于是在离宫别馆旁遍种苜蓿。据《史记·大宛列传》记载"马嗜苜蓿，汉使取其实来，于是天子始种苜蓿、蒲陶肥饶地。及天马多，外国使来众，则离宫别馆旁尽种蒲陶、苜蓿极望。"[1]《汉书·西域传》也记载："汉使采蒲陶、目宿种归。天子以天马多，又外国使来众，益种蒲陶、目宿离宫馆旁，极望焉。"，[2]从这两段历史资料记载可以判定，汉武帝时张骞等出使西域（即今中亚细亚一带）至大宛国（清代为浩罕国，今为土库曼及乌兹别克两共和国境内）而将苜蓿引入陕西长安，仅在汉宫园苑中种植，作为御马饲草，并设有专人管理。

在宫廷中栽种时间不久，苜蓿就被推广到了民间，先是传播到了关中地区，继而便向西北牧区蔓延，这就是所谓苜蓿"植之秦中，渐及东土"。据颜师古《汉书·西域传》注说："今北道诸州旧安定、北地之境，往往有苜蓿者，皆汉时所种也。"[3]至东汉时期，苜蓿的栽种区域已逐步拓展到黄河中下游地区，如《四民月令》中载：一月、七月"可种苜蓿"，足见苜蓿的种植早已渗入了人们的农耕生活中。

《齐民要术》："地宜良熟，七月种之。畦种水浇，一如韭法。……每至正月，烧去枯叶。……一年三刈。留子者，一刈则止。春初既中生啖，为羹甚香。长宜饲马，马尤嗜。此物长生，种者一劳永逸。"[4]苜蓿种植成本低且容易成活，产量高。苜蓿草的蛋白质及矿物质含量丰富，还有微量元素和氨基酸，是品质优良、营养丰富的豆科牧草，被誉为"牧草之王"。由于苜蓿草含纤维素较少，质地柔嫩，易消化，含无机盐和维生素种类数量较多，适于做青贮饲料。所以苜蓿草的引入和大面积种植，对良种马的繁育及牲畜体质的增强，都发挥了重要作用。

苜蓿的引进和推广，对我国古代家畜饲料业来说有里程碑的意义，它不仅使我国新增了一重要饲料资源，并且其营养价值居各类牧草之首，可极大地提升牛、马等家畜的体质，因此被广泛应用于饲喂牲畜。正如有的学者称："苜蓿的大量种植和宿麦的普及推广是汉唐时期域外引种对中国

---

[1]　[汉]司马迁：《史记》卷一百二十三《大宛列传》，中华书局，1959年。

[2]　[汉]班固：《汉书》卷九十六《西域传》，中华书局，2007年。

[3]　[汉]班固著，[唐]颜师古注：《汉书》，中华书局，1998年。

[4]　[北魏]贾思勰著，缪启愉校释：《齐民要术校释》，中国农业出版社，1998年，第224页。

的最大贡献。"[1]甚至可以说，政府对苜蓿的重视与推广在很大程度上直接推动了汉代畜牧业，尤其是养马业的兴盛。

第三节　饲料"配方"与"名家"饲养法

一、饲料"配方"的滥觞

秦汉时期，人口相对较少，供放牧的空地较多，所以猪、羊、家禽等民间养殖业还是有一定发展空间的。据《汉书·黄霸传》记载："时尚垂意于治，数下恩泽诏书，吏不奉宣。太守霸为选择良吏，分部宣布诏令，令民咸知上意。使邮亭乡官皆畜鸡豚，以赡鳏寡贫穷者。"[2]由此可知，汉王朝不仅重视农业生产，农户的饲养业也是颇受官方重视的，家家户户普遍都豢养鸡、猪等。所以，这一时期在广辟饲料资源的同时，例如瓠瓢喂猪、胡豆饲鸡等，还对饲料有了进一步的研究，出现了我国历史上第一个原始饲料配方。据《淮南万毕书》记载：

"取麻子三升，捣千余杵，煮为羹，以盐一升著中，和以糠三斛（十斗为一斛，也有五斗为一斛之说），饲喂，则肥也。"[3]

此法称为"麻盐养猪法"。麻指麻子，为桑科植物大麻的种子，其含油率很高，是一种猪极易吸收的油脂类作物。且《神农本草经》说它："补中益气，久服肥健不老。"[4]麻子确实有"润燥、滑肠、通淋、活血"的功效。盐指食盐，为动物生命活动所不可缺少者。古人用的多为粗盐，内含多种微量元素，饲料中添加粗盐，等于在饲料中添加微量元素。说明当时人们已相当注重猪食的配料，对其饲料也有了一定讲究。除了麸、糠外，还加入蛋白质及油脂含量丰富的麻子，提供了猪生长所需的能量，最后加食盐，将这些原料"捣千余杵"，混合起来加工。"和以糠……，饲猪"，麻盐和糠，既可提高饲料的适口性、促进食欲，且因

[1]　樊志民：《农业进程中的"拿来主义"》，《生命世界》2008年第7期，第36-41页。

[2]　[汉]班固：《汉书》卷八十九《黄霸传》，中华书局，2007年。

[3]　[北魏]贾思勰著，繆启愉校释：《齐民要术校释》，中国农业出版社，1998年，第444页。

[4]　[魏]吴普等述，张登本注：《全注全译神农本草经》，新世界出版社，2009年，第60页。

其具有活血行气、调和脏腑助消化助吸收等功效，不仅提高了饲料的利用率，还能预防诸如便结、宿食不化等疾病的发生。

《淮南万毕书》的科学性在当今来看可能有待商榷，但在古代它是被广泛使用的，其"麻盐肥猪法"在《齐民要术》《农桑辑要》《豳风广义》等古农书中都有引载。更值得一提的是，汉代的"麻盐养猪法"中所含蛋白与能量比以现代科学观察，不一定合理，但从配合本身来看可以算得上是配方饲料滥觞了，比西方国家最早的饲料配方几乎早2000年！这是我国古代劳动人民在饲料利用上的一大创举。

二、"名家"饲养法

谈及畜牧名家，首先不得不提的便是畜牧先驱，孔大圣人。作为儒家创始人的孔丘，被后世尊为"万世师表"和"圣人"，他对中国传统文化的影响，极其深远、功高万代。不过，孔子在最初出道入仕时，是负责管理畜牧的小官，而且管理得很好，定有一套办法。如据《孟子·万章下》记载："（孔子）尝为乘田矣，曰：'牛羊茁壮长而已矣。'"。[1]《史记·孔子世家》又载："尝为司职史而畜蕃"。[2]其中还说孔子在20岁进入仕途之时，"始为委吏"，即负责仓库管理的小官，第二年便被任命为"乘田"，乘田就是负责牲畜管理的小官。孔子在牲畜的繁殖和育肥方面，使牛羊茁壮生长、繁殖数量明显增多。

秦汉民间畜牧生产发达，秦时就有一牧区中农户养马200～330匹，养牛数千头。《史记·货殖列传》载："乌氏倮畜牧……畜至用谷（山谷量牛马）。"[3]至汉朝时民间畜牧生产更是兴旺，甚至出现了养畜专业户，这些与深谙喂饲之道的豢养者们是分不开的。卜式、马氏兄弟、祝鸡翁便是其中的典范。

（一）"卜式"养羊法

卜式，西汉河南郡（今河南温县）人，是孔子的门生——战国时著名文学家卜子夏的七世孙。《群书治要》载："卜式，河南人也。以田畜为

---

[1]　[汉]班固：《汉书》卷三十《艺文志》，中华书局，2007年。

[2]　[汉]司马迁：《史记》卷四十七《孔子世家》，中华书局，1959年。

[3]　[汉]司马迁：《史记》卷一百二十九《货殖列传》，中华书局，1959年。

事。……上使使问式欲为官乎？式曰：自少牧羊，不习仕宦，不愿也，使者以闻。上乃召拜式为中郎，赐爵左庶长，田十顷，布告天下，尊显以风百姓。初式不愿为郎，上曰吾有羊在上林中，欲令子牧之，式既为郎，布衣草屩而牧羊。岁余，羊肥息。上过其羊所，善之；式曰非独羊也，治民亦犹是矣"。[1]这段文字是讲，卜式出生在一个普通庄园主家庭，幼时父母双亡，其弟尚幼。卜式日则躬率童仆，耕田种圃，夜则挑灯读书。不几年，其田宅之数，比之前扩大数倍。其弟长大后，他将全部家产留给了少弟，以所养百十只羊为资本，入住山林，从头创业。十年后，卜式已有羊千余只，又广买田宅，成为洛阳巨富。汉武帝得知卜式，欲拜其中郎，式不愿，武帝说："我有羊群养在上林中，想要你去饲牧。"后来，卜式由中郎官职一路升为缑氏县（今偃师南部一带）的县令，却依旧每天在山野间放牧羊群，羊的数量逐年递增且生长发育喜人。卜式提倡农桑，轻徭薄赋，鼓励百姓养牛养羊，发展畜牧业。

从上述文字看，卜式已不是一般的羊倌，更像是畜牧专家，他在长期养羊实践中积累了丰富的养牧管理经验，相传著有《卜式养羊法》，主要经验是"以时起居，恶者辄去，毋令败群。"[2]也就是讲，羊的起居饮食要有规律，有病的羊要及早隔离，防止传染。南宋诗人陆游《牧羊歌》中有"一羊病尚可，举群无全羊"[3]的诗句，就是指的这种经验。但遗憾的是，历史上没有留下他关于畜牧业发展的具体理论与做法，其著有的《养羊法》也佚失了。虽然司马迁认为其曲学阿世而将其传写入平准书，但卜式作为一个普通的农民，能有上面那样的思想和作为，已经可以流芳千古。迄今为止，卜式在养羊上的造诣仍被人称颂，其养羊经验亦被后世养羊者所效仿。

（二）马氏兄弟"养猪法"

汉代赵岐《三辅决录》载："马氏兄弟五人，共居此地，作客宅，养

[1] ［汉］班固：《汉书》卷五十八《公孙弘卜式儿宽传》，中华书局，2007年。

[2] ［汉］班固：《汉书》卷五十八《公孙弘卜式儿宽传》，中华书局，2007年。

[3] 钱忠联校注：《陆游全集校注》，浙江教育出版社，2011年，第446页。

猪卖豚。故民谓之曰：苑中三公，钜下二卿，五门噘噘，但闻豚声。"[1]说的就是汉光武帝刘秀时有马氏兄弟5人，都是养猪能手和著名的养猪专业户，到他们的门前就可以听到猪的吃食声不绝于耳，这与深谙猪群喜食之物、善于利用各种猪饲料、进而合理喂饲是分不开的。马氏兄弟在当时是皇亲贵戚，却以养猪出名，可见牧猪这个职业在汉时还是受到人们重

图3-4 河南汲县出土东汉厕下猪栏

视的。《后汉书·吴延史卢赵列传》曰："（吴佑）年及二十，丧父，居无儋石，而不受赡遗。常牧豕于长垣泽中，行吟经书。遇父故人，谓曰：卿二千石子，而杖鞭牧豕，纵子无耻，奈君父何。佑辞谢而已，守志如初"。[2]吴佑为东汉官员，曾位居侯相，身份颇尊，而其早年亦有过牧猪的经历。由此可见，汉朝不仅注重农业生产，对饲养业的发展也是相当重视。图3-4显示的是河南汲县出土东汉厕下猪栏。[3]

（三）祝鸡翁"饲鸡法"

祝鸡翁是西汉道家经典读物《列仙传》中的一虚构人物，但应该有其社会人物原型的，刘向《列仙传·祝鸡翁》具体记载是："祝鸡翁者，洛人也。居尸乡北山下，养鸡百余年，鸡有千余头，皆立名字。暮栖树上，昼放散之，欲引呼名，即依呼而至。卖鸡及子，得千余万，辄置钱去之吴，作养鱼池。后升吴山，白鹤孔雀数百，常止其傍云。"[4]祝鸡翁是洛阳人，住在尸乡北山脚下，养鸡一百多年。鸡有一千多只，每只鸡都起了名字。这些鸡晚上栖息在树上，白天分散各处。如果要招引鸡，只需叫名字，鸡就应声而来。祝翁博识旁通，养鸡任性寄欢。他养鸡采取散养法，

[1] 文怀沙：《四部文明 魏晋南北朝文明卷28》三辅决录卷一，陕西人民出版社，2007年，第129-130页。

[2] ［宋］范晔著，［唐］李贤等注：《后汉书》卷六十四《吴延史卢赵列传》，中华书局，2000年。

[3] 宋树友主编：《中华农器图谱》第一卷，北京：中国农业出版社，2001年第516页。

[4] ［汉］刘向：《列仙传 校诎补校》，中华书局，1985年，第26页。

充分信任自己的鸡，不用鸡笼、鸡圈限制鸡的自由。因而养鸡百余年，鸡有千余头。《列仙传》这样评价他："人禽虽殊，道固相关。祝翁傍通，牧鸡寄公式。育鳞道洽，栖鸡树端。物之致化，施而不刊。"[1]后世大诗人杜甫曾有诗："尸乡余土室，谁话祝鸡翁？。"[2]

虽然上述古文献并未有直接资料对卜式等人的畜禽喂饲方法做具体描述，但他们牧羊、喂猪、饲鸡上的成功与其饲喂之道是分不开的。秦汉时期是我国封建社会的发展时期，铁器铸造技术的提高以及牛耕的推广与播种工具——耧车的发明和使用极大地推动了农业经济的发展，农业生产水平显著提高。农作物的种植和优质牧

图3-5 河南洛阳出土汉代脱谷舂米模型

草苜蓿的引进加速促进了畜牧业的繁荣，而像卜式、马氏兄弟、祝鸡翁等一大批精通畜禽喂饲之道的名家不仅利于畜禽兴旺，更是为后人在畜禽喂饲和饲料科学利用上奠定了基础。图3-5为河南洛阳出土汉代脱谷舂米模型[3]。

---

[1] ［汉］刘向：《列仙传 校讹补校》，中华书局，1985年，第26页。

[2] 高献中等编：《偃师古诗选注》，中国文学出版社，2009年，第152页。

[3] 宋树友主编：《中华农器图谱》第一卷，北京：中国农业出版社，2001年第393页

第四章　魏晋南北朝中国古代饲料科技的深入发展

在中国漫长的历史发展中，魏晋南北朝可称得上是一个比较大的动荡时期。公元前2世纪末，东汉王朝政治腐败，引起黄巾农民大起义，各地军阀趁机割据、混战，逐渐形成曹魏、孙吴、蜀汉三足鼎立，史称三国时期。东汉建安25年，曹丕代汉称帝，开始魏晋南北朝时期。魏晋南北朝历时三百余年的纷争战乱，人民难得有较长时期的休养生息和平发展的机会，这对社会经济造成很大的破坏，不过，随着三国以至后来多国战争的加剧，特别是长期的兼并战争使得马的需求激增，从而推动了养马业的发展，北魏前期的畜牧业生产就曾呈现出一定时期的繁荣景象，这也保证了当时饲料科技在其前朝基础上有了进一步发展。《三国志·魏书·杜畿》曾记载杜畿在任职河东太守期间，不仅注重地方百姓对马、牛等大家畜的饲养，亦注重猪、狗等小家畜及禽类的饲养[1]，体现了政府对畜禽饲养的重视和饲料科技的进步。这一时期，饲料利用及其科技的进步主要集中体现在多个巨型牧场的建立，对饲料资源的进一步开拓，以及因时和因畜禽品种配制饲料，并明显提升畜禽舍饲比重上面。

第一节　官营牧场饲料区的建立

据《乾道四明圆经十二卷首以卷》载："广德湖者，蕾为官职田之所。废穿百三十穴，盗泄四注，中不涵潞。耨之为吠亩之地，蹂之为刍牧之场。公于是官占民侵之所及刍牧之所践者，尽命撤废，禁不得入。"[2] "刍"指喂牲畜的草，即饲料。有草才能放牧，牧场历来以水草丰美为佳。牧场被称为"刍牧之场"，可知牧场的性质即为饲料资源丰富的场所。国营牧场的出现，在两汉时期就已存在。汉武帝时期在西北各地

---

[1]　[西晋]陈寿:《三国志》，新世界出版社，2008年，第138页。

[2]　[宋]张津等:《乾道四明圆经十二卷首以卷》咸丰刻本，首都图书馆，1854年。

设立了三十六苑，"以郎为苑监，官奴婢三万人，分养马三十万匹"。[1] 另有天子六厩，每厩有马万匹。总计西汉时期共有国营牧场42所，养马36 万匹以上。东汉末年时期，国营牧场衰落，西汉时期的三十六苑仅剩一 苑，六厩也仅剩一厩。至北魏时期，北魏再次新建4个较大的国营牧场，具 体如下：

一、代郡牧场

第一个大型牧场代郡牧场的创立是在道武帝拓跋圭天兴二年（399 年）。天兴二年，拓跋圭展开了对北方劲敌高车的进攻战，诸军会同，两 次大破高车，收获颇丰，共掳获人口9万余众，马、牛、羊等牲畜共计190 多万头。之后在平城筑起鹿苑，其范围：南因台阴、北距长城、东包白 登、属之西山，在数十里的范围内筑起了一座大型国家牧场。

泰常六年（421年），太宗拓跋嗣又进一步对这一牧场进行扩大修建， 征发京师6000人参加了这次修建工作，"起自旧苑，东包白登，周回三十 余里"。[2]与此同时，"调民二十户输戎马一匹，大牛一头"，又"制六 部民羊满百口输戎马一匹"，这次在民间征调牛、马，极有可能是为进一 步扩大和充实在平城所建的国家牧场做准备。

二、河西牧场

北魏的第二大牧场的建立是在魏世祖平定统万、秦、陇之时，这便是 河西牧场建立的由来。魏太武帝始光三年（426年），北魏讨伐在河套统 万（今陕西榆林西南）建都的夏政权，大破夏，"杀获数万，生口、牛、 马十数万，徙万家而还"。[3]始光四年，又攻破统万城，赫连昌被彻底击 败，"获马三十余万匹，牛羊数千万"，可谓战果颇丰。在平定了秦、陇 地区之后，世祖利用讨伐中所虏掠的人畜，在这一地区建立起北魏的第二 大牧场。《魏书·食货志》记载："世祖之平统万，定秦、陇，以河西水 草善，乃以为牧地。畜产滋息，马至二百余万匹，橐驼将半之，牛羊则无

[1] 吕思勉：《秦汉史》，商务印书馆，2010年，第450页。

[2] ［北齐］魏收撰：《二十四史》（魏书卷志三太宗纪），中华书局，1999年。

[3] ［北齐］魏收撰：《二十四史》（魏书卷九十五），中华书局，1999年，第1392页。

数"。[1]可见其规模也是相当可观。

三、漠南牧场

北魏第三大牧场的建立是在神麚二年（429年），名漠南牧场。神麚二年，世祖北征蠕蠕，蠕蠕前后归降30余万人，俘获戎马百余万匹。《魏书·蠕蠕传》还称，击败蠕蠕之后，世祖听说东部高车屯已尼陂，人畜甚众，距官军千余里，然后派人往讨。高车战败，降者十余万落，"获马、牛、羊亦百余万"。[2]总计起来，前后共虏掠人口近百万（每落以五口人计算），戎马、牛、羊200余万头。有了这些虏掠人口牲畜，世祖于当年10月在漠南建立起北魏第三大牧场。《魏书·世祖记》载："……东至濡源，西暨五原、阴山，竟三千里。"[3]《魏书·高车传》亦载，把虏获的人畜"皆徙置漠南千里之地，乘高车，逐水草，畜牧蕃息"。[4]由此看来，国家第三大牧场的规模、范围，牧民之众、畜产之多，远远超过了早在天兴二年于平城所建立的牧场。

图4-1　魏晋牧马图壁画[5]

四、河阳牧场

北魏第四大牧场是河阳牧场，它的建立是在太和十七年（493年）。此时孝文帝命宇文福"规石济以西，河内以东，距黄河南北千里为牧

---

[1]　[北齐]魏收撰:《二十四史》（魏书卷志十五食货志），中华书局，1999年。

[2]　[北齐]魏收撰:《二十四史》（魏书卷九十一蠕蠕传），中华书局，1999年。

[3]　[北齐]魏收撰:《二十四史》（魏书卷本纪第四），中华书局，1999年。

[4]　[北齐]魏收撰:《二十四史》（魏书卷列传九十一），中华书局，1999年。

[5]　宋树友主编:《中华农器图谱》第一卷，北京:中国农业出版社，2001年第523页

地"。因为其地理位置在山南、河北的阳地，故称河阳牧场。

河阳牧场牲畜的主要来源有两个途径，其一是从代地的牧场移来一部分杂畜，另一途径是每年从河西牧场抽调一部分杂畜送往并州牧养，然后再由并州渐次南下，输入河阳牧场。这样杂畜有一个对气候适应的过程，可减少发病。河阳牧场的规模没有上述三个牧场的规模大，其作用是："恒置戎马十万匹，以拟京师军警之备"。[1]

从以上可以看出，北魏的四大牧场，其地域规模与养马的数量远超两汉，仅个别牧场就有马匹多达200万，是西汉国家牧场马匹之和的5倍，就连后世唐代最大的国家牧场的饲养数量，也不足河西牧场的一半，称为"巨型牧场"一点也不为过。此外，牧场是指拥有一定数量的家畜集中饲养地。其区域面积的划分一般分为牲畜繁殖区、饲料生产区和管理区。据统计，在我国的四大牧区中，西藏自治区最大，饲草区达0.82亿公顷；第二是内蒙古自治区，饲草面积达0.79亿公顷；第三是新疆维吾尔族自治区，饲草面积达0.57亿公顷；第四是青海牧区，可利用的草场达0.33亿公顷。[2]其中，饲草面积占比最小也有34.68%，最大的接近70%。可见，饲料区在牧场总面积中所占的比重是相当大的。因而，四大巨型牧场的建立扩大了饲草生产面积，为牲畜提供了更充足的饲料来源。

此外，北魏政府十分重视牧场中的畜牧业生产，尤其是饲料喂养的管理，自上而下，设置了许多官吏，专门负责牲畜喂饲的管理工作，并实行配套的考课、奖惩措施。四大巨型牧场的建立，标志着这一时期在畜牧业生产经营、饲料管理等方面达到了一个新的阶段，发展水平有了很大提高，这一时期畜牧业生产也因此有了更大的发展，超越了秦汉时期。

第二节　畜禽饲料甄选及利用的精细化

常言道，"民以食为天"，这一点于牲畜亦然。随着畜牧业的发展，在解决牲畜的饲料问题上，除了增加饲料种类，保证饲料有充足的来源外，劳动人民还不断总结经验，提高饲料利用的水平，在精细化上不断努

---

[1]　[北齐]魏收撰：《二十四史》（魏书卷志十五食货志），中华书局，1999年。

[2]　刘源：《草原资源状况》，《中国畜牧业》，2012年第9期，第21页。

力。如对于马、牛等役用家畜的饲料提出利用原则，对猪和羊区分不同阶段喂饲方法，对鸡鸭鹅等家禽饲料的利用做出相应安排。

一、役用家畜饲料利用的精细化

马、牛等大型牲畜主要做役使之用，专供背运或驮重，减轻人们的负担。所以，在相当长的一段时期内，役用家畜在交通运输中都扮演着极为重要的角色。而其饲料供应上自然也备受重视，不仅有严密的喂养原则，而且总结出依据季节变化进行喂饲的原则。

（一）役用家畜饲料利用的原则

根据《齐民要术》记载："服牛乘马，量其力能；寒温饮饲，适其天性。"[1]这是贾思勰根据劳动人民长期生产实践经验提出的有关役用家畜的饲料供给及喂养原则。表明无论在何时、何地，配制何种饲料、采用何种喂饲方式来喂养役畜，都要适合其天性，这样才能发挥饲料的最大功效，即"如不肥充息者，未之有也。"他还提出"食有三刍"与"饮有三时"相配合，即"饮食之节，食有'三刍'，饮有'三时'，何谓也？一曰'恶刍'，二曰'中刍'，三曰'善刍'。善谓饥时与恶刍；饱时与善刍，引之令食；食常饱，则无不肥。"[2]从这里可以看出，所谓"三刍"，就是指喂的饲料分为粗、中、精三等饲料。当牲畜饥饿时，先给其喂粗料即"恶刍"，吃饱时再给"善刍"，引诱它吃，让其吃得饱饱的，这样就没有不肥壮的。对远行后的马，休息时，应先潜溜、打滚、刷洗干净，然后才饮喂，即所谓"良久，与空草，熟刷，刷罢饮，饮竟当饲。"如果在马困腹饥时急饮急喂，就会产生水膈等疾病。

以现代眼光看，北魏时期总结出的"食有三刍"，也很符合当今"先饮后喂，先草后料，先粗后精"饲养原则。以马来讲，马是单胃，和牛、羊等拥有多个胃的反刍动物不同，它是没有反刍过程的。马胃的容量很小，仅及牛胃的七分之一到八分之一，约5~15升。[3]倘若在马处于饥饿状

---

[1] ［北魏］贾思勰著，缪启愉校释:《齐民要术校释》,中国农业出版社,1998年,第383页。

[2] ［北魏］贾思勰著，缪启愉校释:《齐民要术校释》,中国农业出版社,1998年,第405页。

[3] 马万明:《从〈齐民要术〉看我国古代畜禽饲养技术水平》,《农业考古》,1984年第1期,第109-113页。

态时，立即给它喂精料（善刍），则极有可能在狼吞虎咽的过程中无法及时消化，从而引起过食甚至消化不良，滋生肠胃病痛。倘若立即喂饲"恶刍"，即粗饲料，"恶刍"的适口性远不如"善刍"，这样一来，必然会对它们的食欲有所限制，尽管饥饿，其进食速度也不会过快，待马吃到七八分饱时，再用精饲料续喂，吃饱喝足的同时还不会生病。总而言之，一定要根据马的饥饿程度选择不同等级的饲料进行喂饲。对马的给水量和喂饲时间，都有一定讲究。

图4-2　甘肃嘉峪关出土魏晋牧牛图[1]

（二）冬春饲料的利用

由于冬春季天寒地冻、气温低，室外饲料缺少，因而牲畜在这一时期的饲养与管理工作相当重要。魏晋时期流行着一句谚语："赢牛劣马寒食下"，即缺料而瘦脊的牛马春中必死。所以劳动人民对牲畜在越冬时的饲养和初春时的管理工作相当重视，着重指出：家畜要精心饲喂，饲料要合理调配，准备充足。不仅要吃得饱，还要调节得适当，即"务在充满调适而已"。

直到今天，中国北方地区还流传着许多类似的民间谚语："过了清明节，牲腿晒成了铁。"清明节过后，天气转暖，牲畜开始上山自行觅食，精神好转，体格也开始强健起来。古今农谚都格外注重牲畜冬春季的饲养及饲料利用，都强调冬春务必保证饲草充足、精心喂饲好牲畜，"宁劳于人""慎勿伤畜"。

---

[1]　宋树友主编：《中华农器图谱》第一卷，北京：中国农业出版社，2001年第519页

二、猪饲料利用的精细化

作为人类最主要的肉食来源之一，猪在人类历史中一贯扮演着重要角色，其饲养史亦绵延上万年。猪是杂食性动物，一般无毒无害之物皆可喂食。魏晋南北朝时期，不仅水生植物等被开发出做猪饲料，对猪崽至成年猪的不同阶段亦有不尽相同的饲料选取与喂养方式。

（一）不同阶段，区别喂饲

《齐民要术》指出，对于不同生长阶段猪的饲养，需以不同方式喂给不同的饲料。初生仔猪"宜煮谷饲之。"而对生长肥育猪可以舍饲与放牧结合，具体实行的是"三放一饲"，即"春夏草生，随时放牧。……八、九、十月，放而不饲，所有糟糠蓄待穷冬春初"。[1] 之所以采取这样的喂饲方式，主要是因为猪虽然能够满足人们的肉食奢求，但是毕竟需要给与饲料，往往与人争食，特别是在圈养时候，因此古人为了节省粮食与饲料，一般都会尽量放牧，春、夏、秋三季室外天然饲料较充足，到冬季天寒地冻室外难以觅食时，再采取舍饲的手段。

（二）饲料资源的开发

魏晋南北朝，劳动人民亦非常重视饲料的选择，尤其在猪饲料资源的开辟上，卓有成就。据《齐民要术·养猪篇》所载，虽然春夏草生，能够随时放牧，但还是会每天补充一些糟糠之类的饲料。《养猪篇》中载："猪性甚便水生之草，耙耧水草等，令近岸，猪则食之，皆肥。"[2] 这是文献首次提出利用水生植物来喂猪。猪是一种单胃杂食型哺乳动物，喜欢吃食水草，水草营养也较丰富，可以满足猪多方面营养需求。

魏晋时期提出的用酒糟喂猪和以水生植物饲猪，都具有开创性，直到近现代，在我国农村地区，一些养猪专业户们还会充分利用水生植物喂猪的，为我国养猪业的发展做出一定贡献。

三、羊饲料利用的精细化

在羊的饲养方式及饲料选择上，《齐民要术》中也有很细致的要求。

---

[1]　［北魏］贾思勰著, 缪启愉校释:《齐民要术校释》, 中国农业出版社, 1998年, 第443页。

[2]　［北魏］贾思勰著, 缪启愉校释:《齐民要术校释》, 中国农业出版社, 1998年, 第443页。

首先是牧羊者须为"大老子、心性宛顺者，起居以时，调其宜适"。[1]即牧羊人必须是性情宛顺，责任心强的人，使羊作息生活有定时，护理能适应羊的特性。

其次，在羊饲料供给上，要增加其采食量。要"缓驱行，无停息"，牧羊时不宜驱赶过快，在驱赶过程中要注意它们的食草状态，保证其一路都有草可食。且不能停息，以免吃不饱长不了膘，"息则不食而羊瘦"。

最后，在羊饲料选择上，要尽量避免它们采食带有露霜的草。所以在放牧时间上应"春夏早放，秋天晚出"，因为"春夏气暖，所以宜早；秋冬霜露，所以宜晚"。羊吃露水草，容易"羊口疮腹胀也"；[2]且露水草上常有侵袭性寄生虫尾蚴，羊食用含露的草料容易患病，所以应避开露水草，等露水草干了后才能放牧。

在北方牧区，这些牧羊经验一直保持并发挥着重要作用。

四、家禽饲料利用的精细化

鸡鸭鹅等家禽不仅可为人们提供肉食，其卵亦是良好食品，羽毛还可有多种用途，公鸡可以打鸣，鹅可以看家，因而家禽饲养一直备受人们重视，其饲料的甄选亦受重视。鸡鸭鹅虽同为家禽，但它们对饲料的要求却有很大的差异，这一时期也显示出家禽饲料的精细化趋向。

（一）鸡

《齐民要术》指出，对于鸡生长阶段上的差异性，也同样需要喂给不同的饲料。

雏鸡："春夏雏，二十日内无令出窠，饲以燥饭。"[3]

育肥鸡（肉用鸡）："养鸡令速肥、不爬屋、不暴园、不畏乌、鸱、狐狸法：别筑墙匡，开小门，作小厂，令鸡以避雨日。雌雄皆斩去六翮，无令得飞出。常多收秕、稗、胡豆之类以养之，亦作小槽以贮水。荆藩为栖，去地一尺，数扫去屎。凿墙为窠，亦去地一尺。惟冬天著草，不茹则子冻；春夏秋三时则不须，直置土上，任其产伏，留草则蛆虫生。雏出，

---

[1] ［北魏］贾思勰著，缪启愉校释：《齐民要术校释》，中国农业出版社，1998年，第423页。

[2] ［北魏］贾思勰著，缪启愉校释：《齐民要术校释》，中国农业出版社，1998年，第423页。

[3] ［北魏］贾思勰著，缪启愉校释：《齐民要术校释》，中国农业出版社，1998年，第449页。

则著外，以罩笼之。如鹌鹑大还内墙匡中。其供食者，又别作墙匡，蒸小麦饲之，三七日便肥大矣。"[1]

产蛋鸡："唯多与谷。令竟冬肥盛，自然谷产矣。一鸡生百余卵，不雏，并食之无咎"。[2]

即对鸡崽，须在二十天内禁止其挪窜，恐被老鹰等掳去，并且只给它们喂晾干的饭粒，稀粥等容易造成拉白屎而死亡。对育肥肉用鸡要喂饲精饲料，宰杀前几日可以用蒸小麦饲之催肥。对于产蛋鸡要多给谷子等精料饲喂，以提高鸡的蛋产量。

（二）鹅鸭

鹅鸭与鸡不同，喂饲雏鹅和雏鸭的时候，需要将它们放在笼子里，先是以粳米为粥糜饲喂，"顿饱食之，名曰'填嗉'，……然后粟饭切苦菜、芜菁英为食。"[3]待育肥后，鹅与鸭就不同食，鹅只吃五谷、稗子及草、菜，不吃生虫；而鸭，"靡不食矣"，湖泊河水中的水草水生植物更是鸭的最爱。

第三节　饲料的加工与贮藏

作为食草动物的主要饲料来源，饲草的优劣与否直接关乎其生长与健康。对饲草进行一定的加工处理，不仅能提高饲料的适口性，还能避免牲畜感染一些疫病。此外，在青黄不接的冬春季节，牲畜甚至还会因缺食导致灭群断种，这就对饲草提出了储存管理的迫切要求，《齐民要术》中对牲畜饲料的加工及管理均有详细记载。

一、饲料的加工

《齐民要术》载："谓饥时与恶刍；饱时与善刍；引之令食；食常饱，则无不肥。锉草粗，虽足豆谷，亦不肥充；细锉无节，筱去土而食

---

[1]　[北魏]贾思勰著，缪启愉校释：《齐民要术校释》，中国农业出版社，1998年，第449-450页。

[2]　[北魏]贾思勰著，缪启愉校释：《齐民要术校释》，中国农业出版社，1998年，第450页。

[3]　[北魏]贾思勰著，缪启愉校释：《齐民要术校释》，中国农业出版社，1998年，第455页。

之者，令马肥不呹。如此喂饲，自然好也。呹，苦江反。"[1]这一时期，有关饲料加工最主要的方法便是"莝"。《说文解字》曰："莝，斩刍也"，意思就是将刍茭、刍藁等进行切碎。《说文解字》又将"蕲"解释为"以谷茭（食）马置莝中"，意思就是先将草料切碎，再把作为精饲料的谷加入其中，粗精搭配起来喂饲。

关于莝刍饲马，《齐民要术》中记载了两种不同的方法：[2]"饲父马令不斗法：多有父马者，别作一坊，多置槽厩；莝（锉）刍及谷豆，各自别安。""饲征马令硬实法：细莝刍，杴掷扬去叶，专取茎，和谷豆秣之。"

可见，对配种用的公马和骑乘马的饲料加工是不同的。种马不仅多设槽厩，还会混合谷豆等精饲料与草料一起切碎再喂，保质保量。骑乘马的饲料不仅要切细，还须扬粗取精，将叶子等轻的杂物扬去，只留下茎秆，然后与谷豆等一起饲喂，以便达到令种马不争食、令骑乘马强壮的目的。

实践中，因精粗饲料形状、体积不尽相同，多加一道"莝"的程序，更便于不同的饲料混合起来搭配，于牲畜饲养有利。另一方面，"莝"的过程中能抖掉草料中的泥土，保证饲草的干净卫生。"细锉无节，簁去土而食之者，令马肥不呹"。[3]"呹"指食物进入气管引起咳嗽，所以草一定要铡细，不能留有太多的粗节，不然谷物给得再多也纯属浪费，马依旧无法养肥。喂饲前先将草料切细，筛去泥土，则马既易长膘也不咳嗽，马食用"莝"过的饲草而"不呹"便是如此。

现代农谚中的"寸草铡三刀，无料也上膘""细草三分料"亦是这个道理。

二、饲料的贮藏

《齐民要术》载："不收茭者：初冬乘秋，似如有膚（膘），羊羔乳食其母，比至正月，母皆瘦死；羔小未能独食水草，寻亦俱死。非直

---

[1]　[北魏]贾思勰著，繆启愉校释：《齐民要术校释》，中国农业出版社，1998年，第405页。

[2]　[北魏]贾思勰著，繆启愉校释：《齐民要术校释》，中国农业出版社，1998年，第406页。

[3]　[北魏]贾思勰著，繆启愉校释：《齐民要术校释》，中国农业出版社，1998年，第405页。

不滋息，或能灭群断种矣。"[1]可见，如若干草得不到储存，在缺食的冬季，则会面临"灭群断种"的危险。因此，做好贮草工作，保证牲畜冬草充足，令其安全越冬，历来都是畜牧生产中的一项非常重要的工作。早在东汉时期，《四民月令》中就有关如何保存饲马草料麦屑的记载，"（五月）日至后，可籴麦屑，曝干，置罂中，密封涂之，（注）则不生虫，至冬可养马。"[2]当然，这里提及的将饲草曝晒晾干，密封储存的方法，是为了防止草料生虫，造成浪费。但其也确是为了马匹过冬屯粮之用。《齐民要术·养羊篇》指出："既至冬寒，多饶风霜，或春初雨落，青草未生时，则须饲，不宜出放。"[3]为确保在冬寒春雨之际有料可饲，则必须提前将饲草备足。

魏晋南北朝时期，我国劳动人民延续了两汉时期的做法，并有所发展。除广泛种植苜蓿、收割青草以外，又采取了混合栽培豆科、禾本科牧草为中心的贮备冬草措施。据《齐民要术》记载，羊牧养量多的农户，在春耕时会种大豆一顷，"杂谷并草留之，不须锄治"，[4]待秋收完毕，再将秸秆全部收割，作为青干草饲料的储备。这时收割的草料，营养价值特别好，豆科青干草不仅蛋白质含量高，还富含钙等多种矿物质和维生素，能提高牲畜生长所需的营养，直到现在仍被认为是牲畜越冬的优良饲料。

茭，作为马匹最主要的饲草，不仅易于腐烂，还易于被牛羊等牲畜践踏，关于其堆积存储，《齐民要术》中有"积茭之法"的记载："于高燥之处，竖桑、棘木作两圆栅，各五六步许。积茭著栅中，高一丈亦无嫌。任羊绕栅抽食，竟日通夜，口常不住，终冬过春，无不肥充。若不作栅，假有千车茭，掷与十口羊，亦不得饱：群羊践蹋而已，不得一茎入口。"[5]

"积茭"贮存饲草，无论是延长青草的使用期，减少草料因潮湿腐烂而造成的大量浪费，还是为牲畜在青黄不接时提供充足的食物源，都不失

---

[1]　[北魏] 贾思勰著，缪启愉校释：《齐民要术校释》，中国农业出版社，1998年，第427页。

[2]　[汉] 崔寔著，石声汉校注：《四民月令》，中华书局，1965。

[3]　[北魏] 贾思勰著，缪启愉校释：《齐民要术校释》，中国农业出版社，1998年，第427页。

[4]　[北魏] 贾思勰著，缪启愉校释：《齐民要术校释》，中国农业出版社，1998年，第426页。

[5]　[北魏] 贾思勰著，缪启愉校释：《齐民要术校释》，中国农业出版社，1998年，第427页。

为一种好方法。

魏晋南北朝时期，北朝诸国均为游牧民族，其畜牧业都较发展，在对前人经验不断总结的基础上，一套体系较为完整的传统畜牧科技逐步形成。这一时期，《齐民要术》的问世在中国乃至世界整个农史学界均具有深远意义，书中对畜禽的合理喂饲以及饲料加工与贮藏技术等都有相应记载，这些劳动人民长期积累的经验对于后世来说都是不可多得的财富。

第四节　舍饲比重的增加

舍饲就是将牲畜放到圈内来喂养，与放牧相对。刘敦愿先生在谈论农牧结合时认为，舍饲最早出现于商代。随着饲料资源的不断开辟，舍饲在牧养中的占比也越来越高。反过来，舍饲的发展对饲料的选择等也提出了更高的要求。

一、舍饲的历史演变

早在西周时期，牲畜的圈养化就已开始趋于明显。之后，舍饲在牲畜饲养中所占的比重也逐步提升，为牲畜的精细化饲养奠定了基础。除了马厩等饲养场所的管理工作以外，牲畜的草料添加、饲草的贮存和选择等也都与舍饲紧密相关。

俗话说："马无夜草不肥"。马在夜间同样是需要草料的。居延汉简中有相关记载：前过北初食用荭四百九十二束，夜用三百五十束（五八）五六·二五（面）[1]如此规律的夜间饲草添加情况记录，定是舍饲比较普遍。此外，在对秦陵东侧马厩坑考古发掘时，在马头前放有陶罐、陶盆，有的盆内盛有谷子和切碎的草；踞座俑面前放有陶灯、陶罐和铁镰、铁铧等陪葬品。[2]很明显，马厩中的陶罐和陶盆这两种喂马容器以及盆中切碎的草便是舍饲发展的佐证。

可见，在舍饲发展之初，在饲料利用上需要注重饲料的合理贮存和简单的截断加工，以保证牲畜在日常喂饲量加大时有草可添。

---

[1]　劳翰：《居延汉简考释释文之部（一、二）》，第262页。

[2]　秦俑考古队：《秦始皇陵东侧马厩坑钻探清理简报》，《考古与文物》，1980年第4期。

二、舍饲比重的提升与影响

魏晋南北朝时期，在舍饲比重进一步提升的同时，对饲草的贮存、饲料的节约利用也提出了更高更精细的要求。

根据贾思勰的《齐民要术》载："余昔有羊二百口，茭豆既少，无以饲，一岁之中，饿死过半。假有在者，疥瘦羸弊，与死不殊，毛复浅短，全无润泽。余初谓家自不宜，又疑岁道疫病，乃饥饿所致，无他故也。"[1]如若在万物干枯的寒冬，依旧放牧，不以舍饲，不给予牲畜充足的草料，则会导致其因饥饿而病亡的情况。

魏晋南北朝时期，牲畜的舍饲比重显著提升在《齐民要术》中有诸多记载。关于猪的饲养，其曰："春夏草生，随时放牧。糟糠之属，当日别与。糟糠经夏辄败，不中停故。八、九、十月，放而不饲。所有糟糠，则蓄待穷冬春初。猪性甚便水生之草，杷搂水藻等令近岸，猪则食之，皆肥。"又："牝者，子母不同圈。子母同圈，喜相聚不食，则死伤。圈小则肥疾。处不厌秽。泥污得避暑。亦须小厂，以避风雪。"[2]这就是说，以往放牧占主要地位的饲养方式已经渐渐被放牧与舍饲相结合的方式取代。猪的饲养方式会根据季节的变化进行不断调整，在八、九、十月各种草本植物生长繁茂、收获丰盈的时候，采取放牧的方式，节约饲料。在冬春季节饲草匮乏、天气恶劣的时候，则采取舍饲的方式，喂予糟糠。这样一来，便能最大限度地使所贮存的精料物尽其值，保证了牲畜一年四季所需的营养供给。

《齐民要术》对羊的舍饲还提出了更高的要求。首先，喂养羊只的饲草以豆科植物茎叶制的"青茭"（青干草）为最好。另外，与猪在猪圈、猪舍里直接喂饲不同，舍饲羊只必须用草架或草棚喂饲，"于高燥处，竖桑棘木作两圆栅，各五六步许。积茭著栅中，高一丈亦无嫌。任羊绕栅抽食，竟日通夜，口常不住。经冬过春，无不肥充。"[3]意思是在干燥的地方，将桑枝等竖直插立，围成两个间距约为五六步远的栅栏，在栅栏中堆

---

[1]　[北魏]贾思勰著，缪启愉校释：《齐民要术校释》，中国农业出版社，1998年，第427页。

[2]　[北魏]贾思勰著，缪启愉校释：《齐民要术校释》，中国农业出版社，1998年，第443页。

[3]　[北魏]贾思勰著，缪启愉校释：《齐民要术校释》，中国农业出版社，1998年，第427页。

满青干草，让羊任意在栅栏的四周抽草吃，一天到晚不住口。

这种具有特色的饲羊法谓之为"积茭之法"，是魏晋南北朝时期劳动人民的首创，它充分考虑到了羊的饮食习惯，因为如果不制造草架或草棚的话，"假有千车茭，掷与十口羊，亦不得饱，群羊践踏而已，不得一茎入口"，羊性喜干净，不食践踏有粪尿的草。将草料堆积在栅栏中隔开，可减少践踏，造成不必要的浪费。其次，"圈不厌近。必须与人居相连，开窗相圈。所以然者，羊性怯弱，不能御物。狼一入圈，或能绝群。"[1]该设置不仅能确保在野草短缺、不敷应时，羊能有足够的刍料来源，还有防止猛兽侵袭的功能。

在牲畜的管理上，放牧与舍饲一直是相辅相成、互为补充的。放牧即对牲畜采取散养的方式，无须过多看管，也不需要人为提供食物来源，省力方便。但牲畜在野外自由活动，于积肥不利，管理不好还会对生态环境造成一定的消极影响，这种方式在原始畜牧业发展之初较为普遍。相对应地，舍饲便是对牲畜采取圈养的方式。活动范围变小，且人工喂饲更能注意饲草的讲究和喂养方式，因而能使牲畜快速增肥。其缺点就是，圈养的方式使牲畜无法随时获取野生草本植物。为了保证充足的食物来源、满足营养供给，必须对草料的贮存和管理有更高的要求。在古代牲畜管理的历史上，放牧和舍饲都具有重要意义，都有各自的优点和长处。随着作物种植技术的不断提高和牲畜喂饲的日益精细化，舍饲的比重也明显提升。但时至今日，由于农业生产方式的不同和地域发展的差异性，放牧和舍饲依旧同时兼存，放牧的方式并未完全被舍饲所取代。

---

[1] ［北魏］贾思勰著，缪启愉校释：《齐民要术校释》，中国农业出版社，1998年，第427页。

第五章　隋唐五代中国古代饲料科技的规范化发展

公元581年，隋朝建立，隋文帝杨坚励精图治，结束了中国历史上一段较长时间的南北对峙的格局，实现了暂时的和平统一。隋文帝时期还延续了均田制，在一定程度上限制了豪强大族兼并土地，有利于农业生产的发展，为当时畜牧业发展提供了有利条件。公元618年，李渊建立唐王朝，开创了封建社会的鼎盛期。隋唐扭转了之前的分裂割据状态，国家局面相对统一安定，畜牧业也进入一个大发展和大转变的兴盛期，其牲畜数量、种类、品质，乃至与畜牧相关的机构和法规较之前有了更大发展和完善。与之相对应，当时的饲料科技也在魏晋南北朝的基础上获得进一步发展，并且更加规范，出现传统标准，集中体现在饲料发展相关官职与体制的制定和完善，大规模饲料基地的建立和牧草的合理加工储存，苜蓿饲喂范围的有效拓展，以及畜禽饲养方面传统饲料利用的标准化。这些都彰显了中国饲料科技发展进入到一个规范化发展时期，也体现了中国古代劳动人民在饲料科技领域的创造性智慧。到五代时期，由于北方长期战乱，其畜牧业受到较大破坏；南方因缺少牧地，草食家畜发展受到一定限制，不过猪、禽等中小畜禽还是获得一定发展。

第一节　饲料管理相关官职及法规的制定

历史上专管饲料的官职很早就有，传说夏启袭位后，与夏同姓姒的有扈氏不服，起兵反抗。有扈氏战败后，被夏启罚做"牧奴"，即把战败的整个氏族贬为专事放牧的奴隶，历史上第一次出现了有专门从事牲畜饲养管理的人员，这在一定程度上反映了当时的统治者已开始认识到饲养管理对于畜牧业的重要性。之后，少康还做过其母家氏族的"牧正"，牧正是管理畜牧生产事务的官。少康即王位之后，对畜牧的生产管理做了一些改进措施，使畜牧生产有所发展。

"国之大事，在祀与戎"，在封建社会中，祭祀与军事的地位极高。为了满足祭祀上的需要，西周设有了牧人、羊人、牛人、鸡人、充人等专门饲养繁育以供应祭祀用的官职，其中牧人掌六畜的繁育，充人掌管祭祀所用牲畜的肥育，其余都是专管各牲畜之饲养，这些都是与牲畜喂饲或饲料有直接或间接关系的官职。

西周开始，战争较为频繁，军事的需求直接导致六畜中"马"业率先发展。西周专设校人一职总领王马之政，校人之下又分设趣马、圉师、牧师、圉人等职，其中趣马和牧师均和饲料有关，趣马主要负责辅佐校人调教、饲养马匹成为良马，"齐其饮食、简其六节"，使马得到充分的喂养和调教；而牧师则管理分配马匹的饲料基地——牧场，这些都反映了当时马的饲养管理已经有了较为明确的分工。发展至大唐盛世之后，与饲料相关官职的设置更加完善。

一、饲料管理相关的官职

隋唐时期，畜牧业管理机构不断完善与细化，出现了专管太仆寺牲畜料草供给的典厩署、分配饲草种植人员的闲厩使以及掌管苜蓿种植的苜蓿丁，他们各司其职，共同对畜牧业的发展有着一定的推动作用。

（一）典厩署

典厩署是太仆寺下设的四署之一，和乘黄署、车府署、典牧署统归太仆寺管辖，它主要是对牲畜的饲料供应等一应事宜负责。

据《唐六典》载："典厩署令二人，从七品下；丞四人，从八品下，掌系饲马牛、给养杂畜之事。良马一丁，中马二丁，驽马三丁，乳驹、乳犊十给一丁。凡象日给藁六围，马、驼、牛各一围，羊十一共一围。蜀马与骡各八分其围，驴四分其围，乳驹、乳犊五共一围；青刍倍之。凡象日给稻、菽各三斗，盐一升；马粟一斗、盐六勺，乳者倍之；驼及牛之乳者、运者各以斗菽，田牛半之；驼盐三合，牛盐二合；羊，粟、菽各升有四合，盐六勺。象、马、骡、牛、驼饲青草日粟、豆各减半，盐则恒给；饲禾及青豆者，粟、豆全断。若无青可饲，粟、豆依旧给。"[1]

---

[1] [唐]李林甫等著，陈仲夫点校：《唐六典》卷十七《太仆寺》，中华书局，2005年。

依据上述文献可以得出，典厩署的职责与饲料有关，主要掌管太仆寺马、羊、牛、骡、象、狗等牲畜的料草供给。不同年龄、不同种类的牲畜，饲料的配给和食盐的供应也有所不同，牲畜的优劣状况还会影响喂养人员的分配数量。而且，供应标准十分详细。例如，优质马匹配给饲养人员一名，中等马匹配给饲养人员两名，羸弱的马匹配给饲养人员三名，十只乳驹乳犊配给饲养人员一名。主要饲料稻、粟、菽、青草等每天的配给量也各有不同。此外，在青草的供应比较充裕时，精饲料豆、粟的喂养量则减半。可见，典厩署在饲料的供应配比和牲畜的区别喂饲上还是比较科学和严密的。

（二）闲厩使

唐朝初年因战争原因，亦非常重视牧马业。随着畜牧业生产的发展和牧监的增设，太仆寺的职权不断被群牧使、监牧使、闲厩使、飞龙使等削弱、侵夺。在唐朝，掌管御马饲养的机构一般被称为"闲""厩"，"闲厩使"的名称便是如此得来的。史载："……圣历中，置闲厩使，以殿中监承恩遇者为之，分领殿中、太仆之事，而专掌舆辇牛马。……开元初，闲厩马至万余匹，骆驼、巨象皆养焉。"[1]圣历年间（697—700年），闲厩使只是掌管御马喂饲与牧养及相关事宜的官职，到了文宗时期（809—840年），大象和骆驼等大牲畜的饲养工作也归其掌管。

唐开成年间（836—840年），闲厩使柳正元向唐文宗进言："郢州旧因御马，配给苜蓿丁三十人……今请全放。"可见，除了与御马进献相关的事务以外，与之对应的饲草种植人员的分配也由闲厩使掌管。

（三）苜蓿丁

苜蓿作为饲马的最佳牧草，一直受到重视，与之有关的官职也应运而生。《隋书》记载："司农寺，掌仓市薪菜，园池果实。……而钩盾又别领大囿、上林、游猎、柴草、池薮、苜蓿等六部丞。"[2]可见，隋朝就已经设有负责苜蓿种植的部门。到了唐朝，苜蓿种植范围扩大，需求量也大增，出现了苜蓿丁一职，专门掌管苜蓿的种植与饲马事宜。"郢州旧因御

---

[1]　[宋]欧阳修、宋祁：《新唐书》卷四十七《百官二·殿中省》，中华书局，1975年。

[2]　[唐]魏征：《隋书》卷二十七《百官中》，中华书局，1973年。

马，配给苜蓿丁三十人，每人每月纳资钱二贯文。"[1]苜蓿丁的俸禄已有了详细条文，可见苜蓿的管理至唐时更加完善。

此外，唐朝还首创监牧来经营管理基层的畜牧生产，《新唐书·兵志》载："马者，兵之用也；监牧所以蓄马也，其制起于近世。"监牧的等级区分、管理系统、官职设置和地域分布都很复杂，历史记载不一、学术各有说法，但最终的具体执牧者应是牧人，也常称为"牧子"或"牧丁"。牧子们最重要的职责就是牲畜的繁育，他们常年与牛马打交道，深谙牛马的喂饲之道，是真正的饲养专家。唐时的军事防务、交通运输和农耕生产，都必须依赖牛马等大牲畜提供畜力，这是关系到政权的大事。

二、相关饲料管理法律法规的制定

畜牧法律的制定，早在秦汉就初见端倪，秦律和汉律中都有涉及到动物饲养管理方面的法律规定，但内容不多，较为简单粗糙。至隋唐，畜牧业已经形成了一套完整的制度规范，具有代表性的便是《厩牧令》和《太仆式》，前者是与畜牧制度有关的具体规定；后者是针对官府畜牧业管理的一些行政法规。同时还有历代统治者们根据不同历史阶段军事、政治的需要，以及经济形势的变动而颁布的一些诏敕，对畜牧业原有的法令，做出补充或修改。除此之外，还有《厩库律》，通过权威的刑法方式，对畜牧业健康秩序的维护予以强有力的保障，以惩治畜牧业活动中的不法行为。《唐六典》中亦有对牲畜"孳生过分"的奖励标准，"凡监牧，孳生过分则赏：谓马剩驹一，则赏绢一匹，驼骡之剩倍于马，驴牛之剩三、白羊之剩七，羖羊之剩十，皆与马同。其赏物，剩驹七十五匹，赏绢一匹之类，计加亦准此。应赏者，皆准印后定数，先填死耗，足外，然后计酬"。[2]即按照超过生产指标多繁牲畜的部分，一一进行奖励。可见，对饲料管理得当，饲料利用得法，于牲畜兴旺有功的，便会受到嘉赏。

庞大的法律法规系统中，很多都是有关牲畜喂饲或饲料管理的，如《厩牧令》规定了牲畜饲养给丁的标准。对于如果官畜饲料供给分配不合理，养饲不如法，致有瘦损的，相关人员则要受到惩罚，《厩库律》对此

---

[1] ［宋］王溥:《唐会要》，中华书局，1955年。

[2] ［唐］李林甫等著，陈仲夫点校:《唐六典》卷十七《诸牧监》，中华书局，2005年。

有详细的规定：

> 诸供大祀牺牲，养饲不如法，致有瘦损者，一杖六十，一加一等，罪止杖一百。以故致死者，加一等。
>
> ……
>
> 若放饲瘦者，计十分为坐，一分笞二十，一分加一等；即不满十者，一笞三十，一加一等。各罪止杖一百。

总体上来看，唐朝畜牧律法中涉及牲畜喂饲或饲料管理的部分仍然只占微小的比例，散见于各律条之中，但其数量和细致程度远超前代，其关于饲养不当造成牲畜死伤的处罚条例广传于后世，《宋刑统》便沿用了此法。此类规

图5-1　饲马图

定有奖有罚，奖惩结合，具有较强的可操作行，对于推动牲畜的科学、精细喂饲和饲料的发展，无疑具有很大的促进作用。图5-1为唐代饲马示意图。[1]

第二节　规模化饲料基地的建立

饲料是畜禽生存的基础，是畜牧业得以繁荣发展的根基，随着畜牧业的大规模发展，便出现了专门种植和生产饲料的区域，即饲料基地。饲料基地的建立不仅能脱离以往靠天养畜的状态，还能在青黄不接之时做补饲之用，这一点对于干冷的纯牧区来说，尤为重要。

一、饲料基地的雏形

从相关文献记载看，我国春秋战国时期饲养畜禽很普遍，如《墨子·天志》篇说："四海之内，粒食之民，莫不犓牛羊，豢犬彘。"饲养

---

[1] 宋树友主编：《中华农器图谱》第一卷，北京：中国农业出版社，2001年，第523页。

牛羊猪等家畜已经成为了农户的基本劳动生产之一，甚至在长江下游的吴越境内，还出现了规模化家畜饲养场所，如《越绝书》载："娄门外鸡陂墟，故吴王所畜鸡处，使李保养之，去县二十里"。[1] "鸡山在锡山南，去县五十里"。这大概是历史上最早的官办养鸡场。后《吴郡志》还载："鸭城在吴县东南二十里……城东五里是豨坟，是吴王畜猪之所，东二里有豆园，吴王养马处。又有鸡陂，阖闾置豆园在阪东。"[2] 表明春秋战国时期，吴王除开办了养鸡场外，还分别开办了养猪场、养马场和养鸭场，这些在历史上均是首次记载。并且从养殖场所看，饲养场的面积很可能相当大，其中虽未直接提到饲料，可想而知，与之相对应的饲料规模也是相当可观的。

据秦简载，早在商鞅变法后，中央便专门制定了《厩苑律》，其中详细规定了官牧场在牲畜饲养工作中应当注意的事项，还设置了多个国有牧场，如"大厩""宫厩"等，用以"将收公马牛"。另在考古发现中，亦有"小厩""左厩"等牧场。秦统一六国后，便设有国有牧场，其分别在西、北边郡设置"六牧师令"，[3] 建立了畜牧业基地。

汉承秦制，不仅延续了秦的国有畜牧业经营方式，其经营领域还有所扩大。除继承了秦朝牧场的基本格局外，汉另在全国建立了许多牧马苑，仅西北边郡就设立了36所牧马苑，牧养繁育的马有30余万匹，这些牧场，是汉武帝能进行反击匈奴战争的物质支撑，并且随着几次与匈奴战争的大捷，汉朝逐步扩大了其北部与西部的牧场，继而出现了"长城以南，滨塞之郡，马牛放纵，蓄积布野"[4] 的局面。与此同时，还在京城周边设有"天子六厩"，每厩"马皆万匹"，其饲养马匹的来源主要是西北的36所牧马苑。东汉时期，在军事上对马的需求量远没有前朝多，因此饲养马匹的厩苑也相对有所减少，如和帝就曾"减内外厩及凉州诸苑马"，[5] 但安帝年间却新置长利、高昌、始昌三苑，牧场的数量在总体上还是保持平衡。

[1] 袁康、吴平辑录：《越绝书》，上海古籍出版社，1985年点校本，第12页。

[2] ［宋］范成大著，陆振岳点校：《吴郡志》，江苏古籍出版社，1986年，第106页。

[3] 张波、樊志民：《中国农业通史》（战国秦汉卷），中国农业出版社，2007年，第267页。

[4] ［汉］恒宽著，王利器校注：《盐铁论》卷八《西域第四十六》，中华书局，1992年，第96页。

[5] 李诞、武建国：《中国古代土地国有制史》，云南人民出版社，1997年，第111页。

二、饲料基地的建立

我国的东北部、西部以及北方地区，地域广阔，在古代便是最好的天然牧场，且一直都是主要的牧区分布带。牧区往南，至西部边缘地带，则为半农半牧区。而在以种植业为主的南方地区，畜牧业只是副业，依附于种植业而存在，并没有形成一个独立的门类，更谈不上牧场的规模化。

为对抗吐蕃、突厥以及吐谷浑，隋唐时期大力屯田、兴办牧场，发展畜牧业，重视牛、马、驴等牲畜的畜养，为开展军事斗争积蓄力量。因而，政府进一步扩大了饲料生产基地，为牲畜的饲料供给提供了保证。《隋书·贺娄子干传》载"高祖以陇西频被寇掠，甚患之。……子干上书曰：'比者凶寇侵扰，荡灭之期，匪朝伊夕。伏愿圣虑，勿以为怀。今臣在此，观机而作，不得准诏行事。且陇西、河右，土旷民稀，边境未宁，不可广为田种。……但陇右之民以畜牧为事，若更屯聚，弥不获安。只可严谨斥候，岂容集人聚畜。'高祖从之"。[1]可知，隋唐时期，陇西、上郡等地已是半农半牧的农业生产方式。而且，唐朝就已经在陕西、宁夏、甘肃等地区广辟牧场、建立饲料基地。

图5-2　唐代铁叉（藏于南京农业大学中华农业博物馆）

《新唐书·兵志》载："自贞观至麟德四十年间，马七十万六千，置八坊，岐、幽、泾、宁间，地广千里，……八坊之田，千二百三十顷，募民耕之，以给刍秣。"[2]意思就是在八坊之地，开辟出一千二百三十顷的

[1]　[唐]魏征，（后晋）刘昫撰：《二十四史》（附清史稿）第五卷《隋书》，中州古籍出版社，2012年，第284页。

[2]　[宋]欧阳修，宋祁：《新唐书》卷五十《兵志》，中华书局，1975年。

耕田，招募百姓进行耕种，以此来保证饲草的充足。《陇右监牧颂德碑》又载："莳蒿麦、苜蓿一千九百顷，以葵蓄御冬"。[1]即在陇右地区，栽种一千九百顷的蒿麦、苜蓿，然后将它们晒干储存起来，为牲畜过冬做好充足的饲草准备。"一千二百三十顷"和"一千九百顷"均不是小数目，如此大面积地种植饲草，甚至还开辟耕田雇民栽种刍秣，可见唐代饲料基地的规模已相当庞大了。

《唐会要》也载："自立务以来，今计蕃息孳生马，约七千余匹，……伏以所管官马，其数益多，出于远界，须有凭倚。今访择得绥州南界，有空地周回二百余里，堪置马务……"[2]这是银州监牧使刘源因马匹数量剧增，而向文宗奏请将牧场扩大到绥州的建议。此外，《西阳杂俎·毛篇》说道："……蜀以稗草，以萝卜根饲马，马肥；安北饲马以沙蓬狼针"。[3]这说明，不仅政府扩大饲料基地，平民百姓也遍寻可饲草料，积极为饲草种植开辟蹊径。

大规模开辟并扩大饲料种植区，为唐代牲畜牧养，尤其是马的饲料供应提供了物质保障，对唐代畜牧业的繁荣发展有一定的促进作用。

第三节　苜蓿喂饲范围的有效拓展

苜蓿最初引入我国，主要作为御马的饲草被利用，且种植仅限于汉宫园苑中，之后逐渐向关中地区及西北牧区推广。隋唐五代时期，由于政府对畜牧业的重视以及各项法律法规的颁布与推行，畜牧业发展鼎盛一时，突破了苜蓿喂饲与种植范围的限制，推动了苜蓿在种植规模和利用领域的扩大。

一、苜蓿种植规模的扩大

《唐会要》记载："开成四年（839年）正月。闲厩宫苑使柳正元奏。……郧州旧因御马。配给苜蓿丁三十人。每人每月纳资钱二贯

---

[1] 梁家勉：《中国农业科学技术史稿》，中国农业出版社，1989年，第366页。

[2] ［宋］王溥：《唐会要》卷六十六，中华书局，1955年，第1147页。

[3] ［唐］段成式撰，曹中孚校点：《西阳杂俎》前集卷十六，中华书局，1981年。

文。……当管修武马坊田地。……郢州每年送苜蓿丁资钱。并请全放。实利疲甿。宜依。其修武马坊田地。"[1]郢州指后来的鄂州，即湖北地区。这说明在唐代，苜蓿除了在陕西、新疆、黄河流域广泛种植，还被引种到华中地区。

在中国古代，驿站主要是给传递军事情报和文书的人提供换马、食宿的场所，而唐代的驿站在古代社会中可以称得上是最为发达。《唐六典》记载："凡三十里置一驿，天下凡一千六百三十有九所。二百六十所水驿，一千二百九十七所陆驿，八十六所水陆相兼。"[2]可见，唐代驿站数量之多，分布之广。另，楼祖诒指出："依据《册府元龟》都亭驿应有驿田2880亩，道一等驿应有驿田2400亩，即4等驿田亦应有驿田720亩，驿田之性质与牧田同。"[3]唐代牧马业发达，草料需求大，相应牧草种植面积也大，据《册府元龟》记载，唐代拥有上等驿田和下等驿田的亩数分别为2400亩和720亩。而"凡驿马，给地四顷，莳以苜蓿。"[4]苜蓿自西域移植之初便专做饲马之用，唐时每匹驿马均"给地四顷"，以种苜蓿，用来解决驿马的饲料问题。发达的驿马业和规模较大的驿田面积，足以看出唐朝对苜蓿种植的重视。

二、苜蓿的广泛利用

随着唐朝养马业的发展，饲草需求量的加大，苜蓿饲草功能更是得到了充分发挥。而且，隋唐时期，苜蓿还有用作食用、药材甚至香料的。

食用性。据《敦煌俗务名林》载："大约有十几种蔬菜品种被记录在册，主要包括葱、蒜、蔓菁、菘、姜、生菜、萝卜、葫芦、苜蓿等。"[5]苜蓿在这里已被列为蔬菜，说明常做人食。药王孙思邈在他的《备急千金要方》中也写道："苜蓿，味苦，涩，无毒。安中，利人四体，可久食"。[6]说明苜蓿味苦但无毒，长久食用还可调和肝胃。对于苜蓿的可食

[1]　[宋]王溥：《唐会要》卷六十五，中华书局，1955年。

[2]　[唐]李林甫：《唐六典》卷五，中华书局，1992年。

[3]　楼祖诒：《中国邮驿发达史》，中华书局，1939年。

[4]　[宋]欧阳修：《新唐书》，中华书局，1975年。

[5]　黄永武：《敦煌宝藏（第122册）》，台北新文丰出版公司，1981年。

[6]　[唐]孙思邈：《备急千金要方》卷二十六，《食治方　菜蔬第三》，华夏出版社，2008年。

性，唐代诗文中亦有记载。如唐开元年中，福建历史上第一位进士薛令之作《自嘲》诗：“盘中何所有，苜蓿长阑干。饭涩匙难绾，羹稀箸易宽，只可谋朝夕，何由保岁寒。”[1]诗中是讲，连苜蓿这种马吃的饲料，都把它当作蔬菜摆上桌，表达了他生活清苦以及对李林甫专权的不满。

药用性。早在《新修本草》中，药学家苏敬就对苜蓿的药用功能做了记载，现摘录如下：“苜蓿茎叶平，根寒。主热病，烦满，目黄赤，小便黄，酒疸。”[2]他认为苜蓿可以治疗因饮酒过度造成的脾胃损伤。另，孟诜亦认为苜蓿能“洗去脾胃间邪热气，通小肠热毒。”[3]他们二人均认为苜蓿是祛热解毒的良药。在《外台秘要》中，著名医家王焘云：“此病（骨蒸之病）宜食煮饭、盐豉、烧姜、蕹韭、枸杞、苜蓿、苦菜、地黄、牛膝叶，并须煮烂食之。”[4]他认为苜蓿还可补肾滋阴，是治疗结核病的一味良药。

香料性。在敦煌出土的古文书《金光明最胜王经卷第七》中，便记载了将苜蓿作为香料的用法，“洗浴之法，当取香药三十二味，所谓：菖蒲、牛黄、苜蓿香、麝香、雄黄、合昏树、白及、沉香、旃檀、零陵香、丁子、郁金、笔香、竹香、细豆蔻、甘松、藿香、苇根香、安息香、芥子……皆等分。”文中的沉香、麝香、白及等均为中药药材，亦可作香，而苜蓿被作为香料与它们混合之后用于洗浴，这应该与其药用功能是分不开的。

牲畜和饲料是相互依存，互为促进的关系。唐代的养马业极其发达，这在很大程度上带动了苜蓿的规模化发展，苜蓿的种植面积和利用范围的扩大又促进了养马业的进一步发展。苜蓿的规模化种植和广泛利用对唐代的社会经济发展做出了巨大贡献。

---

[1] 《全唐诗》卷二一五。

[2] ［唐］苏敬：《新修本草》卷十八，上海古籍出版社，1985年。

[3] ［唐］孟诜：《食疗本草》，中国商业出版社，1992年。

[4] ［唐］王焘：《外台秘要》卷十三，人民卫生出版社，1955年。

第四节　传统饲料标准的出现及影响

早在春秋战国时期，《仓律》就已初步规定了每匹马每天每时段应给与饲料的种类及数量，这可谓是我国传统饲料标准最早的雏形。之后，劳动人民们根据自己长期饲养实践经验，总结出一套饲养标准，在这一时期的古文献中做了较为详细记载。

一、传统饲料标准的出现

喂养家畜规定每日须给与一定的饲料量及饲料种类，广义地说，这样的规定就是家畜饲养标准。早在春秋战国时期，养马业的兴旺就促使了马饲养标准的出现。但其相对简单，且仅针对一种家畜。唐朝时期，我国历史上第一次出现了比较完整、系统、较为规范的家畜饲养标准，此标准是当时国营军马场的全国通用统一饲料标准，具体内容如下：

凡象日给槁六围，马、驼、牛各一围、羊十一共一围，蜀马与骡各八分其围，驴四分其围，乳驹、乳犊五共一围，青刍倍之。[1]

此为日给草料的规定，此外还有精料的供给规定。据《唐六典》载：

凡象日给稻菽各三斗、盐一升，马粟一斗、盐六勺，乳者倍之。驼及牛之乳者、运者，各以斗菽，田牛半之，驼盐三合，牛盐二合，羊粟菽各升有四合，盐六勺。（原注：象马骡牛驼饲青草，日粟豆各减半，盐则恒给。饲禾及青草者，粟豆全断。若无青草可饲，粟豆，依旧给。其象至冬给羊皮及故毡作衣。）[2]

为方便解读，我们在杨诗兴先生所制作的图表基础上，依据原文所载重新制作了饲料标准图表，见表5-1。

---

[1]　[唐]李林甫等著，陈仲夫点校：《唐六典》卷十七《太仆寺》，中华书局，2005年。

[2]　[唐]李林甫等著，陈仲夫点校：《唐六典》卷十七《太仆寺》，中华书局，2005年。

表5-1　唐朝牲畜饲料标准一览表

畜别	类别	季节	规定饲喂量					
			藁	青草	菽	粟	稻	食盐
象	-	冬春	6围	-	3斗	-	3斗	1升
	-	夏秋	-	12围	1.5斗	-	1.5斗	1升
马	大型	冬春	1围	-	-	1斗	-	6勺
	大型	夏秋	-	2围	-	0.5斗	-	6勺
	小型川马	-	0.8围	-	-	-	-	-
	哺乳	冬春	1围	-	-	2斗	-	1合2勺
	母马	夏秋	-	2围	-	1斗	-	1合2勺
	乳驹	冬春	0.2围	-	-	-	-	-
骡	小型	冬春	0.8围	-	-	-	-	-
驴	小型	冬春	0.4围	-	-	-	-	-
牛	运输牛	冬春	1围	-	1斗	-	-	2合
	哺乳	冬春	1围	-	1斗	-	-	2合
	母牛	夏秋	-	2围	0.5斗	-	-	2合
	田牛	冬春	1围	-	0.5斗	-	-	1合
	犊牛	冬春	0.2围	-	-	-	-	-
羊		冬春	0.09围	-	1.4升	1.4升	-	6勺
驼	运输	冬春	1围	-	1斗	-	-	3合
	哺乳	冬春	1围	-	1斗	-	-	3合
	母驼	夏秋	-	2围	0.5斗	-	-	3合

二、传统饲料标准特点分析

我国唐代国营军马场家畜饲养标准，从文字上就能看出已经很全面、严格了，其中更蕴藏着许多信息，具有下列几个特点。

第一，喂饲标准依畜别而变。虽然每日喂料均是精粗搭配，但用量却有所不同。在粗料上，象最多，每日喂6围，马、牛、骆驼次之，只喂一围，羊最少，只喂1/11围。在精料上，每头象每头喂三斗菽和三斗稻；马则喂粟一斗；牛和骆驼则喂1斗菽；羊还是最少，菽和粟各喂一升四合。可见，不同的畜别，饲料种类及喂饲标准是不一样的。一般而论，在畜别不同的情况下，体型比较大的牲畜喂量也相对较多，体型小的牲畜的喂量则较少。

第二，畜别相同的情况下，喂饲标准依体型和年龄的变化而变化。例如马每日的藁料喂饲量上，大型马为一围，小型川马为0.8围，成年哺乳马为一围，而小乳驹则只喂0.2围。不同体型、不同年龄的马在饲喂量上有明显的差异。

第三，畜别相同的情况下，喂饲量依生理状况及劳作情况而变。例如哺乳期的马每日会加喂二斗粟，精料粟的营养物质含量更高，可满足其产乳需要，符合家畜饲养的规律。而在牛的饲喂上，劳作强度较大的运输牛每日会喂菽一斗，劳作强度较小的田牛菽的喂量则减半。

第四，夏秋季时，可仅饲青草，其精料饲喂量也减少。因较春初及隆冬而言，夏秋季节青草生长繁茂，青绿饲料营养丰富，所以，在有青草可喂时，尽量多用青饲料。例如大型马冬春季节喂藁时，粟的喂量为一斗，在夏秋季喂青草时，粟的喂量则减半。这样一来，便有效节约了精饲料。

第五，在喂饲中还注重食盐的精细配比。食盐是人体生存必备的物质之一，于动物而言也一样，但过量食用同样会有危害，该饲养标准中对食盐的饲喂量有明确的规定，要依据不同牲畜每日的总饲喂量而适当添加。图5-3为唐代驴转磨示意图。[1]

三、传统饲养标准的价值和地位

唐代的饲养标准，全面而系统，相对比较完善，其中对各种家畜的饲料喂量进行合理分配以及对精饲料的节约利用理念亦值得称赞。它不仅是我国历史上第一套完整、系统的饲料利用标准，更是世界历史上的第一套，在我国古代饲料发展史中具有里程碑式的意义。

图5-3　驴转磨

唐代饲料利用标准的全面性、完整性，甚至到近代以前都很难超越。如到明代徐光启的《农政全书》中，在转引元《农桑辑要》的喂牛法中仅载"每日前后饷，约饲草三束，豆料

---

[1] 宋树友主编：《中华农器图谱》第一卷，北京：中国农业出版社，2001年，第372页。

八升"，[1]对牛每天的饲喂量仅有简单一句话综合概括，约估为三束草、八升豆，寥寥数字，较唐朝的饲料利用标准而言相对笼统得多。不仅如此，唐朝饲料标准中的饲料搭配，即使在现代看来，仍然具有很强的科学性和操作性，在饲料科技发展史上具有重要里程碑意义。

---

[1]　［明］徐光启撰，石声汉点校：《农政全书》，上海古籍出版社，2011年，第884页。

第六章　宋元时期中国古代饲料科技创新发展

公元960年，宋太祖赵匡胤建立宋朝，结束了五代十国封建割据的混乱局面，史称北宋。1127年，金人攻破汴京，宋室南迁，建都临安，史称南宋。恰好150年后的1277年，蒙古人一举灭了南宋，统一了中国，中国进入元帝国统治时代。宋代疆域较小，且受战争之累，在畜牧业的发展上肯定不及前代条件优越，然而就整体而言，民间畜牧业还是有一定发展的，畜牧技术也有较大提高。作为游牧民族建立起来的王朝，元代对畜牧业尤其是养马业的重视尤为突出。在忽必烈时期，国家畜牧业更是达到了鼎盛。总体而言，宋元时期的饲料科技在隋唐五代规范化发展的基础上呈现出一个平稳过渡的局面，相关法律、技术等大多沿袭前代，但在草场的保护和管理，大型家畜的喂饲以及饲料专管官职的细化上形成了局部的创新，特别饲料调制法"三和一缴"的提出、发酵饲料的出现以及家禽肥育饲料的创新等，显示出饲料科技在饲养标准化发展之后有了难能可贵的创新发展，对后世牲畜的喂养指导及经验借鉴都有重要作用，影响深远。

第一节　重视草场的保护

草场是发展畜牧业的基础，草场质量的好坏直接影响其载畜量的大小，正所谓"草也好，马也肥"，因此历代王朝都比较重视草场的保护和管理，宋王朝规定在元月以后要把牧地的杂草烧掉，不但有效解决了杂草丛生的问题，燃烧后留下的灰烬还是天然肥料，能促进新草的生长。各地因地制宜，如果不适合烧荒则不用此令。元代政府对草场的保护亦是相当重视，对蓄意破坏草场者甚至会处以极刑。

一、宋代对草场的管理与保护

西北大片天然草场的丧失，使得宋代疆域更加狭小，宜牧区大大减少。所以在草场的保护上，宋代更是严刑峻法，私畜践踏草场的行为，都必须受到严厉的处罚。如《庆元条法事类》规定："诸官牧草地，放私畜产践食者，一，笞四十，二，加一等；猪、羊五，笞四十五，加一等，并罪止杖六十。"[1]对于管理牲畜不当，造成草地被践踏的，依据情节轻重处以四十到六十不等的杖刑。

此外，青草富含维生素、蛋白质及多种矿物质，为马匹的生长繁殖提供营养，广阔的草场亦是马匹的天然活动场所，益于马匹的强健与繁殖。但是，人口的增加致使农田开垦量骤增，从而导致农牧争地的情况愈演愈烈。所以，宋朝统治者实行了一系列措施来缓解这些矛盾，以便更好地对草场进行保护和管理。

一、簿籍立堠。也就是对草地进行一一登记造册，将农田与草地区分开来。早在户马法施行的时候，政府就对马匹进行了簿籍管理，农户"自买马牧养"，家产达到"三千缗"则可养马一匹，以倍数递增，三匹止。此外，对马匹的登记造册也有明确的规定，"须四尺三寸以上，及八岁以下"。这样一来，便使马匹的征用变得更加便利。但是，"官失其籍，界堠不明……而沦于侵冒者多矣"，[2]因年岁久远，后来草场仍旧多被侵占盗耕。真宗年间"遣官于本县按籍参定，立堠以表之。"，[3]还规定"俟秋收毕，乃得取地入官"，[4]对被盗耕的草场不会立即收回，而是待秋收结束后，再一一登记收回，既不误农时，又保证了草场应有面积。这一举措对牧地的保护还是颇有成效的。

二、"河北沿边不得焚牧马草地"。[5]这一诏令有利地抑制了牧马草地被肆意焚烧的状况。因为牧草一旦被大片焚烧，便会造成马、羊等家畜食料短缺，影响其发育生长，而被焚烧过的草场亦有很长的恢复期，严重的还会退化。

三、重视牧场的建设。宋朝建都伊始，宋太祖曾颁诏"诸州有战马、

---

[1]　[宋]谢深甫编：《庆元条法事类》卷79《厩库敕》，国家图书馆出版社，2014年，第872页。

[2]　《宋史》卷198《兵志》12，中华书局，1977年，第4936-4937页。

[3]　刘琳，刁忠民，舒大刚点校：《宋会要辑稿》，上海古籍出版社，2014年，第9061页。

[4]　刘琳，刁忠民，舒大刚点校：《宋会要辑稿》，上海古籍出版社，2014年，第9060页。

[5]　刘琳，刁忠民，舒大刚点校：《宋会要辑稿》，上海古籍出版社，2014年，第9060页。

凉棚、露井，并令本县官管勾"，[1]牧地不仅能为牲畜提供食物来源，还须有供牲畜歇息的凉棚和饮水的露井，草场的凉棚数量随后有较大增加，"太宗太平兴国四年，诏市吏民马十七万匹，以备征讨。……国马增多，内皁充，始分置诸州牧养之。"[2]这一时期，马匹数量骤增，达鼎盛之势。"河北诸州牧马凉棚乏材木者，当以闲散官厩、军营及伐官木充用，不足即市木以充。"[3]木材是建造凉棚的必需品，庞大的马匹数量自然需要耗费大量的人力、物力、财力来搭建凉棚，巨大的投入足以看出宋朝统治者对牧场建设的重视。

二、元代对草场的管理与保护

作为马背上的民族，蒙古人历来都是逐水草而居，在草场的选择上，他们很早就积累了丰富的经验，懂得依地养畜，知道什么地方适合何种牲畜的生长。而且，大部分的牧民都有专门的草场，且放牧地点会因季节变换而改变，"随季候而迁徙。春季居山，冬近则归平原。随其草之青枯野牧之"，[4]以此来达到草场合理利用的目的。在元代畜牧业发展史上，这算得上是一个相当大的进步了，冬夏都有固定放牧场所，合理使用草场，缓解了气候恶劣之时依旧奔波而牧的状况，客观上为草场的保护与管理创造了条件。

元世祖忽必烈时期，大兴畜牧业，草场的面积较前朝相比更是有过之而无不及，"其牧地，东越耽罗，北逾火里秃麻，西至甘肃，南暨云南等地，凡一十四处，自上都、大都以至玉你伯牙、折连怯呆儿，周回万里，无非牧地"。[5]水草长势较好的地方，几乎都被划作牧地。而官营牧场的范围，更是遍及全国，"凡御位下、正宫位下、随朝诸色目人员、甘肃、云南、河西、翰难、怯鲁连、阿剌忽马乞、哈剌木连、亦思浑察、阿察脱不罕、折连怯呆儿等处草地，内及江南、腹里诸处，应有系官孳生马、

[1] 刘琳，刁忠民，舒大刚点校：《宋会要辑稿》，上海古籍出版社，2014年，第9066页。

[2] 刘琳，刁忠民，舒大刚点校：《宋会要辑稿》，上海古籍出版社，2014年，第9069页。

[3] 刘琳，刁忠民，舒大刚点校：《宋会要辑稿》，上海古籍出版社，2014年，第9060页。

[4] ［南宋］孟珙撰：《蒙鞑备录》丛书集成初编，中华书局，1985年，第5页。

[5] ［明］宋濂等撰，阎崇东等点校：《元史》，中华书局，1988年，第1460页。

牛、驼、驴、羊点数之处，一十四道牧地"，[1]列表如下：

表6-1　元代十四道官牧场

所属	具体区域	今具体区域
蒙古地区	火里秃麻	今俄罗斯贝加尔湖周围
	斡斤川等处	今蒙古国克鲁伦河上游地区
	阿察脱不罕等处	今蒙古国哈尔乌苏湖周围
	阿剌忽马乞等处	今内蒙古阿巴哈纳尔旗东北
	折连怯呆儿等处	今内蒙古通辽市附近
	玉你伯牙等处	今张家口西北
	哈剌木连等处	今内蒙古鄂尔多斯地区
西北地区	甘州等处	今甘肃张掖
大都周围	左手永平等处	今河北卢龙县
	右手固安州	今河北固安县
	益都	今山东益都县
中原地区	庐州	今安徽合肥
边境地区	亦奚不薛	今贵州毕节地区
	高丽耽罗	今济州岛

（据《元史》卷100，《兵志》及谭其骧主编《中国历史地图集》第七册元明时期）

不过，因这一时期连年征战对牧场的破坏也极其严重，为此，元政府采取了一系列措施来对草场进行保护，如对"禁牧地纵火"[2]有详细记载：

"大德六年八月，中书省刑部呈：河间路申备同知李奉训关，切详守牧之官，所责之重，岂得专一巡禁野火。若令场官与各县提点正官一同用心巡禁关防，如有火起去处，各官一体当罪，似望尽心。本部约会户部官一同定拟得：所办盐课，乃国之大利。煎办之原，（灶）草为先。所以蒙朝廷累降圣旨，委自管民正官专一关防禁治，无令野火燃烧。其管民官、运司递互相推，于事未便。拟合钦依已降圣旨，委自管民正官，专一关防禁治。每年八月尽间，于煎盐（灶）草周围依例宽治火道，及令运司提调场官人等时复巡历草场，如有野火生发，随即举申理问。自九月为始，场官催督（灶）户并力打刈合用剪盐（灶）草。比至年终，须要搬运

---

[1]　[明]宋濂等撰：《元史》卷一百《兵志三》，北京：中华书局，1976年，第2554-2555页。

[2]　[明]宋濂等撰：《元史》卷八《世祖五》，中华书局，1976年，第152页。

到（灶），如法积垛，亦于周围宽治火场，以备春煎。如违期不办，不将（灶）草搬运到（灶），或已到（灶）并火道已里胤火燃烧，场官（灶）户赔偿当罪。火道之外，巡禁不严，及不依期治打火道，到有野火生发、延胤（灶）草，管民官当罪。所据哈剌赤、贵赤、探马赤（角寻）人每失火一节，既明里钦奉圣旨专一巡禁，如此等之人违犯，无问火道内外，明里当罪。"[1]

可见，当时对草场的保护既细致且严格。当时，不仅相当重视草料的管理工作，还设官员时刻负责巡历，以免发生意外失火的情况。管理不当，因失职造成意外发生的还会受到惩罚。更严重的，甚至对纵火者处以极刑，"保护草原。草绿后挖坑致使草原被破坏的，失火致使草原被烧的，对全家处死刑。"[2]

第二节　饲料管理官职的细化

宋朝在我国历史上是科技发展的鼎盛时期，四大发明之中便有三个都诞生于宋朝，科技的迅速发展推动了经济的繁荣，亦带动了畜牧业的发展。宋朝还推行了保马法和茶马法，不仅大大降低了马匹的死亡率，而且用茶叶与西北部少数民族交换马匹，有力地保证了军马的供应，使宋朝的马匹数量从最初的数千匹一跃到了20多万匹，有力地推动了国家养马业的发展、管理机构的完善。

蒙古族历来擅于畜牧，因而中国历史上的元朝是一个畜牧业相当发达的时期，"马之群，或千百，或三五十……其总数盖不可知也"。[3]但元朝建国伊始，包括饲马在内的畜牧业管理机构相对较松散，元世祖忽必烈统一全国后，才在前朝基础上建立了一套完善的畜牧业管理机制，在饲草及畜牧管理上也有所创新。

---

[1]　黄时鉴点校：《通制条格》，浙江古籍出版社，1986年，第296-297页。

[2]　内蒙古典章法学与社会学研究所编：《〈成吉思汗法典〉及原论》，商务印书馆，2007年，第9页。

[3]　［明］宋濂等撰：《元史》卷一百《兵三》，中华书局，1976年，第2553页。

一、苜蓿园

"苜蓿园"在南京是个知名度很高的地名，因明初朝阳门外广种苜蓿以饲战马而得名。而在元代，"苜蓿园"其实是个官署名，且属大都留守司上林署。

据《元史》所载："上林署，秩从七品，署令、署丞各一员，直长一员，掌宫苑栽植花卉，供进蔬果，种苜蓿以饲驼马。备煤炭以给营缮。至元二十四年置。养种园，掌西山淘煤，以供修建之用。中统三年置。花园，掌花卉果木。至元二十四年置。苜蓿园，提领三员，掌种苜蓿，以饲马驼膳羊。"[1]从这段材料中可以得出，"养种园""花园""苜蓿园"都是上林署下设的官署名，分管不同的工作。"养种园"主要负责修建工作，提供木炭等建筑材料；"花园"主要负责宫廷中花卉栽植情况、各种蔬菜水果的供应事宜；"苜蓿园"则主要负责栽种苜蓿，用来喂养马、骆驼、羊等牲畜，掌管它们的饲草供给。

二、丰闰署

丰闰署，元代官署名，置于元朝至元二十二年（1285年）。丰闰署和尚舍寺、阑遗监、尚牧所统属于宣徽院。宣徽院始设于唐后期，且最初是掌管郊祀、朝会等事宜。元丰改制时罢宣徽院，其名号虽依旧保留，但并无实职实权。元代，宣徽院已发展为中央政府机构，正三品衙门，至元成宗大德年间升为从一品机构，"掌供玉食。凡稻粱、牲牢、酒醴、蔬果、庶品之物，燕享宗戚宾客之事，系官抽分、牧羊孳畜，岁支刍草粟菽，羊马价值，收受阑遗等事"。[2]可见，除了负责宫廷饮食、宾客宴享之外，官牧牲畜的岁支饲料等诸多事宜也都由宣徽院掌管。

在宣徽院下设的几个机构中，"尚舍寺"的职责是骆驼的牧养和宫廷饮食的筹备——供进爱兰乳酪；"阑遗监"负责管理和收容一些无主认领的人、畜及钱物；"尚牧所"负责牧养皇帝专用的马匹；此外，"丰闰

---

[1] 李修生主编：《全元文》(17)卷566. 陆文圭《中奉大夫广东道宣慰使都元帅墓志铭》，江苏古籍出版社，1999年，第667页。

[2] [明]宋濂等撰：《元史》卷八十七《百官三》，中华书局，1976年，第2206页。

署，秩从五品、掌岁入刍粟，以给饲养驼马之事。定置达鲁花赤、令一员，并从五品；丞一员，从六品；直长一员，正八品。"即丰闰署的职责主要是掌管宫廷每年所用牲畜所需牧草，安排马匹、骆驼的饲草分配，还配有达鲁花赤负责监督。

三、度支监

虽同为元代创立的掌管饲料的官职，但和苜蓿园掌苜蓿种植、丰闰署掌饲草供应不同，度支监则主要"掌给马驼刍粟"。[1]

元代养马业发达，马匹数量庞大，所需要的马料自然也多。而"刍粟要旬取给于度支"，[2]度支监主要给京城里的官马提供日常所需的刍料和刍粟。

宋元时期，畜牧业官职系统名目繁多，结构复杂。这一时期，有专门负责皇室马匹喂养监管工作的"群牧监"，还有历史悠久的太仆寺，依旧兼掌牲畜的牧养与喂饲，且他们的官阶和地位较前朝相比都有所提高，足见政府对牲畜饲喂事务的重视。而专管饲草种植、饲草分配、饲草供给的"苜蓿园""丰闰署"以及"度支监"，则为元朝独创，为促进当时的畜牧业发展做出了一定贡献。

第三节　大家畜饲料利用的进步

古人多利用马、牛等大牲畜来进行农耕、运输等，这就要求牲畜具备健康强壮的体魄，所以大型家畜的饲喂更要讲究使役有度、饮食有节。《元史·张珪传》记载："阔端赤牧养马驼，岁有常法，分布郡县，各有常数，而宿卫近侍，委之仆御。役民放牧……私鬻刍豆，瘠损马驼。大德中，始责州县正官监视，盖暖棚，团槽枥以牧之。"[3]不仅注重天气恶劣时对牲畜的管理与保护工作，对大型牲畜的冬饲也尤为重视。忽必烈时期统军漠北时，"伯颜令军中采蒇怗叶儿及蓿敦之根贮之，人四斛，草粒称

---

[1] [明]宋濂等撰：《元史》卷九十《百官六》，中华书局，1976年，第2292页。

[2] [明]宋濂等撰：《元史》卷一百《兵三》，中华书局，1976年，第2554页。

[3] [明]宋濂等撰：《元史》卷一五七《张珪传》，中华书局，1976年，第4081页。

是，盛冬雨雪，人马赖以不饥"。[1]可见，当时重视大牲畜过冬的准备工作，将苜蓿等饲料准备充分，确保牲畜在寒冬有料可食，这一时期在大型牲畜的饲料利用上可谓细致入微，在牧养上亦然。

一、马饲料的精细利用

随着畜牧业的发展，畜禽饲料的利用亦不断改进。宋朝尤其注重牲畜的精心喂饲，在喂养马匹上，不仅马料资源十分丰富，还精细到饲草和饲养步骤都依据季节和天气而变。笔者根据王愈的《蕃牧纂验方》中马的喂饲步骤绘制图表如下，以方便解读。

宋人在马饲料的配比和量给上相当精细，其喂饲程序亦严密有条理，具体到马匹的饮水时间以及何时喂饲，都有一套严格的标准，且随着春夏秋冬的更替而变化，可谓相当细致了。

元朝统治者因是一个生长在马背上的民族，马匹对其牧民来说极其重要。所以蒙古游牧民在马匹的驯养和饲料利用上经验丰富、自成一体。

表6-2　《蕃牧纂验方》中马的饲喂程序

季节	日喂饲量	具体饲喂时间
春天	麸料各八分	辰时：上槽、饮水；申时：喂第二次；夜半喂第三次
夏天	比春季加料减麸	卯时：上槽、饮水；未时：喂第二次、饮水；二更喂第三次
秋天	麸料各八分	辰时：喂第一次；巳时：饮水；申时：喂第二次；子夜喂第三次
冬天	麸料各八分	巳时：上槽、饮水；酉时：喂第二次；四更喂第三次

资料来源：（宋）王愈：《蕃牧纂验方》卷上《四时调适之宜》，江苏人民出版社，1958年，第8-12页。

"其马，野牧无刍粟，六月厮青草始肥，牡者四齿则扇，故阔壮而有力，柔顺而无性，能风寒而久岁月，……霆尝考鞑人养马之法，自春初罢兵后，凡出战好马，并恣其水草，不令骑动，直至西风将生，则取而鞯之，执于账房左右，啖以些少水草，经月膘落，而日骑之数百里，自然无汗，故可以耐远而出战，寻常正行路时，并不许其吃水草，盖辛苦中吃水草，不成膘而生病，此养马之良法。"[2]

---

[1]　[明]宋濂等撰：《元史》卷一二七《伯颜传》，中华书局，1976年，第3113页。
[2]　[南宋]彭大雅撰，徐霆疏证：《黑鞑事略》丛书集成初编，商务印书馆，民国二十六年，第11页。

从材料中可以看出，元代养马技术相当成熟。夏天将马匹全部驱赶到幽凉的山谷，冬天则把它们放至水草丰茂、气候适宜的牧地。这样一来，便利于锻炼马匹耐寒抗热的适应能力，增强其体质。战马的饲料供应上，春天一到就将它们散放于草场，令其自由觅食。秋意渐浓之时，再一一鞚之，喂些许水

图6-1　宋代铁铡刀（藏于南京农业大学中华农业博物馆）

草，且平日里水草只在高强度劳役时允食，一来可磨练其战时耐远的意志，二来可减少病疾。不仅如此，元政府还"岁给盐，以每月上寅时唊之，则马健无病"，[1]定期定时地给马喂些许食盐，补充矿物质，令其强健。

此外，马的"控肥"技术在徐霆《里鞑事略》以及明代肖大亨所撰的《夷俗记》里均有记载，提到：每逢秋季，便精心挑选良马，且令其日行二三十里，待它们有出汗迹象时，立即用绳子捆住其前足，以防大肆跳跃，还带上笼头禁水禁草。每天的午后至晚上或晚上至黎明这两个时间段需要严格控制，之后便可将它们放回牧场吃草。次日依旧如此，少则三五日，多达八九日。经过此番调教，便可将马的膏脂皆于背脊处凝聚，令其身强体健、结实有力，在驰骋过程中不易气喘，即便一周缺食少水，也不至于疲乏无力。当然，如若它们遇到了特殊的生理阶段，譬如妊娠期，又或是高强度地役使、劳作之时，也当多供应精料，但也须遵循适量添加、绝不滥饲的原则。可见，虽尚在"控肥"阶段，但马饲料的供应还是比较灵活和人性化的。

在马匹的精心饲喂、精心牧养，以及品种选择提高上，元代劳动人民做出了巨大贡献。至今，蒙古马仍是世界十大名马之一。

---

[1]　[明]宋濂等撰：《元史》卷三五《文宗纪》，中华书局，1976年，第792页。

二、耕牛饲料的精细利用

宋元时期，南方水田生产发展迅速，耕牛的地位日益提高。因而，整个社会都极其重视养牛业的发展。陈旉非常强调耕牛的重要性，认为："……农者天下之大本，衣食财用之所从出，非牛无以成其事耶！"他认为牛是农耕社会的根基，关乎民生。其《陈旉农书》中便对养牛做了专门的论述。

在饲料利用方面，陈旉提出：其一，"方旧草朽腐……，豆仍破之可也。稾草须以时暴干，勿使朽腐。天气凝凛，即处之燠暖之地，煮糜粥以啖之，即壮盛矣。亦宜预收豆、楮之叶与黄落之桑，春碎而贮积之，天寒即以米泔和到草糠麸以饲之。" 稾草一定要晒干并铡细，还可在春季将豆叶和桑叶等饲料磨碎贮存起来，待到天寒时再与米泔、糠麸混合起来喂。其二，"春夏草茂放牧，必恣其饱。每放必先饮水。然后与草，则不腹胀，又刈新刍，杂旧藁到细和匀，夜喂之。"[1]春夏青草繁茂之时，任其食草时应先饮水，以预防食草过量而造成的腹胀。同时，将刚收割的新牧草与旧的秸秆类草料切细拌匀，混合起来饲喂。此外，宋人在圈栏的卫生和牛的役使上也格外呵护，认为开春时便要将栏中的蓐粪彻底清理干净，之后每半个月打扫一次，可预防疫病。而且在天气炎热时，要让牛及时饮水、歇息，以免其过于劳累。这样一来，耕牛的使用寿命便能有效延长，劳逸结合亦能使牲畜最大限度的发挥其作用。

三、猪饲料的开发

宋元时期，随着全国经济中心的南移，南方农业、手工业和商业已经完全超过北方，基本改变了以黄河流域为经济重心的经济格局。而南方地区，水稻种植广，产量高，这对于养猪业的发展是极其有利的。所以这一时期，较前朝相比，猪的养殖更为兴旺。如南宋孟元老的《东京梦华录》载："唯民间所宰猪，须从此入京，每日至晚，每群万数。止十数人驱逐，无有乱行者"，[2]足见当时养猪数量之多。

[1] ［宋］陈旉著，万国鼎校注：《陈旉农书》，农业出版社，1965年。
[2] 孟元老：《东京梦华录》卷二《朱雀门外街巷》，古典文学出版社，1957年。

在猪饲料的利用上，这一时期的成就颇多，同时也积累了许多可贵的经验。根据江南水乡湖泊众多的情况，《王祯农书》提到："江南水地，多湖泊，取萍、藻及近水诸物，可以饲之。"[1]水生植物浮萍的繁殖能力是极强的，这时已被人们所熟知，宋代陆佃在《埤雅》中提到浮萍时亦载："旧说，萍善滋生，一夜七子，一日萍浮于流水而不生，于止水则一夕生九子"。把这种滋生快、繁殖多的水草拿来喂猪，扩大了猪的饲料来源。[2]而"养猪凡占山皆用橡实，或食药苗。"药苗作为一种新的青饲料也被发掘出且用于饲猪上。猪吃药苗亦见苏轼《仇池笔记》引自四川后蜀时一位和尚的《蒸豚诗》："嘴长毛短浅含膘，久向山中食药苗。"[3]可见，药苗作为猪食在当时已经比较普遍了。

图6-2　西夏踏碓图[4]

此外，《王祯农书》中还记载了用发酵饲料喂猪的经验。书中载有："江北陆地，可种马齿苋，约量多寡，……以泔糟等水浸于大槛中，令酸黄，或拌麸糠杂饲之，特为省力，易得肥腯。"[5]可以得出，当时不仅饲料资源进一步扩大，出现了青绿饲料马齿苋，人们还在牲畜饲喂上尤其注重精粗饲料适量搭配的方法。此外，在猪的肥育上也有了深入研究，发酵饲料的发明，在令猪长膘的同时还提高了饲料的利用率。这种喂饲法在后代农村长期被采用，说明这一技术当时已经相当先进了。

[1]　［元］王祯著，王毓瑚校注：《王祯农书》，农业出版社，1988年。

[2]　张仲葛：《中国养猪史初探》，《农业考古》1993年第1期。

[3]　陈文华：《农业考古》，文物出版社，2002年，第299页。

[4]　宋树友主编：《中华农器图谱》第一卷，北京：中国农业出版社，2001年第395页

[5]　［元］王祯著，王毓瑚校注：《王祯农书》，农业出版社，1988年。

第四节　畜禽饲料加工的创新发展

关于畜禽的饲喂之法和饲料的利用，历朝历代都在不断地探寻与摸索。在前人经验的基础上，宋元时期有所突破，先后提出了著名的"三和一缴"饲料调制法和发酵法，对牛饲料的调制和猪饲料的加工利用都有独到总结。还探讨了如何肥育家禽，并有了淡水鱼饲料的首次记载。这种传统饲料科技的创新发展迄今仍具有重大历史意义。

一、饲料调制法——"三和一缴"的出现

元代三大农书（《王祯农书》《农桑辑要》《农桑衣食撮要》）均对养牛做了较详记载，可见元代对于养牛的重视，其中最为重要的是，在这一时期创新牛的喂饲法，即"三和一缴"喂饲法，它也可以称得上是最新饲料调制法，此法详载于《农桑辑要》中：

辰巳时间上槽一顿，可分三和，皆水拌：第一和，草多料少；第二，比前草减少，少加料；第三，草比第二又减半，所有料，全缴拌。[1]

这种调制法是将草和料按照不同的量配比，粗料为主、精料为辅，然后分别加水混合起来加以搅拌。搅拌能促进物料中各成分的均匀混合，加速化学反应的过程。在提高适口性的同时且有利于牲畜对营养物质的吸收。精粗搭配搅拌更能平衡营养供给，同时这种先粗后精的饲喂原则可引诱牛多食料草，以达到膘壮的目的。"三和一缴"是对牛喂饲之法的最新概括和总结，不仅具有突破性，对后世养牛来说也具有深远的影响。另外，在牛的精料甄选上，《农桑辑要》还补充说可以用桑叶蚕沙来替代，"每日前后饲，以饲草三束，豆料八升，或用蚕沙、干桑叶，水三桶浸之"。[2]桑叶蚕沙性微凉、可以祛湿热，植物蛋白质含量丰富，营养价值相当高。它不仅是极好的饲料选择，在某种程度上还节约了粮食资源。这种资源节约型的原料利用理念，在当今饲料产业的发展中具有重要的启示意义。

---

[1]　繆启愉：《农桑辑要校释》《孳畜．牛水牛附》，农业出版社，1988年。

[2]　[明]徐光启撰，石声汉点校：《农政全书》，上海古籍出版社，2011年，第884页。

二、发酵饲料的发明

《王祯农书》中最具时代特征、且能充分彰显元代畜牧业成就的，便是关于猪饲喂方面的内容。尽管有些只是对《齐民要术》的直接引用，但仍有不少新的经验总结，而最值得称道的便是如下记载：

> 江北陆地，可种马齿，约量多寡，计其亩数种之，易活耐旱。割之，比终一亩，其初已茂。用之铡切，以泔糟等水浸于大槛中，令酸黄，或拌麸糠杂饲之，特为省力，易得肥腯。[1]

此段记载非常珍贵，它明确说明早在元代，我国劳动人民就懂得了将饲料浸泡在泔水、酒糟中发酵加工，以获得发酵饲料的方法，此法不仅超越了前代对饲料仅以机器截短、物理破碎、加温蒸煮等方法，标志着我国古代饲料加工管理达到了一个新的水平。

此外，这一时期进一步开辟了新的饲料来源，如马齿苋是一种一年生可药可食两用植物，蛋白质含量高，且富含钙、铁、磷等多种矿物质和维生素，有"天然抗生素"之称。经发酵产生细菌蛋白质后，更是能提升饲料的营养价值，并能够产生酒香和酸味，改善了饲料的适口性和风味，增进了牲畜的食量。即便是在600多年后的今天，这种将饲料发酵后喂猪的方法仍具有相当高的科学价值及实用价值，许多农户在喂猪时仍沿用此法，堪为中国养猪史上的一大创造。

三、家禽肥育饲料的创新

宋元时期，据《居家必用事类全集》丁集中记载："栈鸡法以油和面，捏成指尖大块，日与数十枚食之，以做成硬饭，同土硫磺研细，每次与半钱许，同饭拌匀喂之，不数日即肥矣。"[2]油和面本身就是能量物质，而土硫磺中多含钙和磷等牲畜所需的矿物质。可见，栈鸡、栈鹅易肥法中的油、面、土硫磺即为我国最早的家禽饲料添加剂了。

随着鸡鸭鹅饲养量的剧增，温暖柔软的鹅毛便被用来制成棉被和衣

---

[1]　［元］王祯著，王毓瑚校注：《王祯农书》，农业出版社，1988年。

[2]　叶德辉：《叶德辉全集》第3册，学苑出版社，2007年，第149页。

服，"邑之南多熟鹅毛为被，取项、腹软毛蒸治之，如称畦纳之。"[1]虽说早在唐代便有了岭南人将鹅毛制成棉被的记载，但当时只是小部分的酋豪可用，直至宋代，鹅毛做被被普遍使用，说明宋代家禽业已相当发达。

此外，这一时期，还出现了淡水鱼饲料的记载。我国是世界上养鱼最早的国家，但是在历朝历代中，养鱼因数量不大，不受重视，直到宋元时期，才见用饲料养殖淡水鱼的记载。据《会稽志》载："会稽、诸暨以南，农家都凿池养鱼为业，……方为鱼苗时，饲以粉，稍大饲以糠糟，大则饲草"。[2]这里描述的是在短期内将鱼苗养成商品鱼的具体过程。池中几种鱼混养，使之"相从以长"，饲料则按照鱼体大小和食性，先以粉状饲料喂鱼苗，稍大一点便开始喂糠糟，再大一点就转为投草，可见当时不仅养殖淡水鱼经验丰富，而且会利用多种饲料养鱼。值得一提的是，这种池塘混养鱼的方法到现在仍被使用。而后，周密《癸辛杂识》亦载"江州等处水滨产鱼苗，地主至初夏皆取之出售，以此为利，贩子辏集，多至建昌，次至福建、衢、婺。其法，做竹器似桶，以丝竹为之，内糊以漆纸，贮鱼种于中，细若针芒，戢莫知其数，著水不多，但陆路而行……养之一月半月，不觉渐大而货之。或曰初养之际，用油炒糠饲之，后并不育子。"[3]说的是江西地区养鱼业迅速发展，出现了以培育鱼苗为生的专业户，他们将鱼饲料用油炒过之后再喂食，能使鱼苗迅速生长，从而满足市场的需求并且获利。

[1] ［宋］罗愿著，石云孙点校：《尔雅翼》卷17《释鸟》五，黄山书社，1991年，第182页。

[2] 郭文韬：《中国农业科技发展史略》，中国科学技术出版社，1988年，第336页。

[3] ［宋］周密著，吴企明校：《癸辛杂识别集·鱼苗》，中华书局，1988年。

第七章　明清中国古代饲料科技体系的完善化

　　明朝（1368年—1644年）是中国历史上最后一个由汉族建立的封建王朝，清朝（1644年—1911年）是由满族人建立的朝代。明清时期是封建社会由盛而衰的时期，这一时期皇权高度集中，封建专制主义集权加剧，资本主义萌芽出现并缓慢发展。不过，因这一时期大部分时间政局相对稳定，农业经济获得相对稳定发展，人口增长很快，如据记载，明洪武十四年（1381年），中国人口仅为5987万人，到清道光十四年（1834年），中国人口一下增长到4亿多，在450多年时间内，人口增长了5.7倍，而同期耕地面积仅增长1.5倍，耕地增长远赶不上人口增长，致使人均耕地大幅下降，内地边缘土地、山区以及边疆草原地区被严重开发，草食性家畜饲养量下降，猪禽等中小畜禽在农区获得一定发展，"人畜争地""人畜争粮"矛盾进一步上升。与此同时，由于对外开放因素，民族融合与中西交流加强，国外优良农作物种类以及优良家畜和家禽品种通过对外贸易的方式流入，为中国农牧业发展创造了条件，也使我国畜禽饲养管理及饲料利用水平提高。大量农产品被直接或经过加工后用于畜禽饲养，解决了畜禽的温饱，而畜禽的粪便又成为天然的肥料用于田地，促进了农作物的生长。因此，饲料在农、牧业生产中受到重视，劳动者在现有资源条件以及经济基础上，广泛开辟饲料资源，不断地丰富畜禽饲料的种类，凭借长期饲养动物的经验，不断改善饲料的加工与储存方式，许多新的饲料品种被开发出来，饲料加工以及喂饲方法上更加灵活多样，使这一时期畜牧业得到较好发展。

第一节　饲料种类的增加及加工技术的提高

　　明清时期，饲料种类迎来大发展时期，尤其是美洲作物玉米、番薯、马铃薯、花生等的传入，其本身及其根茎、枝叶、果实等都可以作为畜禽饲料的来源，因此这一时期饲料资源更加丰富。

一、常用畜禽饲料种类

每个历史时期都会有新的饲料种类或品种出现，有些是新的物种被发现，有些则是原有资源经过总结而被运用于喂饲畜禽中。一般来说，农书记载通常要落后于农业生产技术，也就是说，前人在相关文献中记述的饲料种类，可能在此之前就已经产生，由于暂时无法准确考证每一饲料品种的最早使用，限于文献资料记载，我们梳理了这一时期饲料利用情况。总的来说，明清时期畜禽饲料在数量上增加了30余种。这一时期，畜禽饲料的来源已经十分广泛，畜禽饲料种类已十分丰富。

（一）猪饲料种类

明清时期，猪饲料的种类最多，其数量远远超过其他畜禽饲料种类，当时，人们已认识到猪是杂食性家畜，所以可供利用的青粗饲料种类异常广泛。如杨屾的《豳风广义》载："大凡水陆草叶根皮无毒者，猪皆食之。"[1]说明猪的饲料范围极为广泛，只要无毒，不论草叶菜根都可采集喂猪。

表7-1　明清时期常用猪饲料及文献出处

类别	饲料名称	出处
青饲料类	嫩叶、野蔬	《三农纪》卷八：近山林者，宜收橡栗之属，采嫩叶、野蔬，煮以豢之。
	萝卜叶	《三农纪》卷八：如食不快，萝卜叶食之。
	苋	《三农纪》卷八：种瓜、苋、薯、芋之属……。
水生植物类	泽菜	《三农纪》卷八：近湖水者，宜牧浮萍、泽菜之属，煮以豢之。
枝叶饲料类	楮叶、榆叶	《三农纪》卷八：采楮、榆、梓叶煮豢。
发酵饲料类	青苜蓿发酵	《豳风广义》卷三：唯苜蓿最善，……以此饲猪，其利甚广……春夏之间，长及尺许，割来细切，以米泔水浸入……大瓮内，令酸黄，拌麸杂物饲之。
	豆叶粉	《三农纪》卷八：收荞衣、豆叶捣为末，和糠糟拌匀，泔水泡饲。

---

[1]　（清）杨屾著；郑辟疆，郑宗元校勘.豳风广义[M].农业出版社，1962年，第165页。

类别	饲料名称	出处
块根块茎及瓜类	瓜、薯、芋	《三农纪》卷八：种瓜、苋、薯、芋之属，采楮、榆、梓叶煮豢。
	白冬瓜	《卫济余编》引《食疗本草》：白冬瓜一个，切碎和桐叶饲喂之。
蕻秕类	荞麦	《三农纪》卷八：收荞衣、豆叶捣为末，和糠糟拌匀，沿水泡饲。
	大麦屑、豆屑、秫屑	《豳风广义》卷三：豚子初生，宜煮谷饲之，或大麦屑，或豆屑、荞麦、穄秫屑，务宜煮熟，少加草末糠麸饲之。
发芽饲料类	大麦芽	《卫济余编》引《古今秘苑》：贯众、何首乌、大麦芽各一斤，共研末，每日用四两拌食内。
籽实类	芝麻、黄豆、大麦	《豳风广义》卷三：贯众三两，苍术四两，黄豆炒一斗，芝麻炒一升，共为末拌入细食内饲之，食后每猪再喂生大麦一升，不过半月即肥。
	赤豆	《卫济余编》引《增物类相感志》：赤豆煮粥食之，十日后宰，肥大加倍。
	橡实、栗	《三农纪》卷8：近山林者，宜收橡、栗之属，采嫩叶野蔬，煮以豢之。

与此同时，在所有常见猪饲料中，除了具有基本的饱腹作用外，还具有一定的功能性，例如大麦芽、芝麻、黄豆、大麦，就有十分显著的育肥作用，据《三农纪》载："众禾未熟，而大麦先熟，为谷之长"[1]，大意是说在别的谷类尚未成熟之前，大麦就已经率先成熟，因此为谷中之长，所以称为"大麦"。由于大麦果外壳与种子相黏，不容易脱落，磨粉品质远逊于小麦，只可碾米煮饭及喂猪，表格中的大麦、大麦屑、大麦芽成为常见饲料品种。这一时期的猪饲料，较多选择了油脂含量高、营养丰富的籽实类来促进猪的生长，充分显示了古代劳动人民的智慧。

（二）牛饲料种类

古代牛作为耕畜，拥有十分重要的地位，而明清时期，随着小农经济的进一步发展，社会环境相对稳定，牛逐渐成为农家最重要的畜禽品种。从上表来看，明清时期牛的饲料种类也很丰富，其中以籽实类饲料以及油

---

[1]　（清）张宗法撰、邹介正等校释.三农纪[Z].中国农业出版社, 1989年, 第201页

饼类饲料为主，而在出处中基本可以看出牛饲料的选择依据主要以能够"饱饲"为主。与猪不同，猪以肥为好，而牛以壮为优，根据畜禽品种的不同特性，发掘适合其生长的饲料不仅可以使劳动效率大大提高，也在一定程度上为农民增加了经济效益。

表7-2　明清时期常用牛饲料及文献出处

类别	饲料名称	出处
青干草类	苜蓿	《农蚕经》种苜蓿条：冬积干者亦可喂牛驴。
枝叶饲料类	豆叶、楮叶、干桑叶、柘叶、薯叶	《三农纪》卷八：又当预收豆、楮、桑、柘叶、薯叶捣碎……饲之。
藁秕类	麦穰、谷穰、豆秸、角皮	《农蚕经》九月份：牧牛草：凡麦穰、角皮皆可牛，……谷穰、豆秸俱不可抛撒。
糠麸类	麦麸	《三农纪》卷八：拌麦麸、豆饼、稻糠、棉子之属饱饲。
		《陈旉农书》：和以麦麸，谷糠和豆……槽盛而饱饲之。
	稻糠	《三农纪》卷八：拌麦麸、豆饼、稻糠、棉子之属饱饲。
籽实类	大麦、蚕豆、豌豆、绿豆、苦荞	《三农纪》卷八：夏耕甚急……或以水浸绿豆、蚕豆、豌豆，或小便浸苦荞，大麦，乘日未出则凉而腹饱。
	黄豆	《卫济余编》：牛骨六两，糖糟、麦芽各三斤，黄豆三升。
	棉子	《三农纪》卷八：拌麦麸、豆饼、稻糠、棉子之属饱饲。
油饼类	豆饼	《农圃便览》：牛早晚喂草，赢瘦者喂豆。
	棉子饼	《三农纪》卷八：和剉草、麸糠、棉饼饲之。
	牛骨灰	《卫济余编》：牛骨六两，糖糟、麦芽各三斤，药完自壮。
发芽饲料	麦芽	《卫济余编》：牛骨六两，糖糟、麦芽各三斤

（三）马饲料种类

明清时期的马饲料较为单一，其数量远不如牛、猪等畜禽品种，由此可见，在这一时期，关于马的饲养管理都已经达到相对成熟的阶段，马的饲料品种也较为固定，而饲草大多沿袭前代，一般有青饲料类：青草、苜蓿、薏草、茨箕、勃突混、稗草、沙蓬根针；青干草类：苜蓿青干草；藁秕类：藁秆。从上述表格来看，如果说前代的饲料功能还是以能使牲畜饱腹为主，那么明清时期的马饲料均有一定的药效，能够不同程度地减轻或治愈一些牲畜疾病，这也可以看出，明清时期人们已将饲料与兽医学很好结合了。

表7-3　明清时期常见马饲料（除饲草外）及文献出处

类别	饲料名称	出处
糠麸类	麦麸	《三农纪》卷八：或以麦麸水浸去白汁拌草。
籽实类	大麦、苦荞、绿豆、蚕豆、豌豆、巴山豆	《三农纪》卷八：凡料春夏宜小便浸大麦或苦荞、绿豆、蚕豆、豌豆、巴山豆之属。
矿物质类	芒硝	《三农纪》卷八：夏初，小便浸料，和芒硝饲。
	骨灰	《三农纪》卷八：马久不孕者、狗首骨烧存性和水加酒唅。

（四）羊饲料种类

羊是常年以粗饲料为主的家畜，为了扩大饲料来源，不再拘泥于以青草为主的单一饲料，这一时期常用羊饲料主要是青干草类以及籽实类的饲料品种。其他各种无毒无害的草类都被用以喂饲羊群，因此"一切路旁、河滩诸色杂草羊能食者，于春夏之间，草正嫩时收取、晒干，以备冬用"[1]，羊饲料得到进一步充实，这为养羊业的发展打下了基础。明清时期，不仅牧区养羊，在北方以及南方的农耕区，羊也是极为普遍的畜禽种类，人们除了以牧草喂羊，更善于将各类作物秸秆作为饲料加以利用，丰富了羊饲料的种类。

---

[1]　（清）杨屾著；郑辟疆，郑宗元校勘. 豳风广义［M］. 农业出版社，1962年，第169页。

表7-4　明清时期常用羊饲料及文献出处

类别	饲料名称	出处
青干草类	苜蓿青干草、黄白萱青干草、路旁河边杂草	《豳风广义》卷三：须在三四月间，以羊之多少，预种大豆或小黑豆、杂谷，并草留之……多积苜蓿亦好，或山中黄白萱，并一切路旁、河滩诸色杂草羊能食者，于春夏之间，草正嫩时收取、晒干，以备冬用。
籽实类	糯	《物理小识》卷十：以草杂糯、豆，则易肥。
	黑豆	《臞仙神隐书》卷四：经过五七日后，渐次加磨破黑豆，稠糟水拌之。
	诸豆、杂谷	《豳风广义》：初饲时，将干草细切少用糟水拌过，渐次加磨破黑豆或诸豆，并杂谷烧酒糟子，稠糟水拌。
杂类	烧酒糟子、糟水	《豳风广义》：初饲时，将干草细切少用糟水拌过，渐次加磨破黑豆或诸豆，并杂谷烧酒糟子，稠糟水拌。

　　除上述有文献记载的饲料品种之外，还有一些诸如玉米、米粥、豆饼之类的农业副产品，有时也会用于畜禽的饲养中。此外，人们在处理农产品时留下的作物茎叶，无法被人直接利用，但却可以作为牲畜的饲料，一定程度上节省了畜禽养殖成本，甚至，在特殊时期如发生荒灾时，人们将蝗虫用以喂饲猪和鸭，可谓一举多得。明代《救荒策会》卷四载："崇祯辛巳，嘉湖旱蝗，乡民捕蝗饲鸭，鸭极肥大，又山中人畜猪不能买食，试以蝗饲之，其猪初重二十斤，旬日肥大至五十余斤，可见世间物性宜于鸟兽食者，人食之未必宜，若人可食者，鸟兽无反不可食之理，蝗可供猪鸭无怪。"清代陈芳生在《捕蝗考》中也有类似将蝗虫喂鸭的记载，由此可见，明清时期在饲料品种的开辟上成就颇丰，这时的畜禽饲料应该远远不止上述能够有据可考的14类100多种，总体上说，这一时期的饲料利用呈现了新的面貌。

　　（五）畜禽饲料的分类

　　明清时期众多农书都介绍了畜禽饲料具体内容，但较为零碎，并没有对饲料进行系统整理，只有在对于具体某种畜禽的饲养管理部分才会提及相应内容，但我们仍能从部分叙述的方式总结出古代学者对于畜禽饲料的分类方式。

　　明代杨时乔等人编纂的《新刻马书》（1594年）中"蓄养本草喂饮须

知"[1]部分，将马的饲料按照不同类别分别罗列，其种类包含有：米部、豆部、青草部、枯草部。除此之外，杨氏还将马匹的饮用水也分为了生水部和熟水部，较为完善地罗列了饲料的种类，现将全部饲料种类列为表格：

表7-5　《新刻马书》中的马饲料种类[2]

类部	饲料种类
米部	梁米、粳米、糯米、粟米、赤黍米、陈仓米
豆部	大麦、小麦、面麸、黄豆、黑豆、豌豆、白豆、绿豆
青草部	木樨草、筝草、巴根草、四花草、熟地草、狗尾草、胡麦苗、绿豆苗、大麦苗、稗子苗、秫黍草
枯草部	籼稻草、直头籼稻草、晚稻草、糯稻草、大谷草、糯谷草、谷草、黄豆秸、黑豆秸、绿豆秸
生水部	井花水、河道水、涧水、溪水、塘水、浊水、敕水、麸浆水、米泔水
熟水部	滚白水、米饮水、籼米茶、清心糊米水

《新刻马书》对于每种饲料也都进行了相应的介绍，现以梁米为例，其表述如下：

梁米，考之本草，分三种——青、黄、白——以色而名之，即籼米也。青者襄阳出，黄者、西洛出，白者、东吴出。即今江南、江北、淮南皆有之。味甘，微温，无毒。赢，生食者，皆能补脾胃、养五脏、生血、生脉，无有不美。[3]

梁米又称籼米，共有三种颜色，每种产地也不同，温性、味甘，具有滋补脾胃的功效。

《新刻马书》还对于各类马饲料的描述包括了物种的种属、产地、性质、功用等，类别简单明了，总体而言较为详细。

此后，《元亨疗马集》也引入这一部分的内容：

---

[1]　（明）杨时乔等纂；吴学聪点校.新刻马书[M].农业出版社，1984年，第20页。

[2]　（明）杨时乔等纂；吴学聪点校.新刻马书[M].农业出版社，1984年，第22-27页。

[3]　（明）杨时乔等纂；吴学聪点校.新刻马书[M].农业出版社，1984年，第22页。

表7-6 　《元亨疗马集》中的马饲料种类[1]

类部	饲料种类
生料部	梁米、粳米、糯米、粟米、赤黍米、陈仓米、大麦、小麦、面麸
熟料部	黄豆、黑豆、豌豆、红豆、白豆、绿豆
青草部	木樨草、筜草、巴根草、四花草、熟地草、狗尾草、胡麦苗、绿豆苗、大麦苗、稗子苗、二生秸稻草、秋黍叶
枯草部	籼稻草、直头籼稻草、晚稻草、糯稻草、大谷草、糯谷草、谷草、黄豆秸、黑豆秸、绿豆秸
生水部	井花水、无根水、河道水、涧水、溪水、塘水、浊水、敕水、麸浆水、米泔水
熟水部	滚白水、米饮汤、籼米茶、糊米水

　　《元亨疗马集》（1608年）成书稍晚于《新刻马书》，其中马饲料分类方式大体与后者相似，只有细微的差别。从内容上看，表中所列的饲料种类与上述表格基本一致，只有个别几种仅仅在类部上做了调整。虽然这两本书介绍对象为马，所涉及的饲料品种并不涵盖所有畜禽，且主要的饲料都以原料为主，但还是对于这一时期的饲料进行了简单梳理，具有一定的参考价值。

　　喻氏将《新刻马书》中的米部、豆部表述为生料部、熟料部，对应生水部、熟水部，并将大麦、小麦、面麸划在生料部中，熟料部里仅存豆类，这样不仅从名称上更统一，也将饲料分类与农作物分类区别开来，是为古代饲料分类上的进步。然而，虽然明清时期人们已经有意识地将牲畜饲料单独分类，但这种分类方式较为简单，也不够全面和科学。此外，仅仅涉及马的饲料分类，是因为马饲料主要以牧草为主，像牛、羊、猪、禽大多食料来自于农事活动中产生的作物附属品，则没有作为畜禽饲料进行分类。

　　以现代人的观点，根据动物营养学家杨诗兴等学者的意见，可将明清时期所有记载过的畜禽饲料品种大致分为15类，即青饲料类、青干草类、干草粉及干叶粉类、树叶饲料类、水生植物类、发酵青饲料类、藁秕类、糠麸类、籽实类、发芽饲料类、油饼类、块根块茎及瓜类、矿物性饲料、

---

[1]　郭光纪，荆允正注释.元亨疗马集许序注释［M］.山东科学技术出版社，1983年，第631页。

动物性饲料、杂类。归纳并列成如下表格：

表7-7 明清时期畜禽饲料的总体分类[1]

序号	类别	名称
1	青饲料类	包括草地青草，蕡，茨萁，及种植的牧草
2	青干草类	包括有苜蓿干草，大豆干草及野干草等。
3	干草粉及干叶粉类	例如苜蓿干草粉及豆叶粉。
4	树叶饲料类	包括有桑叶、楮叶、梓叶、柘叶。
5	水生植物类	例如浮萍，水藻及泽菜等。
6	发酵青饲料类	包括马齿苋发酵及苜蓿发酵饲料。
7	藁秕类	例如各种秸秆、麦穰、谷穰、豆秸等及各种秕壳
8	糠麸类	例如米糠及麦麸。
9	籽实类	各种禾本科籽实，登科籽实，橡实，粟及麻子。
10	发芽饲料类	即谷实发芽饲料，例如大麦发芽。
11	油饼类	例如豆饼及棉子饼。
12	块根块茎及瓜类饲料	包括萝卜、薯、芋及瓜类。
13	矿物性饲料	例如食盐，芒硝，硫磺，骨灰等。
14	动物性饲料	例如乳、肉骨及白虫。
15	杂类	例如糟水、泔水、糟、豆粉水，蚕沙、糖糟等。

从上表中不难看出，今人的这种饲料的分类方式考虑到了种属、制作方式以及形态性状等诸多因素，将原先米部、豆部的饲料则更细致地划分在发芽饲料类、藁秕类、糠麸类以及籽实类中，而枯草部和青草部则出现在青饲料、青干草料、干草粉及干叶粉、树叶饲料、水生植物或者发酵青饲料类中，比之古代饲料分类方式来说更加全面且合理，让我们能够对明清时期畜禽饲料的划分有了较为宏观的认识。

二、美洲饲料作物的引进

明清时期，随着对外经济交往的增加和发展，我国这一时期还从国外引进不少新的农作物种类，不仅大大增加了粮食生产能力，还增加了不少新的饲料种类，其中最重要的有玉米、番薯、马铃薯、花生等。

---

[1] 杨诗兴.我国古代劳动人民常用的饲料［J].甘肃农业大学学报，1964（2）：50-59.

（一）番薯

番薯又名甘薯、朱薯、红山药、番薯蓣、山芋、金薯、番茹、红薯、白薯、土瓜、红苕、地瓜等名称。属旋花科番薯属一年生草本植物。原产南美洲及大、小安的列斯群岛，全世界的热带、亚热带地区广泛栽培，中国大多数地区普遍栽培。如图7-1为甘薯示意图[1]。

图7-1 甘薯示意图

番薯是一种高产而适应性强的粮食作物，也是良好的饲料作物，其根、茎、叶都是优良的饲料，一直被广泛应用。

关于番薯引种史，据《闽小记》载："万历中，闽人得之外国，……初种于漳郡，渐及泉州"，[2]由此可见，番薯在明代已引入我国，并在泉州发挥了救荒作用，受到重视。

在福建引种番薯的同时，广东也从越南引进这一作物，据《东莞凤岗陈氏族谱》载：东莞人陈益于万历八年赴越南，万历十年从越南把薯种带回东莞。《电白县志》还有医生林怀兰冒着风险，把薯种从交趾带回电白的记载。

以上大致说明番薯在明万历年间分别由菲律宾、越南等地传入中国的情况。不过，近年据晋江市安海镇赤店村发现的《朱里曾氏房谱》有关明洪武二十年，苏得道从苏乐（即苏禄）引进番薯到苏厝村的记载，据此，则番薯传入中国的最早时间应在明代初期，[3]但该说还需做进一步考证。

（二）玉米

玉米又称苞谷、苞米棒子、玉蜀黍、珍珠米等，属禾本科玉蜀黍属一年生高大草本植物，原产于中美洲和南美洲，它是世界重要的粮食作物，

[1] 图片来自src=http_n.sinaimg.cn_sinakd10116_403_w1024h979_20200622_8d72-ivffpct5760624.jpg&refer=http_n.sinaimg

[2] 周亮工《闽小记》卷1]以及苏琰所撰《朱蓣疏》载，在万历十一年至十二年间，有人把番薯由海上传至晋江。万历二十二年至二十三年，泉州一带发生饥荒，"他谷皆贵，惟薯独稔，乡民活于蓣者十之七、八，由是名曰朱蓣"。[苏琰《朱蓣疏》

[3] 李天锡《华侨引进番薯新考》，《中国农史》，1998年第1期，第107-113页。

又是重要的饲料作物，有"饲料之王"美
誉，广泛分布于美国、中国、巴西和其他
国家。

关于玉米引入中国的时间，据1476年
写成的《滇南本草》，其中已有"玉麦"
一词，嘉靖三十四年的《巩县志》亦有玉
麦一名，似乎玉米应早在15世纪已引入中
国。不过，对玉米的详细描述目前见于嘉
靖三十九年（1560年）的甘肃《平凉府
志》，其中载："番麦，一曰西天麦，苗
叶如蜀秫而肥短，末有穗如稻而非实。实
如塔，如桐子大，生节间，花垂红绒在塔

图7-2 玉米示意图（图片来自
《本草纲目·谷部》卷9）

末，长五、六寸，三月种，八月收"。可见至迟于16世纪中期，玉米已传
入中国。

此后，杭州人田艺蘅所著的《留青日札》（1573年成书）也提到过玉
米，称杭州已"多有种之者"。与《留青日札》同时期的《本草纲目》也
有"玉蜀黍"一条，具体记载了玉米的形态和性状，并附有插图。清中期
后，全国大部分地区都有玉米栽培，清张宗法的《三农纪》说玉米"南人
呼为苞果、楚人呼为苞麦，河洛人呼为玉
粱"。19世纪中叶吴其浚《植物名实图考》
也说"陕蜀黔湘皆曰苞谷，山氓恃以为命，
大河南北皆曰玉露秫秫"。

（三）马铃薯

马铃薯又称洋芋、洋山芋、洋芋头、香
山芋、洋番芋、山洋芋、阳芋、地蛋、土豆
等，属茄科茄属一年生草本植物。原产于南
美洲安第斯山区，人工栽培历史最早可追溯
到大约公元前8000年到5000年，目前是全球
第四大重要的粮食作物，仅次于小麦、稻谷
和玉米，同时又是很好的饲料作物，在中国

图7-3 马铃薯示意图

有广泛栽培与利用。

马铃薯传入中国的时间大约在17世纪前期，据记载，1650年荷兰人斯特儒斯到台湾，在台湾见到栽培的马铃薯，称为"荷兰豆"。[1]大陆上栽培马铃薯的时间，根据康熙福建《松溪县志》说："马铃薯，叶依树生，掘取之，形有大小，略如铃子，色黑而圆，味苦甘。"表明马铃薯最初可能是从南洋或荷兰引进台湾、福建等地，再传入内地。如图7-3为马铃薯示意图[2]。

对马铃薯记述较详细的是19世纪中叶的《植物名实图考》，称马铃薯为"阳芋"。书中说："阳芋，滇黔有之……。山西种之为田，俗呼山药蛋，尤硕大，花色白，闻终南山氓种植尤繁，富者岁收数百石云。"[3]可知，当时中国西南的云贵和西北的山西、陕西都已种马铃薯，山西、陕西则有较大面积生产。据光绪四川《奉节县志》记载，马铃薯是18世纪时传进的，至19世纪末，马铃薯已成为奉节最重要的粮食和饲料作物之一。从光绪四川《大宁县志》说："洋芋……，邑高山多种此，土人赖以为粮。"道光《宁陕厅志》说："洋芋……山多种之，山民藉以济饥者甚众。"道光湖北《施南府志》说："郡中最高之山，地气苦寒，居民多种洋芋。"这些都表明，山高苦寒，连玉米、番薯都不适于栽培的地方都可以种马铃薯。马铃薯生长期短，适应性强，宜于播种的季节长，即使气候冷凉，新开垦的或瘠薄山地，亦可栽培。因此在自然条件较差的地方，推广比较迅速，种植亦多，它成为苦寒山区劳动人民的主要粮食、常用蔬菜及养猪、禽良的好饲料。

（四）花生

花生又称落花生、长生果、泥豆、番豆、地豆等，属豆科落花生属一年生草本植物。花生原产南美巴西，大约于16世纪初，经东南亚传入中国，如弘治《常熟县志》、弘治《上海县志》、正德《姑苏县志》和黄省曾的《种芋法》等文献都有明确记载。太仓人王世懋的《学圃杂疏》也

---

[1] 何炳棣《美洲作物的引进、传播及其对粮食生产的影响》（三），《大公报在港复刊三十周年纪念文集》（香港：大公报，1978年）下卷.第673-731页

[2] 图片来自u=2291768052,2208685225&fm=26&gp=0

[3] 吴其濬《植物名实图考·蔬》

说："香芋、落花生，产嘉定。落花生尤甘，皆易生物，可种也。"[1]但《本草纲目》《农政全书》中没有提到花生，说明当时太湖地区虽有花生栽培，种植尚未普遍。

黄淮以北地区种花生比长江流域晚些，但最晚在18世纪中叶，花生在北方已不是罕见的食品了。

花生果实不仅蛋白质含量高（25%～35%），还富含脂肪、糖类、维生素A、维生素B6、维生素E、维生素K，以及矿物质钙、磷、铁等营养成分，不仅常用作食品以及榨油，其根、茎、叶含蛋白质等营养物质高，常被用作饲料，其果实榨油后的花生饼，也是富含蛋白质、脂肪高的优良蛋白质饲料，常被人们广泛用作蛋白质饲料。

三、畜禽饲料的加工调制

从不同时期的历史文献中均可以看出，畜禽饲料并不是直接使用的，人们普遍会进行不同程度的处理，动物喂饲已经不是简单的一个"饲料种植——饲料采摘——饲料喂给"的过程，而是在饲料采摘之后，饲料喂给之前，有个饲料加工处理的环节。根据不同的饲料种类和喂饲对象，饲料加工的程度也都各不相同。众多农业古籍文献中均提及饲料要经过适当的调制，凡经泡制、蒸煮过的青粗饲料，可使纤维松软，容易消化，促进食欲，加速牲畜的生长。表明当时人们已经较深刻地认识到饲料加工处理的必要性了，不仅可以提高饲料的适口性，增进牲畜的食量，亦可提高饲料转化率，这是古人了不起的发明和创造。到明清时期，饲料的加工处理手段愈加成熟，不仅大幅提高了饲料的适口性，增进牲畜的食量，亦提高了饲料转化率。与此同时，人们在喂饲过程中更讲究饲料的搭配，通过此法来达到牲畜营养均衡、苗壮成长的目的。

（一）饲料的加工处理方式

明清时期饲料的加工方式众多，加工技术成熟，劳动人民从人的食物处理方式中获取灵感，将其合理且有针对性地运用在牲畜饲料的加工上，取得了显著的效果。总体来说，这一时期的饲料加工方式包括前期筛选、

---

[1]　王世懋《学圃杂疏》页12

具体加工以及成品处理这三个环节，包含了畜禽饲料生产的全部过程，可见此时的饲料加工处理技术已经较为完善，其具体细节值得我们深入探讨。

1. 前期饲料处理方式

饲料前期加工主要体现在草料收割、筛选、淘洗、晾干等环节上，是饲料加工的前期准备，其重要性不言而喻，明清时期众多文献典籍和农书中都有相关内容。古人认为，不同时节所收割的饲草料也有所差异，根据畜禽的差异性需求，在合适的时间收获草料，能够更好地保证其水分及营养，使得饲料使用效率最大化。与此同时，饲料使用前必须经过一系列的前期处理工作，这一理念在明清众多古籍资料中都有体现。祁隽藻在《马首农言》中就提到过四季有温凉寒暑间的差异，春初之时，应该在"方旧草朽腐、新草未生之初"[1]的时候收割草料。草料收割后还需要仔细挑选，《豳风广义》载："凡草末糠粃一切饲料，务宜细筛，捡柴干净。"[2]即所有喂饲所用草料应该仔细筛选，收拾干净，可见草料前期处理的必要性。有些草料在收割之后，筛选之前，还会进行晒干这一环节，如在《豳风广义》的"收食料法"中还提到："将苜蓿割倒，载入场中，摊开晒极干"，最后再"筛过收贮"[3]。至此，一套较为完整的草料前期处理过程基本完成。如图7-4为加工禾谷工具竹筶。[4]

图7-4　加工禾谷类工具竹筶

2. 中期饲料处理方式

饲料中期加工主要体现在暴晒与浸泡、截断与研磨、拌料、蒸料与炒料、发酵与发芽等基本环节。

暴晒与浸泡。在古代，为满足冬季家畜的正常喂饲，或者使得草料难以腐朽，便会选择将新鲜草料进行暴晒，以便贮藏。这类饲料一般为秸

[1]　（清）祁隽藻著；高恩广，胡辅华注释. 马首农言注释［M］. 北京：农业出版社，1991年，第60页。

[2]　（清）杨屾著；郑辟疆，郑宗元校勘. 豳风广义［M］. 北京：农业出版社，1962年，第163页。

[3]　（清）杨屾著；郑辟疆，郑宗元校勘. 豳风广义［M］. 北京：农业出版社，1962年，第165页。

[4]　宋树友主编：《中华农器图谱》第一卷，北京：中国农业出版社，2001年第382页

秆、青草、苜蓿草、无毒树叶、大豆叶等，经过太阳晒干后，可喂饲羊、牛、驴、猪等牲畜。有些草料晒干后还要磨粉。特别提出将苜蓿草晒干、碾末，制成苜蓿干草粉的方法，是我国古代劳动人民的一项重要发明。这是冬季补饲幼年家畜，如犊牛、仔猪、羔羊、马驹、幼雏蛋白质、钙、磷及胡萝卜素最良好的补充饲料。现如今，西方国家每年仍会生产千万吨以上的苜蓿干草粉，供饲喂鸡、猪、乳牛犊和马、骡，作为维生素、矿物质等良好添加饲料。

　　既然有了暴晒，那必然还有浸泡这一加工手法，浸泡饲料主要是为了使得饲料变得松软，增强饲料的适口性，并且便于畜禽的咀嚼以及消化，还能够去除饲料本身的尘土，这类饲料主要是一些较为坚硬的殻类籽实类和豆类。例如张宗法在《三农纪》养马篇提到："春夏宜小便浸大麦或苦荞、绿豆、蚕豆、豌豆、瓯由豆之属，取性清凉，或以麦麸水浸去白汁拌草，冬宜熟料，煮豆以助其温，令煮无谷气"[1]，而养牛篇也同样有"夏耕甚急，天气炎热，人牛两困，……，饲至五更，或以水浸绿豆、蚕豆、豌豆、或小便浸苦荞、大麦"[2]之类的表述，由此可见，这一时期浸泡饲料已经成为较为普遍的初加工手法。至于浸泡饲料所用的清水、麦麸水、甚至尿液等，皆是根据饲料性质、时令季节、畜禽状态等多方因素所决定。

　　截断与研磨。一般来说，在通过前期处理的饲料仍有些不能直接被畜禽所使用，这时，还需要人们进行下一步的调制，这一阶段是整个加工过程的重点，主要目的是使得饲料具有更好的消化性和适口性，便于畜禽的营养吸收。我国劳动人民很早就意识到调制饲料的重要性，《齐民要术》中就曾提到："剉草粗，虽足豆谷，亦不肥充，细剉无节，筛去土而食之者，令马肥"[3]，说的是如果剉的草太粗了，用来喂马，虽然同时加喂了充足的豆和谷，马也长不肥。而将草剉细，然后筛去粗的部分，留下精细的部分喂马，可以使马长肥。这和现代农村中的"寸草剉三刀，无料也上膘"谚语有相同的意义。由此可见，相同的饲料，如果不能将其切碎、切

[1]　（清）张宗法撰；邹介正等校释.三农纪［Z］北京:中国农业出版社，1989年，第561页。

[2]　（清）张宗法撰；邹介正等校释.三农纪［Z］.北京:中国农业出版社，1989年，第574页。

[3]　（北魏）贾思勰著；缪启愉校释.齐民要术校释［M］.北京:农业出版社，1982年，第82页。

细，其作用将会大打折扣。这类将草料截断的加工方式适用于多种畜禽，在相关农业文献中出现的"判、铡、切、鐝"等都属于该种加工手法。除此之外，还有一种类似饲料加工方式即"磨、碾、破、碎、捣、舂"，这类方法主要是利用重物，通过机械运动使饲料破碎，在此类加工手法中，加工的饲料主要有豆、褚、桑、拓、豆叶等等，所利用的重物一般有磨子、碾子、碌碡、柸等工具，同样能达到提高饲料利用率的目的。在明清时期的不少农业文献资料中均有将破碎的谷豆籽实喂饲畜禽的记载，如人们用豆喂牛，就用磨子将豆压碎再喂，这一做法在南宋时期的《陈旉农书》中就出现过，其后在丁宜曾《农圃便览》中介绍，在耕种时，每一牛"用豆市升三合磨糊，拌草喂之"[1]。《三农纪》中也记载了将饲料仔细舂碎后喂牛的内容。与此同时，在育肥羊时，也说明了要将豆磨碎再喂；在养猪法里，则有"一猪须得火磨一升，炒捣为末，食盐一斤，同煮糟内和糠饲之，易肥"，或者用荞衣豆叶喂猪，也须捣成细末，然后和糠、糟、泔水饲喂。如图7-5清代加工精饲料的石碾。[2]

图7-5　清代加工精饲料石碾

拌料。有些畜禽饲料在经过截断、磨碎后可以直接使用，而有些饲料还需要进行下一步处理，拌料的意义在于将两种或多种饲料充分混合，以达到增强饲料适口性的目的。这种饲料加工方式分为水拌以及干拌两种方式。水拌即是用水将草、料混合，在金末元初时的《韩氏直说》有记载，其后的《农桑辑要》卷七中引有此法，详细介绍了水拌法，其内容："（牛）饮水毕上槽，一顿可分三合，管用水拌。第一合，草多，料少。第二（和），比前草减半，少加料。第三（和）草比第二（和）又减半。所有料全缴拌，食尽即往使耕"[3]。此方法又被称为"三和一缴"，

[1]　（清）丁宜曾著；王毓瑚校点.农圃便览[M].北京：中华书局，1957年，第15页。

[2]　宋树友主编：《中华农器图谱》第一卷，北京：中国农业出版社，2001年第385页

[3]　西北农学院古农研究室整理；石声汉校注.农桑辑要校注[M].北京：农业出版社，1982年，第245页。

因牛是需要吃料和草的，但如先喂料，后喂草，或是不用拌草料的方法，牛吃过精料后，便不喜爱吃草。水拌草料的功用有二：一是提高草的适口性。精料的适口性一般较好，草，特别是干草和枯草的适口性一般较差。好料与草拌合，可以提高草的适口性。二是可以引诱牛多吃草。另在《农蚕经》《三农纪》和《齐民四书》三书中都记载有用铡短秸秆，或用捣碎豆、褚、桑、拓、楮叶与麦麸、豆饼、稻糠、棉子饼拌合喂牛的方法，而《豳风广义》中则记载了关于饲喂屯肥羊，则用杂谷，磨破的黑豆，酒糟和铡细的干草拌和饲喂的方法。

干拌法应用较少，《三农纪》中提到养猪用荞衣、豆叶捣末和糠、草拌和的方法，这实际上是先干拌后水泡法；也有冬季用苜蓿干草粉与糠麸拌和来喂猪的方法；以及《豳风广义》记载的将炒过的黄豆和炒过的芝麻拌入细料中用以肥猪的方法。养鸡用青苜蓿时，可拌以麦麸、糜面或粟豆，这样拌和饲料，主要是使畜禽饲料多种多样化，借可提高其适口性。

蒸料与炒料。蒸煮料的目的在于使饲料变熟、软化，便于畜禽的消化，同时也是对饲料进行一次很好的消毒。《豳风广义》中就有较多煮料的记载，在养小猪仔时，应该"煮谷饲之，或大麦屑或豆屑、荞麦、穄秫屑，务宜煮熟，少加草末、糠麸饲之"[1]，这里特别强调了饲料必须煮熟。总体来说，蒸煮法在喂饲猪和家禽时最为普遍，书中还提及"鸭雏出时，头一顿用粳米煮粥，令饱食之，名曰：填嗉，以后食物则无伤""饲鸭与鸡同，用粟豆饲鸭，其利有限，不若细剉苜蓿，煮熟拌糠麸饲之，价省功速，亦善法也"[2]，由此可见，蒸煮饲料不仅可以便于雏禽消化，更提高了饲料的利用效率，实为"价省功速"。

炒料的运用不如其他加工方式那么普遍，主要在喂饲猪时运用，这一方式在《豳风广义》和《三农纪》中都有记载，前者用"贯众三两，苍术四两，黄豆炒一斗，芝麻炒一升共为末，拌入细食内饲之"[3]来育肥猪，这种饲料具有较高的营养，因此通常能够达到"半月即肥"的效果。后者则采用"贯众三斤，苍术四两，芝麻一升黄豆一斗炒熟，共末和糠糟

[1] （清）杨屾著；郑辟疆，郑宗元校勘. 豳风广义［M］. 北京：农业出版社，1962年，第191页。

[2] （清）杨屾著；郑辟疆，郑宗元校勘. 豳风广义［M］. 北京：农业出版社，1962年，第178-179页。

[3] （清）杨屾著；郑辟疆，郑宗元校勘. 豳风广义［M］. 北京：农业出版社，1962年，第164页。

饲"[1]的做法，两者所用食料相同，而在各食料配比上有一定的出入，黄豆原产于中国，曾经为五谷之一，喂饲时用炒的方式，不失为一种较好的办法，可以增加整个饲料适口性，增加香味，对于农家经常使用蛋白质含量少的饲养方式，是一种补偿。此外，张宗法在补充喂饲时"饮以新汲水，如食不快，萝卜叶食之"[2]，可见《三农纪》在炒料的记述上更为完整和详细。

发酵与发芽。在饲料发酵的过程中，发酵细菌的作用使得饲料中的营养物质发生变化，以此提高其营养价值，除此之外，发酵后的饲料有其独特的气味，可以促使家畜多吃饲料，其适口性也有了很大改善。发酵是元代了不起的创造，《王祯农书》在其农桑通诀畜养篇中第一次记载发酵类饲料，内容："江北陆地，可种马齿……割之……，以泔糟等水浸于大槛中，令酸黄，或拌麸糠杂饲之"[3]，当时主要是将马齿苋加上泔水、酒糟发酵来喂猪。马齿苋是一种一年生可药食两用的植物，从现代科学角度看，其本身就富含蛋白质、脂肪、碳水化合物、膳食纤维、钙、铁、磷、维生素等多种营养物质。经发酵产生细菌蛋白质后，更是能提升饲料的营养价值，并能够产生酒香和酸味，改善了饲料的风味，增进了牲畜的食量。直到近代，许多农户在喂猪时仍沿用此法，堪为中国养猪史上的一大创造。到了清代，发酵法得到进一步拓展，开始普遍用苜蓿做原料，其具体方法与马齿苋发酵类似，清杨屾《豳风广义》卷三就有载："春夏之间，长及尺许，割来细切，以米泔水浸入……大瓮内，令酸黄，拌麸杂物饲之"[4]。将种植的苜蓿，刈割下来，用米泔水或酒糟、豆粉水浸入瓦罐中，等到饲料酸黄后，拌上麸糠杂物，用以饲猪。

发芽饲料中最常见的是麦芽和大麦芽，《卫济余编》引用《奇方类编》和《古今秘苑》二书中的内容，用加了贯众、何首乌、大麦芽的饲料作为增肥剂。麦芽被使用的历史很久，明清之前，麦芽就被当作药物使用，可以使瘦弱的牛变健壮，也可以让猪肥硕。从现代科学角度分析，主

---

[1] （清）张宗法撰，邹介正等校释.三农纪[M].北京:中国农业出版社,1989年,第585页。

[2] （清）张宗法撰，邹介正等校释.三农纪[M].北京:中国农业出版社,1989年,第585页。

[3] （元）王祯著；王毓瑚校.王祯农书[Z].北京:农业出版社，1981年,第62页。

[4] （清）杨屾著；郑辟疆,郑宗元校勘.豳风广义[M].北京:农业出版社，1962年,第165页。

要是麦芽富含蛋白质、胡萝卜素和维生素B，所以麦芽作为发芽饲料的代表其实是一种营养剂，用来提供更全面的营养，以此促进畜禽的生长发育。

3. 后期饲料处理方式

实际上，饲料在加工过程中通常不会只进行单一的处理，往往会多种处理方式交替进行，某一步骤甚至还会重复进行，而饲料的后期处理很有可能是之前进行过的某一处理步骤，其目的主要是对饲料进行最后的整理。例如草料的后续处理措施之一就是晒干，而对于熟料来说，其后续处理一般包括降温以及淘洗，同样在《三农纪》中都有记载，如在制作马的熟料时，要将煮过的豆子铺在干净的地上晾凉，然后还要用新鲜的清水进行淘洗，此法在《新刻马书》中也有提及："若熟料，用新水浸淘，放冷，方可喂之"[1]。除此之外，较多的饲料后期除去前期处理中需要筛去尘土外，随后在经过截断和研磨后通常还会再次过筛，李南晖的《活兽慈舟》中有"草须用新草剉铡成细，筛簸去土石泥渣，大忌吃禽兽杂毛、污浊等物。"[2]《豳风广义》中有"筛过收贮"[3]，在饲料处理结尾时再次过筛，以此确保饲料的最终品质，可以看出人们在饲料处理的各环节都极为看重"洁净"，不洁不以喂饲畜禽，在食料处理上不掉以轻心，足见此时人们喂饲态度谨慎，饲养管理手段更加成熟。

（二）饲草的收割与贮存

牧草作为牲畜所需的主要植物饲料，很大程度上直接影响了古代畜牧业的发展。我国作为文明古国，牧草的种植与栽培历史悠久，广大的劳动者对于如何安排好牧草的种植、收集以及利用，有着很深的认识和体会。牧草作为马、牛、羊等牲畜的主要食物来源，一直是畜禽发展的核心问题。饲草的加工与贮存情况不仅直接影响其品质，更对牲畜生长发育起到决定性作用。

1. 饲草品种与栽培区域

明清时期的饲草品种已经较为丰富，但古代对于饲草的种属并未特

[1] （明）杨时乔等纂；吴学聪点校. 新刻马书[M]. 北京：农业出版社，1984年。第20页。

[2] （清）李南晖著；四川省畜牧兽医研究所校注. 活兽慈舟校注[M]. 成都：四川人民出版社，1980年，第290页。

[3] （清）杨屾著；郑辟疆，郑宗元校勘. 豳风广义[M]. 北京：农业出版社，1962年，第165页。

意划分，故大多牲畜放牧所食的饲草皆称为青草，并归属于青饲料一类，而新鲜牧草还可被加工成青干草类、干草粉类以及发酵青饲料类等。就饲草本身而言，可分为禾本科饲草和豆科饲草，禾本科饲草由于分布极广，是天然草原的优势植物，大多为牲畜所喜食，且在干燥和加工时很少破碎、脱叶，适于加工成干草。豆科饲料则具有产量高、生长周期短、适口性强、营养价值高等特点，与禾本科饲草相比具有更强的优势。《新刻马书》中将当时的马草简单地分为两类：青草和枯草，青草类包含草地牧草和种植的新鲜牧草，一般供牲畜放牧时食用；枯草类包含晒干的青草、秸秆或田地作物收获后遗留的枯草，作为牲畜饲料的粗料和其他精料进行搭配使用。现将前文中各类牲畜饲料中的牧草单独列出：

表7-8　明清各牲畜所饲牧草及文献来源

牲畜	饲草	文献出处
马	青草	《马书》：禺陆居则食草饮水。
	苜蓿	《本草纲目》：苜蓿，郭璞作牧宿，谓其宿根自生!可饲牧牛马也。
	苹草、茨箕、勃突混、稗草、沙蓬根针	《天中记》：瓜州饲马以苹草,沙州饲马以茨箕，凉州饲马以勃突混，蜀以稗草……安比饲马以沙蓬根针。
	苜蓿青干草	《农蚕经》种苜蓿条：四月枯种后, 芟以喂马, 冬积干者, 亦可喂牛驴。
牛	青草	《三农纪》：春乃耕作之月，新草未茂，宜洁净奠草细挫。
	苜蓿	《农蚕经》种苜蓿条:冬积干者亦可喂牛驴。
羊	青草	《便民图纂》：一日六七次上草，不可太饱，太饱则有伤。
	大豆青干草	《三农纪》：耕熟至三四月，种杂谷豆，并草长至深秋，芟收晒干，收停高密处，至冬雪雨以草喂之。
	苜蓿青干草、黄白营青干草、路旁河边杂草	《豳风广义》：须在三、四月间，以羊之多少，预种大豆或小黑豆、杂谷，并草留之……多积苜蓿亦好，或山中黄白营，并一切路旁、河滩诸色杂草羊能食者，于春夏之间，草正嫩时收取、晒干，以备冬用。

从表中可以看出，除了青草外，苜蓿成为了这一时期应用最广泛的牧草品种。苜蓿自汉代引入中原，最先只栽培于"离宫别馆，三十六所"，

之后才逐渐在民间种植。苜蓿耐旱，不喜潮湿，所以盛产于北方，《救荒本草》中有："张骞自大宛带种归，今处处有之。……三晋为盛，秦、齐、鲁次之，燕、赵又次之，江南人不识也"[1]。这一时期的《三农纪》也载："（苜蓿）盛产北方高厚之土，卑湿之处不宜其性也"，可见其主要生长于北方地区。随着苜蓿作为饲草的广泛应用，明清时期大部分地区都有苜蓿种植。至于表中苹草、茨箕、勃突混、稗草、沙蓬根针等马草，多来自西域，具有耐旱耐寒的特点，且多分布在西北、大漠草场。除此之外，表中并未提到的牧草—马齿苋，也是这一时期的重要饲草品种，因为其既为蔬菜，又可入药，所以并非严格意义上的饲草品种，但正如表中《豳风广义》所述，明清时期，路边无毒杂草也可喂饲牲畜，可见这一时期，饲草的范围更广，运用也更灵活。

2. 饲草的收割与贮存

牧草在不同的生长时期，其营养成分不同。新草初发之时，水分较多；随着草叶生长，纤维增加、水分降低，营养成分也开始降低。因此，选择合适的时间刈割饲草，可以最大程度上满足牲畜的生长需求。在古代，饲草丰盛时期，人们开始放牧，在饲草养分大量流失之前，便收割牧草，经过加工储存，用于舍饲。"四时之中，惟夏秋之月为易，而冬春之月为难。夏秋天气和暖、水草放牧、随宜休息，无冻害之苦，比至冬月春初，草枯水涸、风烈气寒，无牧养之便。"[2]正因为如此，明代隆庆年间，对于官马饲养要求："州、县圩城，择宽阔空隙、水草便益之地，每马二百匹或三百匹为一苑，每马三匹为一厩。自十月起至二月，各养马人户，通令在厩喂养。"[3]可见，一般在秋末至春初时，露天饲草已经不适宜直接被牲畜使用，应当开始舍饲喂养。从文献记载来看，各地收割饲草的时间有所不同，有的在春夏之间，"草正嫩时收取、晒干，以备冬用"；有的在立秋之后，这一时期人们锄豆、割黍、割谷穄，迎来"农事之终""穄穰晒干垛好，喂养牛驴"[4]。《齐民要术》中也有"（豆草）

---

[1]　（明）朱橚撰；倪根金校注.救荒本草校注［Z］.北京:中国农业出版社，2008年，第351页。

[2]　（明）杨时乔等纂.新刻马书［Z］.北京:农业出版社，1984年，第18页。

[3]　（明）杨时乔等纂.新刻马书［Z］.北京:农业出版社，1984年，第18页。

[4]　（清）丁宜曾著；王毓瑚校点.农圃便览［M］.北京:中华书局，1957年，第60页。

八九月中刈作青荌"的说法。苜蓿一般在"开花时刈取喂马，易肥"[1]，而苜蓿青干草则在四月之后"荌以喂马"，储存至冬天可以喂牛驴。饲草处理方式一般为剉、切等，目的是将草截断，另有直接晒干，到冬季再将干草细切的做法。将新鲜饲草晒干亦有讲究，需摊开晒干，存于高密干燥处，以备冬用。

（三）饲料的调制配合

马用饲料配方见于《三农纪》中，张宗法认为应该在春夏天热之时，用小便浸大麦或苦荞、绿豆、蚕豆、豌豆等搭配来喂马，取其性清凉。这五种饲料又有各自不同的营养价值，其中苦荞被誉为"五谷之王"，能实肠胃，益气力，续精神，利耳目；绿豆中蛋白质和碳水化合物含量高，有保肝护肾的药理作用；而蚕豆富含蛋白质和众多矿物质，尤其是磷和钾含量较高；豌豆味甘，有调和脾胃、通利大肠之功效。而对于牛来说，"冬月仍时以干桑叶和麦麸剉草，剉豆其饲之，以蚕沙浸水一桶置栏内，能除春病"[2]，蚕沙作为一种特别饲料，同时兼具了预防疫病的功效。在春天牛育肥之时，因为新草还未长出，应该将"洁净葽草细挫，拌麦麸、豆饼、稻糠、棉子之属饱饲，方可下耕"[3]，这种将草与精料混合喂饲的方法十分有效地解决了短时间内的草类饲料短缺的问题。而在不同的地区以及不同的时节来说，灵活地将其中的草、精料进行替换、搭配，如豆、桑、拓叶与麦麸、豆饼、稻糠、棉子饼等混合，又有育肥的奇效，养羊之法也是如此，《物理小识》卷十就有："以草杂糯、豆，则易肥"[4]，可见畜禽喂饲上具有很大的共性。在猪的饲料配方上，古人的心得体会最多，不仅有"瓜苋诸芋之属，水楮榆梓叶煮羹，收荞衣豆叶，捣为末，和糠糟，拌勺泔水泡羹"[5]的基本配方，又有"火磨一升，炒捣为末，食盐一斤，同煮糟内和糠饲之"[6]的育肥配方，满足了各个时期的猪的生长需求，也最大程度上提高了人们的经济效益。还有将药物添入饲料之中预防

---

[1]　（清）丁宜曾著；王毓瑚校点.农圃便览[M].北京：中华书局，1957年，第36页。

[2]　（清）包世臣著；王毓瑚点校.郡县农政[M].北京：农业出版社，1962年，第45页。

[3]　（清）张宗法撰；邹介正等校释.三农纪[M].北京：中国农业出版社，1989年，第574页。

[4]　（明）方以智录.物理小识[Z].北京：商务印书馆，1937年，第247页。

[5]　（清）张宗法撰；邹介正等校释.三农纪[M].北京：中国农业出版社，1989年，第585页。

[6]　（清）张宗法撰；邹介正等校释.三农纪[M].北京：中国农业出版社，1989年，第585页。

猪瘟，《豳风广义》中就有"猪惟有瘟症最恶烊，牲有净圈者，须预防之，宜苍术贯众捣为细末，三五日和入食中一饲足以避瘟"[1]，还有"用萝卜及梓树叶与食之，即愈。"[2]除此之外，饲料配方较之前更多地被运用在了家禽上，明清时期，小农经济的发展使得满足"家庭"式经济需求的家禽畜养量大幅增加，鸡、鸭、鹅等禽类大受人们欢迎，劳动者发明"方麻子和谷炒熟饲鸡"[3]的方法，使得鸡可以每日生蛋，又"细剉苜蓿，煮熟拌糠烈麸"[4]来喂鸭和鹅，比起用粮食来喂，更省粮食和节省成本。

总体来说，经过长时间的实践总结，明清时期的饲料加工方式已经基本完善，在吸取前代的经验的同时，人们又在日常生产、生活中将其不断改进，最终构建成一个较为完备的体系。人们在加工饲料的过程中，不仅能达到最基本的生产要求，还能够有所突破和创新，制定出多元化的畜禽饲料。饲料配方在明清时期得到了进一步完善，被广泛使用到各类畜禽的喂饲上，这一创新性的饲料处理方式，不仅有利于畜禽的生长，更在一定程度上满足了饲养者的经济需求，实为古代饲料加工史上的一大创举。

第二节　畜禽饲料利用方式

饲料在经过仔细的加工处理后被投入使用，畜禽作为使用饲料的主体，从根本上决定了饲料的利用方式，人则充当起两者的沟通桥梁，起着不可替代的作用。人们根据畜禽的需求，安排饲料如何使用，具体包含众多方面，例如，使用前应该做哪些准备；使用时需要注意哪些问题；使用后应该如何善后等等，在饲料使用过程中还会出现哪些问题，又该怎样解决，这些我们都能在明清时期的众多文献资料中找到答案。

---

[1]　（清）杨屾著；郑辟疆，郑宗元校勘. 豳风广义 [M]．北京：农业出版社，1962年，第166页。

[2]　（清）杨屾著；郑辟疆，郑宗元校勘. 豳风广义 [M]．北京：农业出版社，1962年，第164页。

[3]　（清）杨屾著；郑辟疆，郑宗元校勘. 豳风广义 [M]．北京：农业出版社，1962年，第177页。

[4]　（清）杨屾著；郑辟疆，郑宗元校勘. 豳风广义 [M]．北京：农业出版社，1962年，第175页。

一、深入精细的"标准化"喂用方法

明清时期，几乎每种畜禽在不同季节、不同生长阶段、不同状态以及不同生产需求下，都有相对应的一套喂饲方法。明朝马一龙在他的《农说》开篇中就提出"合天时、地脉、物性之宜，而无所差失，则事半而功倍矣"[1]的观点，就是说人们办任何事情都要顺应自然规律，不要有差错，那么就会事半功倍了，而畜禽饲料的利用方面也是这个道理，在传承了数千年畜禽喂饲经验基础上，明清时期的饲喂技术已经非常精细了，其科学性、精确性虽不能与现代相比，但远超以往。

（一）马的"三饮三喂"

对于马的饲养，《齐民要术》早就有"食有三刍，饮有三时"[2]的喂饲方法，即对于喂马，饥饿的时候喂粗料，不饿时给精料，以此诱使马多食增膘，饲草应该切细，去除尘土，使得马不被呛到，否则即使草料充足，马也长不健壮。饮水时，早上应该少喝，避免腹胀而影响使役；晚上应该尽量多喝水，否则会影响马匹进食；夏天出汗、冬季寒冷时，则要控制马的饮水量，避免其喝太多冷水而生病。《元亨疗马集》在此基础上进一步总结为："少饮、半刍""忌饮、净刍""戒饮、禁刍"的"三饮三喂"法。所谓"少饮、半刍"即马在饥渴、羸弱和妊娠时应该减少饮水；"饥肠""出门"和"远来"者，不能饱喂。所谓"忌饮、净刍"即忌饮"浊水""恶水"和"沫水"；"谷料"须筛，"灰料"须洁，"毛发"须择。所谓"戒饮、禁刍"，即"骑乘""料后"和"有汗"时不得饮；"腰大""骑少"和"炎暑"时不可加料。[3]此"三饮三喂"的喂饲方法在众多资料中均有记载，如《郡县农政》等，成为了马的基本喂饲原则。张宗法的《三农纪》更进一步指出："物惟马为贵。其性恶湿，利居高燥。须惕其好恶，顺其寒温，量其劳逸，慎其饥渴。"[4]而具体到真正饲喂的操作上，要做到精心细致。在不同季节里，饲料的利用方式不同：例

[1] （明）马一龙辑.农说[Z].商务印书馆，1936年，第2页。

[2] （后魏）贾思勰著.齐民要术[Z].北京：中华书局，1956年，第209页。

[3] （明）喻本亨，喻本元著.元亨疗马集[Z].北京：农业出版社，1957年，第6页。

[4] （清）张宗法撰、邹介正等校释.三农纪[M].北京：中国农业出版社，1989年，第561页。

如春夏可用小便浸大麦或苦荞、绿豆、蚕豆、豌豆等，取其性清凉，可减少马体内的燥热；春末应该放牧山野，使其精神舒畅；秋冬吃干草不可缺少饮水；冬天最好用熟料和煮豆，有利提高马的体温。一天之中的喂饲方式也很讲究，就马来说，一天要饲喂三次，秋末之时，天气寒冷，为保持马匹的能量，应该早晨早点喂饲，晚上则要迟点喂饲。先饲草，后饮水，饲草要新鲜、切短、去掉土石，水草饲毕方可乘骑……不要迎风脱辔；鸡鸣时要确保草料饲饱，方可加鞍乘骑。饮水后要骋骑，使其精神爽快；傍晚饮水毕，应牵游一二百步，入厩缓饲。对于战马来说，在喂饲方式上另有新的注意事项：如"次日欲出阵，则先日禁草料，吊之栅下；良马有可吊十日者，战后唯饲以草节，日许乃下料，则马不伤"[1]，说明如战马这类需要消耗大量体力的马，运动前以及运动后都不能过量使用饲料，否则容易伤及根本，此类似于家养畜禽在耕作等日常劳作后一般不让饱饲，其道理是相似的。除此之外，还有以预防疾病及日常保健性的喂饲方式，如马瘦，可用贯众、皂角煮豆，去众皂留豆饲喂；毛色暗淡时，必要时可喂猪胆汁，使皮毛光亮；白露前后，禁止早晨将马放食野草，因为此时有小蜘蛛在此纳网、遗尿，如果误食容易使马生病。这些饲料利用方式十分全面、具体，对于马的饲养管理方式已经十分成熟和完善，可见当时对如何养马的认知已经到了多么深入的地步了。

（二）牛的"四时喂饲"

对于耕牛的饲喂要点，《三农纪》总结得也很系统、细致。要求牛每天先饮水，后加料。要求初春新草未出，宜用洁净干草剉细、拌麦麸、豆饼、稻糠、棉子饼之属饱饲。到夏天耕作任务重加之天气炎热，除白天牧放外，夜间常需加喂，或以水浸绿豆、蚕豆、豌豆，或小便浸苦荞、大麦，趁天刚亮天凉时饲喂；中午天气炎热，应将牛牵至荫凉处休息，并喂草豆。到秋天，虽草盛耕缓，但多蚊、蛇，须清晨饱饲，白天或放于水边，或牧于山坡。《活兽慈舟》的"牧养惜牛"篇在此基础上又有了进一步的概括和补充，李南晖认为："夫牛者借人以饲者也。……故农桑事

---

[1] （清）包世臣，包世臣全集［M］.合肥：黄山书社，1997年，第206页。

业，莫不首重乎牛，以牛为贵。"[1]强调了牛的重要性，在喂饲牛时应该遵循相应章法，总体来说，牛饲料的利用方式按照四季顺序来看可概括如下：

春季：开春天气寒冷，过了清明节就比较温暖，这时正是农忙时期，虽然草木开始萌发，但还未繁茂，因此，加喂草料要均匀，饮水要合乎需要，这样牛才能使役。耕犁完毕，就让牛歇息游放，切忌喘息未平，毛孔畅通时，骤饮冷水，感受风寒，这样必多发病。稍等喘息平定，黄牛就可让它到水中泡泡蹄子，洗洗脚，这样，可以舒畅牛的精神；水牛就必须让它到水中洗澡。到晚上，应给它添喂草料，圈舍要打扫干净，以防污浊的空气引起眼病等。平时，还可用细辛、皂角、苍术、甘松、苗蒲、雄黄等碾细，裹成捻条在圈内薰，牛就不易感染传染病。

夏天：气温很高，阳光极热，应当根据水牛怕热喜凉的特点来确定饲喂的时间。早晨四点钟就要给牛喂草喂水，喂一些水泡过的绿豆、胡豆，再加些火葱、淘米水更好。夏季，白天气温很高，晚上过了十二点就退凉了，这时才可以喂草喂水。中午阳光太热，应当休息，切不可因为农忙而过度使役。休息时应除去枷担，喘息平定后，就应让它滚水。并应在树阴下休息，加喂草料。到太阳落山时，或者继续耕犁，或者牧放林中，使其精神舒畅。夜晚圈内如有蚊虻，可以用雄黄（也可加苍术）碾细，加香裹成药条，放圈内燃薰，使牛能安睡，这些都是前人保护耕牛的方法。

秋天：天气虽然温和，但农活更多，耕犁不少，随时都要用牛，因此，必须经常让牛吃饱。这个季节，牛最易感受风邪。因此，用牛时不要赶得太急，急了就会毛窍疏通，大汗淋漓，风邪可乘虚而入，毛窍骤然闭塞，则风邪凝滞于内，则可发病。总之，养牛的人，要时常细心管理，及时调养，经常喂饱，使用合度，即使有病也不会很严重。

冬季：遇风寒霜露时，应当及时给牛披上牛衣，并加喂大麦、粳米、胡豆等精料。身格健壮了，就少感风寒，能抗外邪侵袭。如果不根据季节气候变化而改变饲养管理条件，如冬季未加强防寒保暖，使牛受寒冷侵袭，必然会感染疾病，治疗也就困难。牛和人一样，也是饿了想吃，渴了

---

[1] （清）李南晖著；四川省畜牧兽医研究所校注. 活兽慈舟校注 [M]. 四川人民出版社，1980年，第133页。

想饮，天冷想温暖，天热想凉爽，因此，饲养管理人员，要掌握牛的习性，才能使牛健康无病，更好地为我们所利用。

农家根据四时环境饲养牛的方式旨在顺应自然，不同时令中的饲料品质不同，牛的需求也不尽相同，从上述牛的饲养方式来看：春季牛需要新鲜的青草饲料，并注意保暖和休息；夏季应谨防中暑，在饲料中添加清凉消暑的食物；秋季劳作辛苦，饲料的量要保证充足；冬季则需要喂饲蛋白质含量多的能量型饲料如谷物、豆类等；关于牛具体喂饲时，还应该定时定量，谚有"水牛三千，黄牛八百"之说，虽然并不准确，但也说明牛所需的饲料量应当是有范围的，水牛耕水田，黄牛耕旱地，其进行的农事劳动不同，自然食量也有差别。

（三）猪的"圈干食饱"和"六宜八忌"

猪的饲养管理在明清时期得到了比较全面发展，主要表现在其饲料利用方式上。

1. "圈干食饱"的饲喂原则

"圈干食饱"的饲料利用方式来源于《三农纪》中，原文如下："喂猪莫巧，圈干食饱。"[1]具体操作应该是"豢人持糟立圈外，每一槽着糟一杓，轮而复始，令极饱，若剩糟，复加麸糠，散于槽上，令食极净方止。善豢者六十日而肥"[2]，此法用精料作为诱饵，让猪尽可能多吃饲料以利肥育。

2. "六宜八忌"饲喂法

《豳风广义》进一步提出猪的"六宜八忌"饲喂法[3]：一宜"冬暖夏凉"；二宜"窝棚小厂，以避风雨"；三宜"饮食浊臭"；四宜"细筛拣柴"；五宜"除虱去贼牙"；六宜"药饵避瘟"。其中，第三宜即利用饲料发酵方法，以改善饲料的适口性和营养；第四宜则是强调草木糠秕等饲料须经细筛、拣去柴梗杂物；第六宜为采用苍术、贯众，捣为细末，三五日和入食中饲之，可以避瘟。"八忌"则是：一忌"牝牡同圈"；二忌"圈内泥泞"；三忌"猛惊挠乱"；四忌"急骤驱奔"；五忌"饲喂失

[1]　（清）张宗法撰、邹介正等校释.三农纪[M].北京：中国农业出版社,1989年,第585页。

[2]　（清）张宗法撰、邹介正等校释.三农纪[M].北京：中国农业出版社,1989年,第585页。

[3]　（清）杨屾著；郑辟疆,郑宗元校勘.豳风广义[M].北京：农业出版社, 1962年,第163页。

时"；六忌"重击鞭打"；七忌"狼犬入圈"；八忌"误饲酒毒"等。除此之外，《豳风广义》还将猪饲料的利用总结成如下几个方面：一为饲豚子法："豚子初生，宜煮谷饲之，或大麦屑或豆屑、荞麦、穄秫屑，务宜煮熟，少加草末、糠麸饲之，不可与母猪同食，或置木栅栏、留空只容豚子出入，或圈墙下、开一小窦，令豚子出外饲之亦可。六十日后阉之俗呼为骟，猪阉了则骨细肉多，易长易肥，必须截去尾尖，阉不截尾，则前大后小，豚子阉后，待疮口平复，取巴豆两粒去壳捣烂和食中饲之，半日后当大泻，其后则易长肥大"[1]系统总结了在喂饲小猪崽时的方法，在小猪刚出生时，应该喂熟料，不可以让其与母猪一同吃食，长至60天要阉割，随后将巴豆掺入饲料中喂，有利于后期长肥。

（四）羊的"栈羊法"

明清时期，劳动人民发明并推广了羊的一种行之有效的催肥饲养法——栈羊法，根据《居家必用事类全集》和《便民图纂》二书介绍：

初来时，与细切干草，少着糟水拌，经五、七日后，渐次加磨破黑豆，稠糟水拌之。每羊少饲，不可多与，与多则不食，可惜草料又兼不得肥。勿与水，与水则退膘，溺多。可一日六、七次上草，不可太饱，太饱则有伤；少则不饱。不饱则退膘。栏圈要清洁，一年之中，勿喂青草，喂之则减膘、破腹、不肯食枯草矣。[2]

这是农区中的经营地主趁牧区草枯缺乏过冬饲草，利用农作物藁秆进行舍饲囤肥获利的经营方法，故买的都是去势的有膘羊只。书中多次出现的"少着""少饲""不可多与""不可太饱"的字词强调了喂饲羊时要注意"过犹不及"的道理，由此可见在饲料使用时并不是越充足就对畜禽越好，与猪需饱饲的做法不同，羊应该严格控制喂饲以及饮水，以防伤身。冬天要考虑天寒时的喂饲干草料的情况，故不能再喂新鲜青草，这样可以避免寒冬时节羊的"挑食"问题，这些都充分说明人们已知草料的制备和强调补充蛋白质的重要，少喂勤添的科学饲喂方法，至今仍有参考价值。

除此之外，《三农纪》还提到牧羊时春夏放牧要宜早，秋冬放牧要

---

[1] （清）杨岫著；郑辟疆，郑宗元校勘.豳风广义[M].北京:农业出版社，1962年，第164页。

[2] （明）邝璠著.便民图纂[Z].北京:中华书局,1959年，第43页。

宜晚。"耕熟至三四月，种杂谷豆，并草长至深秋，芟收晒干，收停高密处，至冬雪雨以草喂之，免出牧每岁得羔"，若要羊快速生长，则"煮豆拌盐合草日日饲之，勿多饮水，一月即肥"[1]。

二、家禽的"肥育"法

对于家禽的饲喂，主要是以肥育为主，因而诞生了独具特色又简单适用的喂饲方法。

（一）鸡的"栈鸡易肥法"

明朝发明了"栈鸡易肥法"，此法在《居家必用事类全集》和《臞仙神隐书》中均有详细记载：

> 以油和面，捏成指尖大块，日与十数枚食之，以做成硬饭，同土硫黄研细，每次与半钱许，同饭拌匀喂之。不数日即肥矣。

用油和面搓成小团子，方便保存又容易掌握鸡的食量，有利肥育。这其中还提到在饲料中添加以研细的土硫黄一钱的做法，从现代科学来看，土硫黄是有毒物质，主要用于跌打损伤的治疗，在催肥肉鸡上，不符合现代科学观念，但其本质也是有防病作用。

（二）鹅的"栈鹅易肥法"

《臞仙神隐书》书还记载了"栈鹅易肥法"，具体内容如下：

> 以稻子煮熟，先用砖盖成小屋，放鹅在内，勿令转侧，门以木棒签定，只令出头吃食。日喂三四次，夜多与食，勿令住口，只如此，五日必肥。

根据该方法，不仅把鹅固定在一定的空间里，令其"只吃不动"，一天的喂饲次数也有规定，所用饲料多以蛋白质丰富的豆类为主。《三农纪》以及《豳风广义》中的"肥鹅法"与其大致相同，且都提到鹅饲料应该用粟、豆为最好，蒸熟后拌以麸糠十日即可长肥。

（三）鸭的"填鸭法"

《三农纪》则对在不同生长时期的鸭制定了喂饲方法：

> 雏出，先将米糜饱饲之，名曰填嗉。然后以粟饭，切青菜和水喂，水

---

[1]　（清）张宗法撰、邹介正等校释.三农纪［Z］.北京:中国农业出版社,1989年,第581页。

啄即损，恐淤塞鼻孔，如此半月，放水中浴片时，躯岸少晒入笼饲之，有炒糠麸伏者，有炒来伏者，又马屎伏者，五月五日不宜放栖，此日只宜干喂一日，不可与水饮，则生蛋不已。鸭宜一雄五雌，生蛋时毋雌雄杂食，以土硫和谷喂，则生蛋不已"[1]。

即当雏鸭生长阶段，要用米糊来喂饲，稍微长大后，则开始用粟米饭以及切碎的青菜和水喂饲，而生蛋的鸭要在饲料中添加土硫，这样有利于鸭生蛋。清人包家吉《滇游日记》中还记载了一种填鸭法："将食之前二十一日，白米做饭以盐花和之成团，做枣核状，强喂之，每日减去一团，至期宰食，其味鲜嫩无比"，这也是一种以通过人工喂饲来快速催肥家禽的方法。我国著名的北京鸭就常用此种方法催肥，获得良好的效果。这一方法后来在欧美等国不少地方也较多采用。

三、"肥—饲"循环利用方式

除去饲料在喂饲畜禽方面的作用，明清时期人们还智慧地将饲料与肥料的利用相结合，形成了具有时代特色的"肥—饲"循环利用方式，其具体来说，具有多重涵义，其一即将饲料当作肥料使用，或是肥料当作饲料使用；其二为饲料在喂饲畜禽后，畜禽产生粪便，被当成肥料使用，最后形成饲料、肥料在利用过程中形成良性循环模式，在此利用方式下，饲料又形成了新的利用方式，成为农业生产链的重要环节。

（一）"肥—饲"循环利用产生的条件

"肥—饲"循环利用的模式产生有多方原因。明清时期，人们生产水平提高的同时，自然资源的缺乏愈加明显，如何实现自然资源利用效率最大化成为农业生产者孜孜不倦探究的问题。因此，如何在"人畜争粮"情况下，人们能够积极开辟资源，实现肥饲循环模式的根本原因；而明清时期饲料以及肥料的利用方式本身就具有重叠性，这也为该模式的建立提供了可能。

古代饲料讲究因地制宜、因时制宜，所以人们普遍都采取就地取材的方式喂饲畜禽，而肥料的来源也颇为相似，农家将经过发酵的剩菜剩饭

---

[1]　（清）张宗法撰、邹介正等校释.三农纪［M］.北京:中国农业出版社,1989年, 第589页。

制成天然肥料，侍弄作物。由此可见，实际上既可当饲料也能做肥料的资源实属丰富。牲畜粪便用作肥料历史悠久，到明清时，根据《戒庵老人漫笔》记载：谭氏兄弟是苏州府常熟县有名的农业经营者，他们将低洼浅水改造为池塘，池中蓄鱼，鱼池上则"为梁，为舍，皆畜豕，谓豕凉处，而鱼食豕下，皆易肥也"[1]，表明此时已经出现将猪粪、鸡粪用作鱼饲料现象。此后，这一现象陆续在现实生产中得到发展，人们合理利用肥料与饲料之间的关系，实现了有限资源的合理化利用。例如，江浙地区将羊粪和蚕矢也用作饲料，张履祥在《策邬氏生业》一文中就提出了"辟池塘养鱼，池上养羊，以羊粪饲鱼"[2]的建议。徐光启在《农政全书》中也曾提出"羊，或圈于鱼塘之岸，草粪则每早扫于塘中以饲草鱼，而羊之粪又可饲鲢鱼，一举三得矣"[3]。

（二）"肥—饲"循环利用主要模式

按照肥料和饲料的使用顺序以及其关联性，可将"肥—饲"循环系统分为不同的模式，各模式下的循环系统具有不同涵义。

1. "饲料—肥料"模式

"饲料（农副产品）—肥料（畜禽粪便）"是该循环模式中最简单的一种，在该模式下，各种农副产品成为畜禽饲料，畜禽的粪便作为肥料来使用，形成良性循环。在该模式里，自然资源则以物质和能量的关系实现了转换，通常以畜禽作为媒介，饲料的能量经过转化，最终以肥料的形式出现。因此，饲料品质的好坏直接影响到了肥料的质量，可见，饲料不仅仅有喂饲畜禽的作用，甚至还与肥料的生产和利用息息相关。"羊雍宜于田，猪雍宜于地"，此方式主要应用于江南地区，农家各生产区域彼此相近相邻，各区域资源得以相互利用。人们将不同畜禽的粪便用于不同的生产区域，在生产中利用畜禽粪便作为天然有机肥，这也实现了饲料和肥料的转化，形成了更完善的"饲料—牲畜—田地"的循环模式。明清时期，这一模式得到了不同方式的扩展与引申，多种以此为基础的循环模式应运

[1]　（明）李翊撰.戒庵老人漫笔·卷4（排印本）[Z].北京：中华书局，1982年，第76页。

[2]　（清）张履祥辑补，陈恒力校释，王达参校、增订.补农书校释[M].北京：农业出版社，1983年，第177页。

[3]　（明）徐光启撰；石声汉校注.农政全书校注[M].上海：上海古籍出版社，1979年，第1160页。

而生。[1]

2. "饲料—肥料"双循环模式

双循环模式指的是"饲料—肥料—饲料—肥料"模式，上文中所引《戒庵老人漫笔》中的猪粪、鸡粪喂鱼之法就属于这一种。在此模式中，虽然谭氏并没有做进一步的说明，但是此时人们普遍有将混有鱼粪的淤泥用作桑树等作物肥料的习惯，因此，饲料经过以猪、鱼为媒介的两次转化，其中转化成的肥料都能够最大程度上被利用，饲肥结合已然更加紧密。该模式因为其良好的转化效率和使用效率而广受欢迎，随着这一时期蚕桑种植业的兴起，江南地区的桑树种植已经极为普遍，桑叶不仅用来喂蚕，更是成为湖羊的重要饲料，《沈氏农书》的"蚕务·六畜附"中提到人们将枯桑叶开发成羊的饲料，羊产生的粪便又可重新作为桑树的肥料利用。桑叶被用来喂蚕，同时蚕沙亦可作为种麦和种豆的肥料。此后，随着能被利用的农业生产中的废物种类变多，分级利用次数也更多。农家废物资源化水平进一步提高，该模式不断改变，从而出现了多个基于饲料与肥料转化的循环系统。

3. "饲料—饲料—肥料"模式

该循环模式是在简单模式上的一种引申，该模式中饲料经过不同的媒介完成两次分级利用，最后转化为肥料。最为典型的例子出现在徐光启的《农政全书》一书中，其中写道："作羊圈于塘岸上，安羊。每早扫其粪于塘中，以饲草鱼，而草鱼之粪又可以饲鲢鱼，如是可以损人打草"[2]，在池塘边上植桑，桑下养羊，羊食桑叶，羊粪饲喂草鱼，草鱼粪便又可以饲鲢鱼，鲢鱼粪用作桑树的肥料。该法将养羊与养鱼结合起来，利用饲料与肥料的转换实现了富有特色的农业生产模式。除此之外，农民利用作物秸秆做饲料养猪，猪粪养蛆，用蛆喂鸡，鸡粪施于作物也是该模式下的典型做法。

4. "肥—饲"复合模式

在"肥—饲"循环方式中，最为高级的模式即为饲肥复合循环模式。

---

[1] 陈加晋, 吴昊, 李群.生态农业背景下饲料系统的变化及价值——以明清太湖地区为例[J].山西农业大学学报(社会科学版), 2016(12).

[2] (明)徐光启撰; 石声汉校注.农政全书校注[Z].上海: 上海古籍出版社, 1979年, 第1163页。

在上述叙述的几种循环模式中，还仅仅是两、三个农业生产部门的简单配合，在实际生产、生活中，猪、牛、羊、鸡、鸭等各类家畜家禽以及蚕桑、棉麻种植等各类生产活动是同时进行的，为追求经济效益和资源利用效率，人们将各部门的生产活动结合起来，形成了一种复杂的生态模式，其中就包含了复合型"肥—饲"循环模式。在该种模式下，饲料与肥料的界限被打破，媒介形式也多种多样，有些饲料就是各类动植物，就前文提到的"塘边养湖羊"中，从全面的角度来看，就能够较好地对于该模式进行说明：农民在池塘边种植桑树，种植草类；桑树可以养蚕，湖羊则以桑叶、青草为食；桑树的青叶、椹、蚕沙和蚕蛹碎屑可投于塘中喂鱼，羊粪亦可喂鱼，也可直接用于桑树施肥；鱼粪直接成为塘中水草的养分，促其生长，改善池塘环境；混合各类饲料、肥料的河泥又可对桑树、田地施肥。由此看来，该模式实现了种植业与饲养业的完美结合，各类资源都可以相互作用、相互影响，有的对象甚至可以完成饲料、肥料、媒介这三种身份的转换，然而即使这一复合型的循环模式如何复杂，其本质还是由"肥料—饲料"和"饲料—饲料—肥料"组合而成，饲料在利用过程中不仅能够完成喂饲畜禽的作用，更能够形成循环模式中的链条，影响着种植业、水产业等其他部门的运营，其意义极为深远。

明清时期，随着"肥—饲"循环模式的出现和逐步发展，很大程度上缓解这一时期资源短缺的问题，具有较强的现实意义。在该模式下，饲料的利用问题扩展到肥料的利用，甚至于扩展到所有农业生产资源的利用，是一种共生、共赢的模式。人们在饲料资源的开发过程中，主要提倡的是资源共享、环境友好的策略，避免了在各类资源短缺的情况下，以破坏生态的方式解决问题，一定程度上反映了古代生态农业的理念。人们在选择饲料品种时，讲究因地制宜、顺应自然，《致富奇书》中有云："寿邑羊，春则出山，牧之于僚州诸山中；秋则远家，牧之于近地；禾稼既登，牧之于空田。夜圈羊于田中，谓之圈粪，可以肥田"[1]。与此同时，人们在发掘畜禽饲料时，将目光转向这一时期占据经济主导的养猪、养羊、养鱼、养蚕这四大养殖业，同时与生产生活中的废弃物联系起来，创造了多

---

[1]　（明）陈继儒纂辑.致富奇书[Z].杭州:浙江人民美术出版社，2016年，第112页。

种形式的"肥—饲"循环模式。养羊业的饲料结构的一半比例是枯桑叶；养鱼业中的鱼则以牲畜粪、蚕矢、蚕蛹、水生动植物等为食；猪更是发展到"大凡水陆草叶根皮无毒者皆食之"的地步，其他诸如野生的菜类作物、米、番薯、大豆的茎叶、糠麸、渣、糟、残羹剩饭、甚至是蝗虫、牲畜粪便等看似无用甚至遭嫌之物，全都变成了牲畜们的饲料来源。

四、中草药在畜禽饲料中的利用

明清时期的饲料在利用方式上除了上述的几点之外，还出现了"以食为药"的特点，对于畜禽的疾病治疗上，人们以自身的经历为依据，将"食疗"法创造性地引申至牲畜上，有的将饲料进行搭配来治病，有的则在饲料之外添加药方，以此达到治疗效果。一般来说，人们主要将药物或者药方添加至饲料中，其所加入的中草药具有多种功能，而为了提高生产效率，其中最为突出的目的仍以肥育畜禽为主。在经过长期的积累后，明清时期的饲料已经完全摆脱单一饲料喂饲畜禽的方法，采用多种饲料搭配，以便达到均衡营养、利于消化、适口性好的目的。饲料配方的利用较为普遍，基本上所有畜禽都有其适合的饲料配方，这些配方成为了其育肥、保健、治病的重要因素。

很久以前，人们就懂得饲料添加剂的重要性，如果说饲料的作用是为牲畜提供日常所需的营养，那么饲料添加剂在改良饲料口感、预防牲畜疾病、加快畜禽生长速度等诸多方面提供了帮助。这些添加剂一般都是含有特定功用的中草药，中草药添加剂功效繁多、品类齐全，其兼具药效和营养，可满足畜禽病中或者预防疾病的各类需求，如当归、陈皮、蜂蜜、党参、丹参、川芎、续断、杨树花、石膏、代赭石、胆矾、桑寄生等可以改善饲料营养；白芷、小茴香、橘皮、姜粉、胡椒、艾叶、肉桂、蜂蜜、山楂等添加进饲料后可以改善饲料适口性，起到调味诱食作用；花椒、辣椒、白鲜皮、儿茶等具有防腐作用可以为饲料保鲜。砂仁、六神曲、麦芽、稻芽、山楂、莱菔子等具有促进消化吸收作用；酸枣仁、钩吻、柏子仁、赤芍、艾叶、龙骨、牡蛎等具有促生长作用；川芎、丹皮、红花、桃仁、通草、赤小豆等具有活血通乳作用；杜仲、山茱萸、黄芩具有促孕保胎的作用。

总的来看，饲料添加剂按照功能可以分为以下几类：消食助脾类、清热解毒类、活血化瘀类、安神开窍类、驱虫消积类。其中，消食助脾类可以看作具有肥育效果的一种饲料添加剂，在明清这一时期应用最广，也成为最主要的饲料添加剂种类。

消食助脾胃类添加剂主要用于使畜禽快速增肥，缩短其生长周期，以此来获得更大的经济效益。其使用最久、最常见的单味肥育添加剂是梓叶和桐花，古代四大医书之一的《神农本草经》就曾写有"梓叶饲猪，肥大三倍；桐花饲猪，肥大三倍"，明代李继儒的《群芳谱》也肯定了这两种添加剂的功效。而最早的复方类催肥添加剂源自于东汉刘向所著的《淮南万毕术》一书，其中提到的"麻盐肥豕法"，其法为："取麻子三升捣千余杵，煮为羹。以盐一升著中，和以糠三斛饲豚，则肥也"，该方中麻子归脾、胃、大肠经，起到润肠通便的作用，其中，麻盐和糠还可以提高饲料的适口性，促进食欲，从而有效地提高了饲料的利用率，防治便结、宿食不化的症状。从目前所收集的史料看，此项可以认为是中草药在猪饲料应用最早的记载。此外，该方流传颇广，在众多权威的畜牧史文献中仍有此方法的引用，例如《农政全书》中还记载，用"贯众三斛、苍术四两、黄豆一升、芝麻一升"[1]，炒熟后磨碎喂猪，十二天即可肥壮，即在原有基础上，又对此方有了改良。到了清代，在《卫济余编》中有两则，一则"贯众、何首乌各一两，麦芽、黄豆各一升，共为末加盐一两拌匀，每日饲以四两则易肥"；另一则"贯众、何首乌、大麦芽各一斤共研末，每日用四两拌食内，待出圈之日，半月前服起，饲药完日即宰，其肥加倍"，从上述两方来看，其所选药材大致相同，其中贯众可用于体内驱虫，以便饲料中的营养物质更好吸收，其余在辅料上有些微差异，在喂饲方式也不尽相同，至于效果虽未明说，但应该后者是更好的。《活兽慈舟》中也有关于猪育肥的药方，其方有三：一为"酒醋、酒曲、童便合糠糟而饲之"[2]，该方主要是通过改善猪的脾胃，使其多食养肥；二为"胡麻一升、酒曲四两、食盐半斤、陈皮一斤、砂仁一两共为末，常与糠糟和匀喂

---

[1] （明）徐光启撰.；石声汉校注.农政全书校注［M］.上海：上海古籍出版社，1979年，第1167页。

[2] （清）李南晖著；四川省畜牧兽医研究所校注.活兽慈舟校注［M］.成都：四川人民出版社，1980年，第403页。

饲"[1]，此方与前者类似，主要起到"胃开膘起"的效果；三为"芝麻一升、炒黄豆三升、炒蓖麻一合去壳"[2]，李南晖称此为"催膘方"，该方主要以蛋白质和脂肪为主，可以有效地补充营养物质，有利于畜禽的快速生长。总之，中草药用以促进畜禽生长发育、催肥，提高动物的生产性能，改善畜产品的品质，在历代都有运用和发展，有许多经验和验方一直沿用至今，对畜牧业的发展有一定贡献。[3]

综上所述，畜禽饲料的利用方式对比前代有了长足的进步，人们在喂饲畜禽的过程中，不断地提高饲料利用效率，优化农业生产过程，总结了十分精细的喂饲原则和方法。与此同时，人们在生产生活中进一步扩展着饲料的利用方式，在这一时期，饲料与肥料在利用方式上产生了完美的结合，人们因地制宜，将多种农业生产部门有效结合，创造出多种高效、节能且环境友好的"肥—饲"循环利用模式。除此之外，饲料添加剂的利用愈发普遍，多元化的中草药添加剂各具不同的效果，复方型的添加剂打破了单一味药在功能上的局限，其在改良饲料口感、预防牲畜疾病、加快畜禽生长速度方面做出了重要的贡献。

第三节　饲料利用的特点与影响

在中国传统农学思想中，总是把物宜与时宜、土宜结合在一起，认识时令气候、土壤环境的变化规律，或趋利避害，或加以改造，为的是更好地种植和畜牧。明清时期，畜禽饲养成为了农事生产活动中的重要内容，人们在选择畜禽饲料种类、加工方式以及利用方法上都体现了这一时期的主要农学思想，这些思想促进了饲料业的总体进步，而畜禽饲料在发展过程中也丰富了我国古代农学思想，可以说，整个饲料发展的历史其实也是农学思想的发展历史。

---

[1] （清）李南晖著；四川省畜牧兽医研究所校注. 活兽慈舟校注［M］. 成都：四川人民出版社，1980年，第403页。

[2] （清）李南晖著；四川省畜牧兽医研究所校注. 活兽慈舟校注［M］. 成都：四川人民出版社，1980年，第403页。

[3] 袁宗辉主编. 饲料药物学［M］. 北京：中国农业出版社，2001年，第370页。

一、饲料利用的特点

明清之际，受西方资本主义的冲击，农学思想开始将经济学观点纳入其中，在此影响下的农业经济学得到迅猛发展，人们从积累财富的角度安排各种农事生产活动，而"以农为本"的农学思想在经济学角度下又有了新的解读，畜禽饲料的整体发展也在多种方面受到了影响。

（一）注重经济效益

明清时期，人们对于商品经济的重视程度大幅提高，甚至广大的知识分子都纷纷言商，这与过去人们"言商为耻"的情况大不相同。与此同时，这一时期的知识分子呈现新的面貌，例如众多农业文献的编撰者既是地主又是农学家，这些知识精英代表的是大地主大资产阶级的利益，但从另一个角度来说，他们在重视经济效益的同时，又关心着农业生产活动的发展，这和单纯地靠地租剥削农民的情况又有所不同。在这一农学与经济学紧密结合的时期，众多明清时期的农业文献资料中，都有十分显著的"极重经济"的思想，纷纷说明了时人重视"经济效益"的程度：例如张履祥在《补农书》中，就将农事安排与经济效益紧密地连接在一起，在此影响下，畜禽饲料的选择和利用必然受到大环境的影响，不仅是畜禽种类的选择上，还是饲料的种类以及利用方式上，都有明显的利益化趋向。

1.因地制宜

和人的食物选择一样，畜禽大多也是"靠山吃山，靠水吃水"。因而，对于畜禽品种的选择，农学家有着仔细的考量，要想获得最大效益，自然首先要考虑的是农户所处环境，根据自然条件中饲料来源的便利，进行规划性饲养。例如：清代王晋之的《山居琐言》中就有如下观点："蓄养亦有多牲，而以牛羊为先，为牛羊求牧刍又莫便于山，居山而不畜牛羊，最为失计。"[1]在他认为，畜禽之中应当以牛羊为首先考虑对象，尤其是住在山边的农户，如果不养牛羊就会有所损失。而牛和羊的获益亦有区别："畜不徒得粪亦可获其滋息之利，羊之利在一年中，牛之利在数年后。羊之粪牧而即肥，牛之粪饲而后肥，似乎羊胜于牛，然牛可耕田

---

[1]　（清）王竹舫著.山居琐言［Z］.清代诗文集汇编，第729册，上海：上海古籍出版社，2010年，第137页。

驾车，而羊无用则又视羊为重，惟牡不宜多，以其不能滋息。"[1]由此可见，养羊能够迅速获利，具有一定优势；养牛虽然获利慢，但是牛可作为耕田工具，与之相比，羊却不大有用，王氏对于这两种牲畜的优缺点分析到位，颇有见解。而对于家禽品种的选择，又有："吾山养鸭不甚得力，以鸭系水禽，喜食鱼虾，山止流泉，鱼虾既少而水又不宽，非看守则有遗失之患。圈养而饲以草谷，不如得水之利大。养鹅，虽同于鸭而能守夜，以母鸡伏于鹅卵，亦可多得鹅雏。"[2]此同样考虑了山地的自然环境，得出靠山多养鹅和鸡比较好，如果近水则养鸭为宜的结论。《农桑通诀》中亦有相似观点："江南水地多湖泊，取近水薷物，可以饲猪。凡占山皆用橡食檠苗，涓之山猪，其肉焉上。江北陆地，可种马齿，当约量多寡，计亩数种之，易活耐旱。割之，比终一亩，其初已茂。铡切，以泔糟等水浸于大槛中，令酸黄，或拌麸糠杂饲之。特为省力，易得肥腯。前后分别，崴崴可鬻，足供家费。"[3]人们生活在江南，如依水而居，则将水草浮萍之类喂猪，若傍山而住，则采植物嫩叶橡树果实作为猪饲料，而在江北，则常常选择种植耐旱的马齿苋，将其发酵后喂猪。张履祥则根据太湖地区蚕桑业发达、植桑较多的环境特点，认为养湖羊最适宜，这样在冬季湖羊以枯桑叶为食，还可以"净得肥雍三百担"，充分发挥了自然优势。由此可见，这时的人们已很重视将人、地、畜进行合理的统一，考虑自然资源、人的主观能动性和畜禽的生长特点等多方因素去选择畜禽的种类，以此来获得最大利益。

2. 价廉易得

这一时期，农家评价某类畜禽是否值得饲养，大多以"利"衡量，"利"从何来，从"省"而来。饲料通常作为日常消耗品，与农户的获益与否息息相关，通过节省饲料成本增加收入成为一种常见的手段。《山居琐言》中有"有母豗则一切糠麸豆叶之属皆无弃物"[4]，表明农事生产中留下的稻壳、瓜皮、植物枝叶都可喂猪，那么就可以高效率利用各类资

[1]（清）王竹舫著.山居琐言[Z].清代诗文集汇编，第729册，上海：上海古籍出版社，2010年，第137页。

[2]（清）王竹舫著.山居琐言[Z].清代诗文集汇编，第729册，上海：上海古籍出版社，2010年，第138页。

[3]（元）王祯撰；缪启愉、缪桂龙译注.农书译注·下[Z].济南：齐鲁书社，2009年，第127页。

[4]（清）王竹舫著.山居琐言[Z].清代诗文集汇编，第729册，上海：上海古籍出版社，2010年，第138页。

源，不至于浪费，也可节省其他饲料。清代的《补农书》也说："残羹剩饭，以至米汁酒脚，也可食畜"。其次，人们在粮食饲料缺乏之时，寻找别的饲料种类喂饲畜禽，如《豳风广义》就有："饲牧之人，宜常采杂物以代麸糠，拾得一分，遂省一分食，稍有空闲之处，即可牧放，放得一日，即省一日之费，总要殷勤细心掌管，自然其利百倍矣。"[1]以及"饲鸭与鸡同，用粟豆饲鸭，其利有限，不若细剉苜蓿，煮熟拌糠麸饲之，价省功速，亦善法也。"[2]此外，还有合理选择易得、产量大的饲料种类来获益，《豳风广义》中猪的"收食料法"就有"唯苜蓿最善，采后复生，一岁数剪，以此饲猪，其利甚广，当约量多寡种之"[3]；《农言著实》在开篇中也写："咱家地多，年年有种底（的）陈苜蓿。况苜蓿根喂牛，牛也肯喫（吃），又省料，又省秸，牛又肥而壮"[4]可见，将常见、农家常种植且易于生长的饲料种类喂饲畜禽，能够"获利甚广"。

3.饲养方法优良

在经济利益的考量下，人们在饲养畜禽方面提出了诸多要求，以此告诫人们应当仔细饲养，以保证畜禽质量，避免不该有的损耗。例如在《农圃便览》的《养牛》中有："牛为农之本，腴田百顷，非牛莫治，其兴地利，不止代七人之力，故禁宰有律，非泥果报之说也。喂养不可失时，吾邑向无喂料者，今牛价数倍，若不加心喂养，一经倒毙，无力置买，佃户不免流离主地，亦必荒芜矣"[5]，可见，人们已经意识到若要保证盈收，必定要保证生产力（牛），而只有悉心喂饲，精细选料，才能治田兴利。再者，人们还通过畜禽育肥，缩短生长周期的方式，来提高家庭收入，该方式也是最优先考虑的一种，如农家常用"火菢法"养鸡，具体方法如下：将小米蒸熟制成干饭，使其避免黏粘，喂饲鸡两三顿后将其关在室内，不可外出，室内还要生火取暖，不能让鸡受冻，新产出的鸡仔要安置在炕上，每天用生的小米喂饲，让其饮用温水，十几日后才能在室外

[1] （清）杨屾著；郑辟疆，郑宗元校勘.豳风广义［M］.北京：农业出版社，1962年，第169页。

[2] （清）杨屾著；郑辟疆，郑宗元校勘.豳风广义［M］.北京：农业出版社，1962年，第169页。

[3] （清）杨屾著；郑辟疆，郑宗元校勘.豳风广义［M］.北京：农业出版社，1962年，第165页。

[4] （清）杨一臣著；石声汉校注.农言著实注释［M］.西安：陕西人民出版社，1957年，第1页。

[5] （清）丁宜曾著；王毓瑚校点.农圃便览［M］.北京：中华书局，1957年，第14页。

放养。杨屾评价此法"欲广雏而取利者，后有火菢之法"[1]，在该饲料利用方式下以及饲养管理下，通过多产小鸡保证获利。综上所述，农民、地主、农学家都会根据自身利益考虑畜禽的饲料和利用方式，在该思想影响下，人们在一定程度上促进了自然资源的合理运用，并且提高了畜禽饲养管理水平，尤其是人们根据经验总结育肥畜禽，不仅增加了经济收益，也为畜禽饲养技术的进步做出了贡献。

（二）关注时令变化

我国古代的农事活动都严格参照时令、天气的变化，所谓农家都是"靠天吃饭"，不是没有道理的。众多农书以及相关文献资料在详述务农养畜之法时，首当阐明时令节气的重要性。"四时有温凉寒暑之异，必顺时调适之"[2]，明清时期，甚至还有大量的月令式的农书出现，进一步说明其对于农事活动的影响。而这一时期，饲料在利用方式上也充分考虑了时令的因素。

总的来说，时令的变化使得土地上生长出的天然饲料品种也有不同，不同的地区，生长农作物不同，用以喂饲的饲料品种也有差异。从畜禽的角度来说，时令节气与其日常活动息息相关，从饲料的角度来看，时令节气一般决定了喂饲畜禽的品种选择。一般来说，对于食草类畜禽来说，如马、牛、羊，一般在严冬之前，选择晒干的草叶进行贮存，以便冬春喂饲畜禽；春夏，则让畜禽食用新鲜的各类青草和枝叶，其具体情况稍有差异，但基本以时节决定喂饲的草料。如马在夏天不宜食用熟料，主要让其放食野草；对于牛来说：春日食用的草料主要有：各类干草、麦麸、豆饼、稻糠、棉子饼等；夏季有绿豆、蚕豆、豌豆、苦荞、大麦等；秋日食用豆、褚、桑、拓、薯叶等。而羊一年中三季主要靠放牧，冬季则以晒干后的谷豆充当饲料，即"四月先种豆，杂谷百亩，八、九月并草刈之，若不种豆，须于秋草结实时广刈曝干，勿令浥湿，以备冬饲"。所以归根结底，时节不同，土地生长出的植物也有所不同，因此畜禽能够使用的饲料也有差别。关于喂饲次数，《郡县农政》中有"春、夏、秋生草时，

[1]（清）杨屾著；郑辟疆，郑宗元校勘.豳风广义[M].北京：农业出版社，1962年，第174页。
[2]（清）祈隽藻著；高恩广，胡辅华注释.马首农言注释[M].北京：农业出版社，1991年，第63页。

（猪）三放一饲……冬则入圈饲而不放"[1]的说法。

（三）重视畜禽福利

我国古代有着漫长的人与动物相处的历史，发展到明清，人与动物的关系已经既密切又复杂，饲料作为人与动物之间沟通的重要桥梁，具有不可忽略的研究价值。在这一时期饲料的利用中，不难发现，人对于畜禽精神以及生理上的关注。

虽然我国古代未对畜禽的需求做出过明确的界定，但是相关的理念和做法已经能够说明我们早已有关注畜禽需求的思想。董仲舒就曾经说过："至于爱民，以下至鸟兽昆虫莫不爱"[2]，可以说，中国古代儒家思想"仁爱"思想不仅局限于爱人，更将动物纳入了爱护的对象中，这也是这一理念的开端。明清时期，这一较为笼统的"爱"又有了具体的阐述，人们将需要爱护的动物具体化，并阐述了其缘由，即人们要善待动物，尤其是为人类服务、与人友好的动物尤甚。《马首农言》中就有直接的类似观念，书中引《陈旉农书》的观点认为："（牛）不可售于屠肆。牛之勤苦，其功甚大；羸老，则轻其役而养之可耳。"[3]可见这一时期的农学家不仅将牛作为农耕以及盈利的重要工具，更有了即使牛不再劳作也应当善待、继续饲养的意识。与此同时，人们在驱使畜禽工作的过程中，也并不是一味地让其劳作，而是充分考虑了动物的情感，在《三农纪》中则提到：马在秋冬进食饮水后需要驰骋，"令其精神爽快"；牛在夏季正午炎热之时要让其浸于池塘中消暑，用以"助其精神，不致困耕"，夜晚还要饲以水草，令牛"不受郁烦之气"等饲养原则。《活兽慈舟》中也有多处提到畜禽"舒畅性情""使爽精神""惜牛爱物"的重要性。除了上述文献记载，其他书籍中也有此类观点，例如：清代怪杰石成金在其著作《传家宝全集》"养金鱼"一栏中写道："近来扬城人家喜养金鱼，遂有'文鱼''蛋鱼'等名，固属雅事。乃日取蚤虫几千万以供数鱼之食。殊不知虫虽微细，俱关生命。因我悦一时之目，遂死千万命。各家相效，伤

---

[1]　（清）包世臣著；王毓瑚点校.郡县农政[M].北京：农业出版社，1962年，第36页。

[2]　（汉）董仲舒著；（清）凌曙注.春秋繁露[Z].北京：中华书局，1975年，第51页。

[3]　（清）祁寯藻著；高恩广，胡辅华注释.马首农言注释[M].北京：农业出版社，1991年，第62页。

生无算，可不怜悯欤？"[1]随后石氏自创妙方，以新的人工制成的饲料喂饲金鱼，甚至还能使金鱼养得更肥壮，以此得以保全千万乃至更多的生命。该作者从爱护动物的思想出发，用自身新的体会制成鱼食，又促进了饲料品种的增加，从一定程度上看，该思想理念与饲料开发有着某种千丝万缕的联系。此外，对于特定的畜禽生长阶段，人们在饲养过程中也有相应的措施，例如怀孕的动物则应当避免过多劳逸，《郡县农政》中有提及："（牛）凡有胎者，役使尤宜珍护，孕六月后停牧""（马）凡受胎即停役，一月后胎固，如常役，六月后减役，临产一月前仍停役，尤宜勤料"，这一系列做法不仅让畜禽得到足够的修养，还强调了饲料的使用量必须充足。

除了满足动物的精神需求，还要在饲养过程中注意满足其自身生理需求，尤其对于家养畜禽来说，给予其完善的照料，充足的饲料。刘应棠曰："青草饱黄牛，绿荫当午睡……牛之乐亦唯此时而已"[2]，畜禽也同人一样，有充足的食物和休息就会感到快乐，此观点是除了人对于畜禽的基本爱护态度外提出的另一要求，而饲料作为满足畜禽生长需求的重要因素，一定程度上代表了畜禽需求的。前文中所述的人们在积极开发新的饲料品种，提高饲料利用效率，优化饲料加工方式，除了满足人们自身需求外，也是充分考虑了畜禽对于饲料的需求。

（四）优化配置资源

明清时期，饲料资源的利用更加灵活，人们合理分配资源，在探讨人与畜禽的关系时，更多的是以双赢为目的。"畜者养也，牧者守也。养而守之，如郡县之亲民，慈爱之，珍惜之，以身测其寒热，以腹节其饥饱，自然生息日蕃，资财渐广。"[3]事实上，这一时期，甚至整个古代，饲料的发掘、加工以及利用的进步最主要的则是靠智慧而不断探索的人才能实现的。

中国人有充分利用资源的传统美德，或者说是由于长期的资源短缺逐步形成的一种习惯，而且一再推广，根深蒂固，应用十分广泛。我们用

[1]　（清）石成金著. 传家宝全集·第二册 [Z]. 北京: 线装书局, 2008年, 第67页。

[2]　（清）刘应棠著; 王毓瑚校注. 梭山农谱 [M]. 北京: 农业出版社, 1960年, 第19页。

[3]　（清）杨屾著; 郑辟疆, 郑宗元校勘. 豳风广义 [M]. 北京: 农业出版社, 1962年, 第162页。

一双筷子吃尽了天下苍生，至于家畜的饲料选择，则更是有过之而无不及，但有一个原则，就是在达到同一生产目标的情况下，尽可能多地利用人类无法利用的东西，尽可能少吃粮食。可充作饲料的除了农家厨下残羹与农产和加工副产物之外，还引入外来草种，或者就地取材寻找可利用的天然植物，甚至自制蛋白饲料。与此同时，因为中国很早就进入人多地少的窘境，有人说，"中国的烹调是饥饿文化的产物"，是在长期同饥饿做斗争的过程中，发挥了自己的聪明才智积累了更多与吃有关的实践经验，在客观上创造和孕育了灿烂夺目的饮食文化。自然而然的，中国人还把这种"烹饪"的理念带到了畜禽的饲喂上，因为中国的畜禽长期以来也同它们的主人一样存在食料"难以下咽"的问题。比如，用以喂马牛的饲草要"细剉"，凡草木糠秕等饲料必须精心筛选、碾细，剔除柴梗等杂物，谓之"细筛拣柴"，而用以喂猪的马齿苋不但要"铡切"，还要"以泔糟等，浸于大槛中，令酸黄，或拌麸糠杂饲之。中国人的勤劳传统由此可见一斑，不只是种植业"精耕细作"，传统的养殖业同样如此。也正是由于精细的人工，廉价的劳动投入，才弥补了很大一部分畜牧业发展中饲料不足的缺陷。

　　人在与自然相处的过程中，尤其在与自然灾害斗争时，畜禽饲料也在无声无息地发挥着重要作用。几千年来，各朝代的统治者为了稳定社会环境和政治稳定都极为重视救荒机制的建设，明清时期，该机制更加成熟。如果说统治者在救荒中起着主导性的作用，那么广大的民众则是救荒中的主力军。在漫长的救荒斗争中，勤劳智慧的民众总结出了一系列救荒对策，这些经验与对策在荒灾来临、政府救灾不及时亦或官员腐败时起到了巨大的作用，其主要救荒思想是农业生产者的宝贵财富。灾荒来临时，人们的生产与生活都受到了巨大的影响，在严重缺乏粮食危及生命的情况下，人们利用畜禽饲料渡过了一个又一个难关。在各类的农业历史文献中都不缺乏此类的记载，其中涉及的畜禽饲料种类众多，且大多以草本为主，现分述如下。

　　马齿苋：马齿苋不仅是马的重要食物来源，也可以被人们所食用。马齿苋和救荒联系在一起最早出现在明代，明代时，江南天旱闹灾荒，许多饥民以马齿苋为食。从今天科学的角度来看，马齿苋为多肉植物，因为其耐寒、耐旱的生长属性可以在十分严酷的环境下生长。民间根据其外观特征又称它为：豆瓣菜、指甲菜、瓜子菜等等，荒灾过去后，人们又将其叫做长命菜，不仅寓意它的生命旺盛，更是赞扬它为人们带来生机。除此之外，马齿苋还具有很强的药用价值。《本草经集注》中记载，该植物具有"清热解毒、散血消肿、利水通淋、抗菌杀虫"的功效。民间还将马齿苋煮粥治疗痢疾，或将其与蒲公英一起服用治疗阑尾炎，或将其捣烂敷于蚊虫叮咬处以消肿止痛。

黑子高粱：清代的郭云升在《救荒简易书》中曾提到："（二月）种黑子高粱，荒年可多得谷，丰年可多得钱"，至于为何丰年可多得银钱，郭氏解释为："骡马食之牙不酸，酒家车户，争以高价买之"。除此之外，（三月）种黑子高粱，"大暑可磨凉粉鱼食也"。由此可见，黑子高粱不仅按时令种植，可以用以喂饲骡马或者制成鱼食，在灾荒年间，人也可以食用充饥，成为救荒防灾的重要食物种类。

胡枝子：根据《救荒本草》记载："（胡枝子）其种实先用冷水淘净，复以沸水烫三五次，去水下锅或做粥，或做炊饭皆可食。"[1]人们普遍以此代替大豆做成豆制品，以供荒年食用。而在平时，胡枝子因其丰富的赖氨酸、矿物质以及多种维生素，多被制成精饲料，用作精料时，一般将其带壳磨碎，制成胡枝子粉，用来喂猪和鸡，也可用来喂牛和羊。[2]

白榆：白榆是淮北地区常见的树种，其枝叶含淀粉和蛋白质，可作为饲料使用，除此之外，榆树也是人们渡过荒年的重要食物来源，榆树嫩叶、根皮和榆子都可食用，《救荒本草》有相关记载："榆树的树皮含有淀粉和黏性物，可将树皮磨成粉，是为榆皮面，人们将其掺和粗糠或者散性面粉一起食用，可以饱腹。"[3]

燕麦：《本草纲目》记载："燕麦，野麦也，燕雀所食，故名。"而燕麦制成的麦麸是喂羊的上等饲料，没有去壳的皮燕麦也常被用作反刍动物食用。

《救荒本草》中燕麦是一种救荒粮食，可"采子，舂去皮，捣磨为面

---

[1] （清）朱橚撰；倪根金校注.救荒本草校注［M］.北京：中国农业出版社，2008年，第189页。

[2] 崔红等编著.经济林栽培·北方本［M］.哈尔滨：东北林业大学出版社，2009年，第324页。

[3] （清）朱橚撰；倪根金校注.救荒本草校注［M］.北京：中国农业出版社，2008年，第293页。

食"[1]。

甘薯：甘薯在传入中国之初，主要用以喂饲家猪，固有"薯丰—猪壮—粮多"的说法，清代乾隆时期，农业种植结构得到了调整，甘薯以其适应性广、需肥少、产量高等特点逐渐完成了其角色转换，成为了农家重要的粮食品种，从原先的以饲料为主要用途变成了人们的口粮，紧跟稻麦之后。

明清时期，畜禽饲料利用已经不拘于特定的原则，在特定历史时期，人们将很多物种的饲料属性减弱，而将其作为人的口粮的作用提升，不仅拓展了畜禽饲料的利用方式，也增加了人们的粮食种类，这为今后人们的粮食结构以及饮食方式的改变产生了较大的影响。与此同时，在这一过程中，人们能够根据时令、气候环境的变化，对自身以及畜禽的饮食生活进行合理的变动和安排，实现了农业生产、生活水平的进步，在如今来看，仍然具有重要的意义。

二、饲料利用方式变化的影响

饲料不仅是畜禽生产的基础，还是畜禽产品质量的决定因素。明清时期畜禽饲料紧密联系种植业与畜牧业，饲料在资源开发、加工、利用方式上的任何变化都会相应影响相关部门的发展。这一时期，畜禽养殖的结构亦发生很大变化，主要体现在提供役力的牛、马大量减少，而猪、羊、家禽等生产有一定程度增多，而日益提高的畜牧技术使得人们在饲料配合与加工过程中对其营养价值给予更加重视。

（一）促使畜牧产业结构调整

明清时期，人口迅速增长，人均占有的土地面积越来越少，"人畜争地"的矛盾愈加严重。与此同时，商品经济的发展以及经济类作物的发展，使得农业种植区域不断扩大，为获得更大的生产空间，势必要压减北方牧区的面积。因此，大牲畜的养殖受到限制，而既能提供丰富的农副产品，又对生存环境需求较小的猪、禽类的饲养量不断扩大。以饲养小畜禽为主成为这一时期的畜牧生产的主要特点。

---

[1]　（清）朱橚撰；倪根金校注. 救荒本草校注［M］. 北京：中国农业出版社，2008年，第175页。

明清时期的养猪业发展迅速，主要原因如下：猪作为杂食性动物，对饲料的要求弹性大，基本上农家的残羹剩菜以及多余的农副产品都可用以饲猪；其次，猪可以舍饲，避免和人争抢土地；再者，养猪不仅能够产出肉制品，其粪便还可以作用于土地，为作物种植提供肥料。这一时期，人们对于猪的评价较高，《吴县志》中有："吴乡田家多豢豕，豕置栏圈中，未尝牧放，乐岁尤多，捣米有秕糠以为食，岁时烹用供祭祀，宾客，其脂肪最丰厚，可入药，粪又肥田。"[1]养猪业的兴盛带动了人们食用猪肉的风气，在多样化的饲料喂饲以及人们的精心管理下，猪肉肉质鲜美，营养丰富，广受人们喜爱。清代的美食家袁枚在《随园食单》中就写到："猪用最广，……作特牲单。……牛羊鹿三牲，……作杂牲单。"[2]书中记载用猪肉制成的食物共计53种，而以其他如牛、羊肉类做成的食物只有15种，由此可见，这一时期，养猪和食猪的兴盛，猪成为最重要的牲畜品种。

与此同时，养羊业也得到发展，即使像南方种植业较发达的太湖地区，也饲养大量羊。农家养羊不仅是为了获取相应的农副产品，其实最主要的还是获取肥料，为土地施肥，"羊壅宜于地，猪壅宜于田"[3]，人们将羊和猪搭配饲养，所得粪便基本可以保证农田所需的肥力。从羊所需的饲料来看，太湖地区的羊除食用青草外，主要以当地种植的桑树树叶为食。桑叶具有很好的蛋白质以及维生素，人们将养蚕多余的桑叶喂羊，既节省饲料，还提高羊的质量。一只湖羊一年可食1400多斤的桑叶，产出肥料27担，具有极高的经济价值，当地的农谚云："养了三年羊，多了三月羊"。

这一时期，家禽养殖成为农家的普遍选择，尤其是长江流域，人们利用自然优势，在近湖泊、农田的地方豢养家禽。《乌程县志》中云："鸡，家户多畜"[4]；弘治《吴江志》载："绍兴人辄来养鸭，以千百为

[1] （民国）曹允源编；王謇校补.吴县志校补（影印版）[Z].北京：国家图书出版社，2014年，第369页。

[2] （清）袁枚著.随园食单[Z].北京：中华书局，2010年，第69页。

[3] （清）张履祥辑补.沈氏农书[Z].北京：中华书局，1956年，第7页。

[4] （清）罗愫修；（清）杭世骏纂.乌程县志[Z].清乾隆十一年刻本，续修四库全书·史部，第0704册，上海：上海古籍出版社，2002年。

群"[1]；光绪《归安县志》载："鸭，水乡乐尤多畜，家至数百只"[2]。除了养殖范围的扩大，这一时期，人们还培育了众多幼稚的禽类品种，鸭类有太湖麻鸭、高邮鸭、淮鸭；鸡类有乌骨鸡、三黄鸡、长尾鸡。这些家禽品种在今天依然广泛养殖，其肉蛋产品依然深受人们喜爱。由此可见这一区域养禽业的发展。

综上所述，明清时期畜禽饲料深刻影响了这一时期的畜禽品种，以饲草为食的牛、马因为经济上的劣势有一定衰弱现象，而猪、羊、禽类因为不占空间、经济适用、饲料来源广泛而受到人们的欢迎，不仅促进了畜产养殖规模的扩大，同时畜牧技术也得到了很大提高。

（二）推动畜禽产品质量提升

明清时期，畜禽饲料在诸多方面皆有所发展，与前代相比，饲料来源进一步扩大，饲料加工更加精细，饲料利用上更为多样。从明清时期饲料资源的积累情况来看，基本可以看出人们对于饲料选择是经过仔细考量的，除了上述考虑其自然因素和经济因素，还兼顾了饲料的营养成分。

对于牛、马、羊等食草类牲畜，草的质量决定了牲畜的品质，这一时期的人们并不能从科学的角度去计算草中的水分、蛋白质、脂肪、纤维、维生素等成分，但是基本可以根据牲畜的需求去喂饲，例如：春夏多吃新鲜青草，补充水分和体力。秋冬利用干草的比重增加，用以加强牲畜的消化能力。除了草料外，谷实饲料也十分重要，主要补充能量、蛋白质、维生素E和硫胺素，人们将糠麸、荞麦、大麦、小麦等等作为畜禽饲料。《豳风广义》中将荞麦煮熟后加草料、糠麸喂猪仔，因为青干草类和糠麸类饲料含有较多粗蛋白和粗纤维，不仅利于牲畜消化，还可以促进猪的生长。此外，秸秆类因为所含营养低于青干草类以及糠麸类，一般不大量用于牲畜喂饲中，仅做搭配利用。从现代营养学的角度看，籽实类饲料以及青贮饲料都是营养丰富的饲料，可充当能量饲料利用。明清时期的饲料配方中常用大豆、芝麻、玉米来对畜禽进行催熟，尤其如猪、羊、禽类这种产肉

---

[1]　（明）莫旦撰.吴江志［Z］.民国十一年薛氏遂汉斋抄本影印,稀见方志丛刊,第22卷,北京:国家图书馆出版社,2011年。

[2]　（清）陆心源修；（清）丁宝书撰.归安县志［Z］.中国志人物传记资料丛刊·华东卷,第79册,北京:国家图书馆出版社,2012年。

蛋的畜禽品种，说明人们已经意识到此类饲料中所具有畜禽快速生长的能量。《豳风广义》中有"初生之羔宜煮谷豆饲之"[1]；《新刻马书》中有："凡新马，能食而瘦者，……每煮豆二斗，……添膘即止。"[2]此类饲料还可以加工成油饼类饲料，如豆饼、棉籽饼等。

表7-9　明清常见畜禽饲料及其营养成分[3]

饲料类别	青草类	青干草类	糠麸类	秸秆类	籽实类	青贮饲料
营养成分	水分 糖分 维生素	维生素 粗纤维 粗蛋白	维生素 粗纤维 粗蛋白	粗纤维 木质素	蛋白质 脂肪	蛋白质 碳水化合物 维生素

明清畜禽饲料中的青贮饲料对于后世的影响较大，青贮饲料即发酵后的饲料，古代人们利用发酵法加工、贮存饲料，利用范围很广，基本所有畜禽都可利用。从现代动物营养学来看，青贮饲料中富含畜禽所需的蛋白质、碳水化合物以及维生素，多在青饲料、青干饲料以及秸秆类饲料中作为补充剂使用，增加饲料中的蛋白质含量。

今人多用化学方法分析饲料的营养成分，精确计量饲料中的蛋白质、脂肪、维生素、矿物质甚至氨基酸的比重。明清时期的人们虽然不能从现代科学的角度分析饲料成分，但仍然通过经验和加工技术对饲料进行处理，并选取最为合理的方式，用有限的饲料原料为畜禽补充营养，促进其生长。明清时期大部分的畜禽饲料在今天依然被使用，其中有关饲料的搭配从科学的角度来看也是具有合理性的，而发酵类饲料如今依然发挥着其巨大作用，这充分说明了前人的卓越智慧。由此可见，明清时期畜禽饲料的发展对保障这一时期的畜禽产品质量做出了极为重要的贡献。

明清传统饲料科技利用体系的完善经历了极其漫长和复杂的过程，呈现了一些显著特征。首先，与大多事物发展进程不同，古代资源的缺乏和自然环境的恶劣反而促进了饲料品类的拓展，可以说饲料是在"逆境"中成长起来的；其次，虽然古代饲料从未被单独分离出来进行研究，但却能从农学、畜牧兽医学、中医学、动物伦理学、中国古代哲学、中国古代经

---

[1] （清）杨屾著；郑辟疆，郑宗元校勘. 豳风广义［M］. 北京：农业出版社，1962年，第165页。

[2] （明）杨时乔等纂；吴学聪点校. 新刻马书［M］. 北京：农业出版社，1984年，第21页。

[3] 周明主编. 饲料学［M］. 合肥：安徽科学技术出版社，2007年，第74页。

济学等多种学科中找到其身影，足以说明其重要性。再者，虽然明清时期可以称为饲料大发展时期，但正如任何一种事物的发展过程都不是单一进行的，这一时期饲料技术的发展从一定程度上来说，代表了其他相关科学的进步。当今社会一些热门话题如"资源合理开发与利用""生态农业的建设""人与自然和谐共处"等在古代畜禽饲料利用过程中，亦可以找到它们的身影。

明清时期饲料科技利用的体系化发展对于前代来说是一个巨大进步，当时饲料配方的搭配、中草药添加剂的应用等都具有一定科学性，体现了古代劳动者从"经验论证"转向"科学论证"的阶段性特征，展示了中华民族为了生存和繁衍，不畏艰难、积极探索的优秀品质，这在科学飞速发展的今天依然需要学习和铭记。

第八章 民国时期中国现代饲料科技的初步发展

鸦片战争前，中国还是一个独立的封建国家，正处在封建社会的末期。其特征是自给自足的自然经济占统治地位，以家庭为单位的男耕女织，即农业和手工业紧密结合。同时，在农业中商品经济有一定发展，如作为手工业原料的作物：棉花、蚕桑等的经营逐渐扩大；作为商业性的园艺业和水产业经营日益专业化；随着城市工业的发展，粮食作物商品化也日益扩大，在农业中出现一定的资本主义萌芽等。鸦片战争后，随着《南京条约》《天津条约》等一系列不平等条约的签订，帝国主义开始入侵我国，我国被迫向整个资本主义世界开放，在国外低价洋布、洋纱、洋棉等大批运销我国的同时，也带来国外一些先进农牧业科学技术，促使我国向近现代农牧业转化。我国农畜产品在帝国主义掠夺下，也走出国门，远销世界。从此，我国长期以来的以耕织相结合的自然经济逐步解体，中国便由一个独立的封建国家，一步一步地变为一个半殖民地、半封建的国家。

1911年的辛亥革命推翻了清王朝的封建腐朽统治，开创了中国历史发展新时期，至1949年新中国成立，是为民国时期。尽管这一时期先后经历军阀混战、国内革命战争、抗日战争、解放战争多次大的战争，尤其是1937年日本帝国主义发动的全面侵略我国的战争，日本侵略者继占领了我国东北三省之后，又相继侵占了我国华北、华中、华东和华南的大片国土，形成了关内广大的沦陷区，给中国人民带来深重的灾难，严重影响我国农牧业发展，影响我国农牧业现代化进程，但总体来看，民国时期仍不失为我国传统畜牧业向现代畜牧业发展的重要转折期，也是传统畜牧科技与近现代畜牧科技交汇融合的时期。我国的饲料科技也随着西方先进饲料和动物营养知识的传入，饲料学作为一门学问被研究，并逐步从饲养学中独立，与动物营养学结合成一门新兴学科。同时，饲料开始拥有商品属性，不仅饲料原料，如米糠、麸皮、玉蜀黍等成为了一种明码标价的货物在农产品市场中售卖，在国家大宗商品贸易中占据一定位置，而且当时的人们在喂养动物过程中还开始认识到不同牲畜不同阶段对营养的需求不仅不同，而且这种差异性可以量化，并据此制定了较为科学的饲料配方和近代饲料饲养标准，在饲喂动物的时候也更注重混合饲料、配合饲料，以求达到家畜的营养均衡。可以说，这一时期我国"饲料工业"正在多方面孕育，为其后的大发展打下良好基础。

第一节　西方先进饲料科技成果的传入

与中国相似，西方饲料科技也经历了从传统到近代的发展过程。西方饲料科技的"萌芽阶段"[1]的水平远不如同时期的中国，不过西方饲料科技进入近代阶段的时间要比中国早得多，而且关键的是，这是其自身嬗变的结果。现代饲料与动物营养学界一般认为，西方以试验科学为标志的近代饲料科技产生于18世纪末期。[2]1783年，法国著名化学家拉瓦锡（A.L.Lavoisier，1743—1794年）首次进行了动物呼吸测热试验，揭示出动物吸入氧气呼出二氧化碳和水并产生热量，是动物吸收营养物质的碳和氢在体内氧化的结果，换句话说，即食物是用来支持体内的氧化、维持体温的营养来源。也有学者认为英国G.Fordyce是西方近代饲料科学的奠基者，原因在于1807年，他首次用试验确定金丝雀在产蛋时的饲料中需添加石灰石粉才能保证其健康和产蛋，从而证实了矿物质在动物营养中的作用。[3]

西方近代饲料科技出现之始，即与中国传统饲料科技有着截然不同的致思路径与理论范式，即近代畜牧家步毓森所说的"未见之新智"[4]。在其发展百年之后，即大概在19世纪中后期，西方饲料科技开始传入中国，并一直持续至今。进入20世纪初，西方饲料科技的传入活动臻至一个新阶段，不仅规模更大、形式更多，而且最主要的特征是翻译与介绍了专门以饲料作为探讨或研究对象的西方饲料科技"专文"，这与此前西方饲料知识仅呈现在畜牧学、农业化学等较宏观性、综合性的文章或著作有本质的

[1] 卢德勋：《系统动物营养学导论》，北京：中国农业出版社，2004年，第11页。

[2] 李凤麟、刘在平：《中国小百科全书Ⅶ思想与学术》，北京：团结出版社，1994年第494页.

[3] 王成章、王恬：《饲料学》，北京：中国农业出版社，2003年，第2页。

[4] 步毓森：《鸡的饲料》，《农民》1926年第2卷第30期。

区别。西方饲料科技的传入彻底开启了中国饲料科技近代化进程，走上近现代学理化发展道路。

一、19世纪中后期西方饲料科技的初传

1840年中国国门洞开后，初时传入中国的西方饲料科技成果十分稀少，基本属来华西人自发的个人行为，如1875年马休德传教士随身带至中国的红车轴草（红三叶草）。[1]当时少数"睁眼看世界"的国人在探索和考察西方时，其关注点也不是农业，更谈不上饲料，不过仍会偶尔涉及到西方饲料科技，如著名思想家王韬、外交官黄遵宪等在游历或外事访问西方国家时，就注意到了西方既不同于中国，又比中国更为先进的饲料科技与利用方式。[2]19世纪90年代末中国"甲午战争"失败后，国人开始意识到"立国之本不在兵也，在乎工与农，而农为尤要"[3]的至理，于是在学界发起学习西方农业科学的热潮，即"兴农"运动。期间，《农学报》是最早，同时也是当时（19世纪末）传播西方农学知识的最主要刊物，西方饲料科学作为西方畜牧学、农业化学、植物学等领域的重要内容之一亦被传至中国。这一时期尽管历时颇短，但近代饲料学"学科交叉"的特征已现端倪。

（一）《农学报》对西方饲料知识的刊载

1897年，罗振玉等人在上海创办和发行《农学报》杂志，开创近代中国以刊物传播西方农业科技与农学知识之先风。自此，报刊杂志就成了近代中国传播西方农业科技、呈现中国最新农业科技成果的最重要载体之一。[4]《农学报》是近代中国绝大部分主要科学分支的首个传播阵地，饲料学亦不例外，我们统计发现，有关西方饲料科学知识主要集中于下列四大类文章中。

一是畜牧学文章。畜牧学作为饲料学的母体学科，与饲料的科学联系

[1] 徐旺生：《近代中国牧草的调查、引进及栽培试验综述》，《中国农史》1998年第2期。

[2] 具体见（清）王韬：《漫游随录》，卷二，岳麓书社，1985年，第106页；（清）黄遵宪：《日本杂事》卷二，岳麓书社，1985年，第775页。

[3] 张謇：《请兴农会奏》，《张季子九录·实业录》，卷一，第6页。

[4] 张冬冬、郝拉、赵子仪：《清末民初（1897—1915）的农学报刊及对现代农业科技的传播》，《中国科技期刊研究》，2015年第26卷第8期。

无须赘言，《农学报》上译载的畜牧学文章自然是最早与最主要涉及饲料知识的文章。《农学报》第1期刊载的译文《养小鸭法》："如喂小鸭，以切碎煮熟之物，或用汤汁，最为有益"[1]。1897—1899年期间，《农学报》相继有10篇不同程度地述及到饲料方面的科学知识（见表8-1）

表8-1　《农学报》中明确记载有饲料科技知识的畜牧科技专文（1897—1899）

序号	时间	期数	专文名称
1	1897年	第1期	《养小鸭法》
2	1897年	第16期	《牧猪法》
3	1898年	第23期	《养豚之必要》
4	1898年	第38期	《饲鸡新法》
5	1898年	第43期	《冬日饲鸡说》
6	1899年	第54期	《新验饲猪法》
7	1899年	第56期	《牧羊指引序目》
8	1899年	第57期	《牧羊指引序目（续）》
9	1899年	第58期	《家禽饲养法(马粪孵化法附录)》
10	1899年	第69期	《饲野鸭之利益》

从上表所示文章的名称即能看出，此10篇文章皆是"饲养学"专文，这也进一步明确了饲料学与饲养学最为亲密的亲缘关系。1897—1899年三年间，涉及饲料知识的畜牧学文章分别2篇、3篇与5篇，呈明显递增的态势，不过总体上的占比不大，据统计，《农学报》在存续前三年间共刊载有畜牧学文章32篇，仅10篇涉及到饲料知识，委实不多。

二是农业化学文章。最早的是《农学报》1897年第4期《农业初阶（续）》一文，其中载："讲求化学之前，宜先知农学中有二目，曰生长质，曰非生长质。……是故以动物之溺粪植物，而植物食之，植物又为动物所食，动植物类虽非而相推相辅，若循环然。"[2]文中虽未明确讲"饲料"，但其实已从农业化学的角度解释了畜禽（动物）与饲料（植物）的关系，即在于后者所含的"生长质"（化学成分）。到1898年，白河太郎《厩肥篇（续上册）》一文解释得就更加明确："谓多用淡（氮）气杂质之饲料，则畜溲多而用蓐草必亦多，故厩肥遂因之而多，是以用淡（氮）

---

[1]　王丰镐译：《养小鸭法》，《农学报》1897年第1期。

[2]　《农学初阶（续）》，《农学报》1897年第4期。

气杂质之饲料，与用多含水之饲料略等"[1]。根据该文题名所示，农业化学领域当时主要关注的对象是肥料，但因肥料与饲料往往来源于同类同种资源，所以知识亦可互鉴互通，如1900年《农务化学问答卷下》对于肥料来源的解释："植物肥料之最要者为何？曰：草、苜蓿、麦秆、干草、山芋叶、莱菔叶、菜子（籽）渣、草煤土所生之野草海草等。"[2]将文中"肥料"换成"饲料"显然一样。

三是植物学文章。首见1898年藤田丰八发表在《农学报》第22期的《紫云英栽培法》："若以喂饲料，则利较厚益，牛马食之，其粪更以为肥料也。"[3]1900年《论种苜蓿之利》又载："以其多吸空气之养分，故用为牛马饲料固宜，而用为肥料尤宜。"[4]据此得见，饲料科技知识在植物学中属"植物应用学"的一部。

四是作物学文章。作物之于饲料的关系大致与植物之于饲料相当，仅有一文提及过作物的饲料功用，见1902年《记酒粕》载："（酒粕）取作饲料亦可"[5]。

（二）专门以饲料为对象的科技译文

自《重要饲料之成分及其消化量》一文后，《农学报》在存续六年间（1900—1906年），共译载过饲料科技专文8篇（见表8-2）。

表8-2　《农学报》刊载的专门以饲料为对象的译文

序号	时间	期数	专文名称
1	1900年	第102期	《重要饲料之成分及其消化量》
2	1900年	第104期	《牧草图说》
3	1900年	第105期	《牧草解说》
4	1900年	第109期	《论种苜蓿之利》
5	1900年	第119期	《本邦彦牧草之成分》
6	1901年	第133期	《论栽培苜蓿之利》
7	1903年	第230期	《以藻养豚》
8	1905年	第283期	《压草器》

[1]　（日）白河太郎：《廄肥篇（续上册）》，《农学报》1898年第22期。

[2]　（英）仲斯敦、（英）秀耀春著，范熙庸译：《农务化学问答卷下》，《农学报》1900年。

[3]　（日）藤田丰八：《紫云英栽培法》，《农学报》1898年第22期。

[4]　（日）藤田丰八：《论种苜蓿之利》，《农学报》1900年109期。

[5]　《记酒粕》，《农学报》1902年第186期。

　　从上表来看，《农学报》的译文大体上包括"饲料成分""饲料资源""饲料工具""牧草"等方面或方向，尤其对牧草类专文的译载比较多，一定程度上反映出牧草科技在整个饲料科技中的地位。继《农学报》后，相继有《商务报》《经济丛编》《实业报》《农工商报》《广东劝业报》翻译刊载过饲料科技专文，到中华民国成立后，随着民国报刊发行量的增多，饲料科技专文的译载量显著增加。据笔者统计：除《农学报》以外，共有20种报刊先后刊载过26篇译文（见表7-3），发表时间集中于20世纪30年代初至1937年前夕这一时间段里（13篇），以译介日本学者成果为主（10篇），其次为美国（6篇）。在20世纪的前20年中，饲料学译文虽数量很少，但研究方向较为多元，至少包括饲料成分[1]、饲料加工处理[2]、饲料制作[3]、饲料工具[4]、饲料与畜禽机体关系[5]等方向，从20世纪20年代开始，就转变为以饲料养分分析及营养价值改良的微观性研究为主。

表8-3　近代西方饲料科技译文（不计《农学报》刊文）

序号	时间	报刊	译文名	作者	译者
1	1905年	《经济丛编》	《论栽培苜蓿之利》	藤田丰八、吉川祐辉	本报编辑部
2	1904年	《商务报》	《译述：泾地所产牧草》		本报编辑部
3	1905年	《实业报》	《农业：论饲料之成分》		本报编辑部
4	1908年	《实业报》	《实业新法：饲料之调理法》		本报编辑部
5	1908年	《农工商报》	《绍介：牛马饲料切草器》		本报编辑部
6	1909年	《广东劝业报》	《养畜饲料选法》		本报编辑部
7	1911年	《广东劝业报》	《农业：饲料拣采法》		本报编辑部

[1]　具体参见《农业：论饲料之成分》，《实业报》，1905年第8期。

[2]　具体参见《实业新法：饲料之调理法》，《实业报》，1805年第18期；《养畜饲料选法》，《广东劝业报》，1905年第79期；《农业：饲料拣采法》，《广东劝业报》，1911年第103期。

[3]　具体参见忘筌译：《家畜饲料之研究及制做之效用》，《直隶实业杂志》，1914年第3卷第4期。

[4]　具体参见山下胁人、山田告英著，吴祥译：《豚之饲养上饲料与肉质之关系》，《中华农林会报》，《直隶实业杂志》，1920年第10期。

[5]　具体参见《绍介：牛马饲料切草器》，《直隶实业杂志》，1908年第46期。

序号	时间	报刊	译文名	作者	译者
8	1914年	《直隶实业杂志》	《家畜饲料之研究及制做之效用》		忘筌
9	1920年	《中华农林会报》	《豚之饲养上饲料与肉质之关系》	山下胁人、山田告英	吴祥
10	1927年	《农事月刊》	《乳牛饲料之大改革》	Harry R O' Brien	张东沼
11	1932年	《中华农学会报》	《大豆粕饲料化利用之问题》		高季和
12	1933年	《农业世界》	《饲料之化学分析法》		钟崇庆
13	1934年	《农村》	《家禽饲料中的矿物质》	Woodstock	金辰区
14	1934年	《农村》	《养鸡最新的饲料及其饲喂》	L. M. Klevay	贺运吾
15	1934年	《通农期刊》	《饲料单位表》	亨利、莫利逊	本刊编辑部
16	1935年	《畜牧兽医季刊》	《莫利逊氏饲养标准之应用》	莫利逊	梁达新
17	1935年	《农牧月报》	《家禽饲料中的矿物质》		燕民
18	1935年	《农声》	《桑叶之饲料价值的决定》	中村岛次郎、日高末吉	张任侠
19	1936年	《农业进步》	《家畜饲料与管理法》	西川哲三郎	刘启贤
20	1936年	《畜牧兽医季刊》	《计算饲料之实用》	亨利、莫利逊	余泽棠
21	1937年	《农报》	《最经济而富于营养价之家畜新饲料》	严田久敬	曹诒孙
22	1937年	《镇蚕》	《蚕质改良与蚕儿饲料》	松村季美	
23	1937年	《镇蚕》	《蚕质改良与蚕儿饲料（续）》	松村季美	
24	1937年	《满洲特产月报》	《养鸡日本与其饲料难》	川合正胜	
25	1938年	《满洲特产月报》	《东洋豆饼在美国蛋白饲料界之地位》	高桥若松	
26	1943年	《乡建通讯》	《以厩肥增产牧草充作饲料之价值》		吉

　　此外，西方饲料知识在报刊中的呈现与传播方式也另新增有两种刊文类型：

　　一是"介绍"西方饲料科技成果的专文。共有14种报刊先后刊载过14篇（见表7-4），数量少于译文，从"介绍内容"来看主要集中在"新饲料"方面的介绍，深度也不及译文，但刊文的报刊媒介类型要远远丰富得多，除"农业类"专业期刊外，另外有"科技综合类"期刊，《科学》《科学画报》《每月科学画报》等当时影响力最大的几大主流科技期刊都曾关注过[1]。还有"医学类"期刊（如《协和报》《西南医学杂志》[2]）、"经济类"期刊（如《满洲特产月报》《中外经济荟萃》[3]）等，这也是近代饲料科技传播广度的体现。

表8-4　近代介绍西方饲料科技成果的原创专文

序号	时间	期刊名称	专文名称	介绍内容
1	1908年	《农工商报》	《介绍牧草部》	日本农商务省专设有"牧草部"
2	1915年	《协和报》	《用胃内物与草面调和制造饲料》	德国人通过用胃内物与草面调和制造出了新饲料
3	1922年	《农业丛刊》	《锯木灰可作饲料》	美国维斯康新（威斯康星）农科大学以锯木灰制成饲料的方法
4	1926年	《科学》	《鱼渣粉末可为家畜之饲料》	前瑞典农务总长项松（Nils Hansson）教授试验结果发现鱼渣粉末喂猪效果颇佳
5	1935年	《农牧月报》	《家禽饲料的矿物质含量》	德国Kilmmer所制定的家禽饲料的矿物质含量
6	1935年	《科学画报》	《养鸡的新饲料》	德国科学家发明的一种养鸡新饲料
7	1937年	《农业进步》	《家畜家禽饲料中不可缺乏的"饲料沃度"是什么》	饲料沃度

---

[1]　《鱼渣粉末可为家畜之饲料》，《科学》1926年第11卷第10期；《养鸡的新饲料》，《科学画报》1935年第3卷第9期；《木制牲畜饲料》，《每月科学画报》1943年第3卷第12期。

[2]　霆锐：《用胃内物与草面调和制造饲料》，《协和报》1915年第5卷第48期；《世界医学新发明：新饲料》，《西南医学杂志》1941年第1卷第11期。

[3]　《东洋豆饼在美国蛋白饲料界之地位》，《满洲特产月报》1938年第2卷第12期；《德国之食料·饲料·肥料》，《中外经济拔萃》1940年第4卷第1112期。

序号	时间	期刊名称	专文名称	介绍内容
8	1938年	《满洲特产月报》	《东洋豆饼在美国蛋白饲料界之地位》	东洋豆饼在美国蛋白饲料界的地位
9	1939年	《浙江农业》	《兽皮品质与饲料之关系》	美国土壤化验局对兽皮品质与饲料关系的分析结果
10	1940年	《中外经济拔萃》	《德国之食料·饲料·肥料》	德国科学家对于食料、饲料、肥料三者关系的探讨
11	1941年	《东亚联盟画报》	《海外珍闻：日本帝大教授佐佐木发明乳牛之饲料》	日本帝大教授佐佐木发明的一种乳牛饲料
12	1941年	《广西农业》	《农业消息：美国Oklohoma努力生产牲畜饲料》	美国Oklohoma（俄克拉何马州）将作物茎叶的木质纤维发酵成饲料
13	1941年	《西南医学杂志》	《世界医学新发明：新饲料》	美国L. O. Kunkel博士发明的一种新饲料
14	1943年	《每月科学画报》	《木制牲畜饲料》	德国化学家以木屑制成饲料的方法

二是"引用"西方饲料科技成果的专文。明确引用西方饲料科技成果的专文大概有13篇（见表7-5），由于近代中国的饲料科技几乎完全吸收与嫁接西方，所以这个数字应该明显偏少。究其原因，主要是由于当时人们在引用西方成果的时候并没有标注或解释的习惯，仅1929年丁颖的《牛畜之饲料问题》、1935年轻微与王宗佑的《肥育幼猪用科学饲料与习惯饲料之比较》等寥寥几篇[1]采取了一定的引用方式。就13篇专文来看，几乎均是"科研性"文章，学术深度较高（在当时来说），引用的成果绝大部分是西方的农业部门、试验场、大学等机构，通过饲料化学分析、饲养试验、消化试验等方式获得的试验数据或结果。理论上学人对西方成果的引用是贯穿近代的，但表8-4所示却戛然停止于1937年，这说明1937年之后学人已经失去追踪西方最新成果的条件、途径或通道。

---

[1] 具体参见丁颖：《牛畜之饲料问题》，《农声》1929年第122期；《养鸡的新饲料》，《科学画报》1935年第3卷第9期；轻微、王宗佑：《肥育幼猪用科学饲料与习惯饲料之比较》，《畜牧兽医季刊》1935年第1卷第1期。

表8-5　近代引用西方饲料科技成果的专文

序号	时间	期刊名	专文名	引用成果	作者
1	1921年	《中华农学会报》	《家禽饲料之研究》	美国 Oregon试验场试验结果产卵鸡产卵最多者一年能达三百枚	朱晋荣
2	1928年	《中国养鸡杂志》	《制虫作饲料的讨论》	"美国哈尼路易斯Hanry Leis著的Productive Ponltry Husbandry"相关内容	郑永存
3	1929年	《农声》	《牛畜之饲料问题》	日本九州帝国大学田氏用不同浓度的氧化钠溶液浸泡稻藁试验；凯尔纳制定的刍草饲养价值之等级及淀粉价；日本山氏消化试验结果："以畦畔干草为最优良"；日本西原农事试验场片山及后原两氏结果："占分量最多者为禾草"	丁颖
4	1932年	《农民》	《乳羊的饲料与羊乳的关系》	Jordon所做羊乳之脂肪来源的试验成绩	梁正国
5	1933年	《新青海》	《饲料之化学成分》	德国凯尔纳制定的饲料成分表	尹喆鼎
6	1933年	《禽声月刊》	《各种鸡产卵量及饲料费表》	美国米萨利产蛋竞赛会总结的鸡增加体重与蛋产、蛋重、盈利关系的数据	黄中成
7	1933年	《通农期刊》	《矿物质饲料之重要》	美国 Oregon试验场所制各饲料矿物质含量表	石彬蔚
8	1934年	《农牧月报》	《雏鸡的生长率和饲料的消耗量》	英国农业实验站饲养来克亨鸡和卢特岛红鸡试验的饲料需求量数据；美国康涅狄格州农事试验场鸡生长历程和饲料消耗量表	雪村
9	1934年	《农牧月报》	《家禽饲料中的维太命》[1]	"许多国外家畜营养学专家在各重要农学刊物所发表论文集合起来的"家禽饲料维生素含量表	仲子
10	1934年	《农业进步》	《饲料之配合》	日本农林省畜产试验场、日本冈琦国立种鸡场与日本关东厅农事试验场的鸡饲料配合比例	得鱼

---

[1] 维太命，即维他命、维生素。

序号	时间	期刊名	专文名	引用成果	作者
11	1935年	《畜牧兽医季刊》	《肥育幼猪用科学饲料与习惯饲料之比较》	美国农业部畜牧司爱休白克与魏而逊之报告	轻微、王宗祐
12	1936年	《鸡与蛋》	《新饲料标准与饲料配合》	日本铃氏饲料标准	沈乃农
13	1936年	《集美周刊》	《猪之饲料》	美国农业部对军营厨房残食的化学分析数据；美国甘德州[1]农事试验场对城市残食的化学分析数据	蓟熙
14	1937年	《中华农学会报》	《提倡饲料作物之栽培》	Hughes和Henson二氏记载的印度、西班牙、英属南非联邦、美国、意大利、匈牙利、德国、智利、英法等各国栽培饲料作物面积占全国可耕地面积比例的数据	翁德齐

（三）饲料科技著作的译介

按李群先生统计，近代中国翻译或根据国外资料编写出版的畜牧专著有超过100多部[2]。但终及整个近代，能真正称之为"饲料学"译著的仅见亨利（W.A. Henry）与莫利逊（F.B. Morrison）合著的《饲料与饲养》（Feeds and Feeding）。虽仅此一部，但其对饲料学乃至整个畜牧学界的影响极大。

《饲料与饲养》第1版于1898年问世，当时还是由美国威斯康星大学亨利教授独著；之后莫利逊对该书进行了修订，自此就形成了两者"合著"的版本，并逐渐成为世界上使用最广泛的教学参考书[3]。从1915—1922年间，《饲料与饲养》一书再版10次[4]。

最早注意到这部饲料学巨作，并开展翻译工作的是中国动物营养与饲

---

[1] 根据音译，可能是"田纳西州"（Tennessee）。

[2] 李群：《近代畜牧业发展研究》，中国农业科学技术出版社，2004年，第103页

[3] （美）赛尔德、（美）泰勒著，孟庆翔译：《肉牛生产和经营决策》，中国农业大学出版社，2004年，第76页。

[4] 张子仪：《重温许老遗作有感——为许振英教授诞辰百年而作》，《动物营养学报》2007年第2期，第87-88页。

料学创始人陈宰均先生。根据李新考证，陈宰均自1925年任教河北大学时即开始翻译此书，耗时四年（1929年）完成[1]，但因种种原因没有即时出版，直到1935年陈宰均病逝后，才由"陈氏遗著整理委员会"发现"十数巨册"，但"第八章和附录十表插图说明等，竟完全失去"[2]。经陈氏遗著整理委员会"整理、校对和补充"后，《饲料与饲养》方于1939年正式出版，分上中下三册，三编三十五章（见表7-6）。从译成、定稿到出版，前后历时14年之久。

表8-6　《饲料与饲养》的目录结构（部分）

章节	章节名	章节	章节名	章节	章节名
第一编	植物生长和家畜营养	第十一章	浓厚料杂类—饲料律—奋兴剂	第十九章	马底饲料
第一章	植物如何生长并如何造成动物底食料	第十二章	玉蜀黍及芦粟类用作刍料	第二十章	马底饲养和管理
第二章	畜体底成分—消化—新陈代谢	第十三章	较小的禾本科草类—蒿秆—制干草	第二十二章	乳牛底饲料
第三章	饲料有用与否底估计	第十四章	豆科植物用作刍料	第二十三章	乳牛底饲养和管理
第七章	饲养准则—计算饲粮	第十五章	根生作物块茎及刍料杂类	第二十七章	肉牛底饲料
第二编	饲料	第十六章	窖藏料—刈青料—饲料底调制	第三十一章	羊底饲料
第九章	主要的谷实和他们底副产	第十七章	饲料底肥粪值	第三十四章	猪底饲料
第十章	次要的谷实多油的及豆科的子实和他们底副产物	第三编	家畜的饲养	第三十五章	猪底饲餐和管理

资料来源：W.A. Henry原著，F.B. Morrison重著，陈宰均译：《饲料与饲养》（上册），商务印书馆，1939年，目录第1-2页。

---

[1] 李新：《20世纪中国动物营养学发展研究》，南京农业大学博士学位论文，2010年，第52页。

[2] W.A. Henry原著，F.B. Morrison重著，陈宰均译：《饲料与饲养》（上册），商务印书馆，1939年，"《饲料与饲养》整理与付印的经过"第2页。

大致从20世纪30年代开始，《饲料与饲养》一书在中国饲料学界广为流传，乃至在整个畜牧界的影响力也难有出其右者。1933年，郑学稼在其《家畜饲养学》中将该书称之为"畜牧学的圣经"[1]。

1934年，《通农期刊》节译刊登了该书中的"饲料维他命成分表"[2]和"饲料单位表"[3]。1935年，西康省农业改进所所长梁达新先生又选译了书中的"饲养标准之应用"部分[4]。1936年，河北大学余泽堂教授《计算饲料之实用》一文译自此书"第三章"，其"译者按"中详述了对该书的推崇与翻译工作的艰难。[5]

同年（1936年），国立中央大学畜牧兽医系曾开始着手翻印工作[6]，可惜不知后续如何，到1948年畜牧学家冯焕文所著《畜牧学》一书中，仍"大都参考于1946年出版之马力生氏之饲养学"。[7]上述学人的节译成果与切身感受，也从另一个角度证明了陈宰均几乎以一己之力完整翻译出《饲料与饲养》所耗费的巨大心血与成就，诚如陈氏遗著整理委员会所述："既浩且繁，巨牍连篇"。[8]

二、留学生派遣与饲料科学奠基者的形成

近代农业科技的确立和发展，乃是近代农科留学生纷纷留学归国以后的事情。[9]在中国科技处于空白的时代，国内人才与知识的"薪火"需要从西方移植。大概以1875年为开端，中国开始有计划地组织选派留学人员，到1907年前后，中国首次选派留学畜牧兽医人员。[10]1914—1949年间

[1] 郑学稼：《家畜饲养学》，世界书局，1933年，序第1页。

[2] 《饲料维他命成分 译自Henry and Morrison二氏所著之Feeds and Feeding》，《通农期刊》1934年第1卷第2期。

[3] 《饲料单位表 亨利、莫利逊》，《通农期刊》1934年第1卷第2期。

[4] 梁达新：《莫利逊氏饲养标准之应用》，《畜牧兽医季刊》1935年第1卷第2期。

[5] 亨利、莫利逊氏、余泽棠：《计算饲料之实用》，《畜牧兽医季刊》1936年第2卷第4期。

[6] 《校闻：畜牧兽医系翻印"饲料与饲养学"为一九三六年增订版》，《国立中央大学日刊》1936年第1758期。

[7] 冯焕文：《畜牧学》，中华书局，1948年，自序第1页。

[8] W.A. Henry原著，F.B. Morrison重著，陈宰均译：《饲料与饲养》（上册），商务印书馆，1939年，"《饲料与饲养》整理与付印的经过"第3页。

[9] 沈志忠：《农科留学生与中国近代农业科技体制化建设》，《安徽史学》2009年第5期。

[10] 张仲葛：《中国近代畜牧兽医教育发展简史》，《古今农业》1992年第3期。

外出留学并学成归国的畜牧人才群体中，有部分学者开始重点甚至专攻畜禽饲料研究。更有少数学者在饲料领域颇有建树，成为了饲料学界的早期奠基者，就目前知晓，如下8人成绩斐然（见表7-9）。

表8-7　近代有留学经历的饲料学先驱

姓名	留学时间	留学国家	留学机构与专攻方向	所获学位
陈宰均	1918—1921年	美国	康奈尔大学畜牧学	农学学士
	1921—1922年	美国	康奈尔大学营养化学及家畜饲养学	科学硕士
	1922—1924年	德国	柏林大学营养化学	科学博士
许振英	1927—1929年	美国	康奈尔大学畜牧学	农学硕士
	1929—1931年	美国	威斯康星大学	理学博士
陈朝玉	1933—1935年	日本	东京帝国大学营养化学	硕士学位
王栋	1937—1940年	英国	爱丁堡大学	博士学位
张子仪	1941—1945年	日本	北海道帝国大学预科农类	预科
	1945—1948年	日本	京都大学畜产学	农学学士
	1948—1952年	日本	京都大学反刍动物微量元素营养研究	硕士学位
杨凤	1942—1950年	美国	依阿华州立大学	学士学位 硕士学位 博士肄业[1]
杨诗兴	1945—1948年	英国	爱丁堡大学畜牧学	硕士学位
	1948—1950年	英国	汉纳乳牛研究所	担任研究员
彭大惠	1946—1947年	美国	美国华盛顿州立大学营养学系	硕士学位

上表8人中，以陈宰均留学最早，4人留美、2人留日、2人留英，1人留德。正是这8位饲料学先驱，共同为中国的畜牧学开拓出了新分支，他们也组成了近代中国饲料科技最为核心的学人群体。

---

[1] 现公开的大部分文献仅记载了杨凤在美国依阿华州立大学攻读并获得硕士学位的历史，实际据少数权威文献记载，杨凤在依阿华州立大学先后经历了本科、硕士、博士阶段的攻读，1951年在新中国的感召下，放弃了正在攻读博士学位的机会，肄业回国，具体参见金星华：《共和国少数民族科学家传》，贵州民族出版社，2015年，第133页；《我国动物营养学科的拓荒者——杨凤》，《四川农业大学校报》，2016年1月5日，第2版；中国民族年鉴编辑部编辑：《国民族年鉴》（2016总第22期），中国民族年鉴编辑部，2016年第810页。

三、延聘西方饲料学相关专家人才

包括传教士在内的西方科技专家对我国近代农业科技的引进、传播、推广起过重要作用。就饲料科技的引进而言，西方专家的直接性作用主要是在各大农业院校担任教师，教授有关饲料的科技理论与知识。如1902年，直隶高等农学学堂聘请了美国人亨德教授饲养学[1]，饲养学严格意义上并不等同于饲料学，但既谈饲养，饲料知识是必不可少的。又如1938年日占时期，国立北京大学农学院畜牧兽医系的"牧草学"和"家畜营养学"课就是由日本斋藤道雄博士所开授。[2]

不过总体上讲，在华外国专家起到的作用更多的还是间接性的，他们主要着眼于畜牧业乃至整个农业层面，通过引进西方畜牧科技，协助创建各类近代畜牧机构，进而推动近代畜牧业的体制化建设，为西方饲料科技的传入创造较为良好的环境和平台。早期的如1902年设立的直隶农事试验场、1903年设立的山东农事试验场、1906年设立的中央农事试验场，等等，都聘请了专家担任教习或技术顾问。[3]由美国与英国基督教教会创办的燕京大学早在1920年就设置了畜牧专业，后又增设了家禽饲养学[4]。私立岭南大学也创办有畜牧学科[5]。南京高等师范学校于1918年设立畜牧组，开设畜牧学课程，1921年东南大学成立畜牧系，聘留美硕士汪德章为首任系主任，并增设饲养学等畜牧专业课程。[6]当然，我们在肯定外国专家贡献的同时，也应看到许多来华的外籍教师中，有些仅仅也只是为谋生图利，甚至还有携带不友好目的而来到中国的。当时的人们也注意到了这点，加之西人往往索酬过高，所以之后聘用外国人的比例就逐渐降低了。

---

[1] 周邦任、费旭：《中国近代高等农业教育史》，中国农业出版社，1994年，第8页。

[2] 张仲葛：《中国近代高等农业教育的发祥》，北京农业大学出版社，1991年，第234页。

[3] 李文治：《中国近代农业史资料》第一辑，三联书店，1957年，第873-876页。

[4] 何晓夏、史静寰：《教会学校与中国教育近代化》，广东教育出版社，1996年，第205页。

[5] 高时良主编：《中国教会学校史》，湖南教育出版社，1994年，第192-193页。

[6] 李群主编：《厚德博学，笃行兴牧——南京农业大学动物科学学院发展史略》，北京：中国农业出版社，2020年第21页。

第二节　中国饲料科学的初步建制化

现代科学是一种社会建制[1]，饲料学亦不例外。自饲料被纳入到近代职业科学家（农学家为主）视域后，近代饲料学的发展必须也必然会以特定的社会建制为基础。在中国高等院校现行科教体系中，饲料学有两大最基本的建制，一是作为畜牧学下二级学科的"动物营养与饲料学"，二是作为一级学科的"草学"。饲料学科如今所处的学科位置与学科结构，离不开近代饲料学初步建制化所奠定的基调。而且我们注意到，中国饲料科学的建制化并非单靠畜牧学的引领，而是畜牧学与农业化学、植物学、作物学，甚至理学等学科共同推动的结果。

一、多学科引领饲料学发展

饲料是养殖业的物质基础，其最底层逻辑是"能提供动物所需养分"[2]，而饲料的最主要来源是"植物生产的产品"[3]。基于此，饲料学至少与四个一级学科联系密切：畜牧系、农业化学、植物学与作物学。笔者前述（第一章第三节）已表明，19世纪末《农学报》所引介的饲料知识主要包含在上述这四类文章之中，可见饲料学在传入中国之初就已经是上述四大学科的分支形式，其后饲料学的学科化发展也一直未脱离四大学科的引领。饲料学因身处不同的学科背景，其学科化的模式与程度也有所不同。

（一）农业化学的引领

农业化学，或者说化学，是饲料学最早的学科源流之一。饲料与动物营养学界公认的奠基者拉瓦锡（A.L.Lavoisier，1743—1794）就是一名化学家。1783年，他首次开展豚鼠采食后的呼吸代谢试验，提出了"生命是一个化学过程"的著名论断。自此，化学就成了饲料学科大厦的两大基石

---

[1]　（美）华勒斯坦，等：《学科·知识·权力》，生活·读书·新知三联书店，1999年，第13页。

[2]　王忠艳：《饲料学》，东北林业大学出版社，2005年，第2页。

[3]　梁红编：《应用植物学》，广东高等教育出版社，1996年，第2页。

之一[1]（另一个是生理学）。中国近代农业化学甫一诞生，便自觉将饲料学纳入到了自身科学体系中。同治八年（1868年），中国第一本化学教材（同时也是第一本化学专业译著）《化学入门》问世，书中第四章首次论及了化学在农业上的应用："西国不第以化学调剂畜禽饮食、补充药材，且能参助农田使荒土变为沃壤"[2]。简而言之，化学与农业的结合集中体现在饲料、肥料和兽药三个领域，这与如今农业化学几乎仅代表"土壤与植物营养学"相比外延要大得多。

1902年，清政府颁布《钦定高等学堂章程》《钦定京师大学堂章程》等系列"学堂章程"，首次以法定形式规定学制，是为"壬寅学制"。壬寅学制是中国近代教育史上首个由国家颁布的学制系统[3]，虽未及实施，不过首次正式将"农业"列为"七科"之一，并且规定农业化学为农学四大分支学科之一，"农业科之目四：一曰农艺学，二曰农业化学，三曰林学，四曰兽医学"[4]。1904年，清政府再颁《奏定大学学堂章程》，即"癸卯学制"。该学制在壬寅学制的基础上，详列了农科大学"四门"的主要科目（课程），其中规定农艺化学门的科目有20门[5]（见表8-8）。

表8-8 癸卯学制所规定的农业化学门科目

科目级别	科目名称	总计
主课	有机化学、分析化学、地质学、土壤学、肥料学、农艺化学实验、作物、土地改良论、生理化学、发酵化学、化学原论	11门
辅助课	气象学、植物生理学、动物生理学、农艺物理学、家畜饲养论、酪农论、农业理财学、农产制造学、食物及嗜好品	9门

资料来源：《奏定大学堂章程》，引自璩鑫圭、唐良炎：《中国近代教育史资料汇编·学制演变》，上海教育出版社，1991年，第368页。

不难看出，"家畜饲养论""动物生理学"实际正是近代饲料学的主

[1] 杨凤：《动物营养学》，中国农业出版社，2003年，第3页。

[2] （美）丁韪良：《格物入门》（化学），日本明亲馆刻本，明治二年（1869年），第84页。本文采用的是"明亲刻本"，初版同治仲春同文馆刻本（1868年）已佚，两者相差1年，课本内容几无变化。

[3] 张家治、张培富、李三虎、张镇：《化学教育史》，广西教育出版社，1996年，第419-420页。

[4] 《钦定学堂章程·钦定大学堂章程》，引自璩鑫圭、唐良炎：《中国近代教育史资料汇编·学制演变》，上海教育出版社，1991年，第237页。

[5] 《奏定大学堂章程》，引自璩鑫圭、唐良炎：《中国近代教育史资料汇编·学制演变》，上海教育出版社，1991年，第368页。

体科目，"农艺化学实验""农产制造学"等科目也与饲料学有着相当程度的联系或知识重叠，前者以饲料为化学实验对象，后者以饲料为农产制造对象。更为重要的是，癸卯学制是第一部真正在全国范围内实行的学制系统，其对农学的分科与科目要求，成为了日后农科大学分科与院系设置最主要的法理与学理依据。1905年，京师大学堂筹办农科大学，此为中国农科大学的开端[1]，原拟设农科4门，实际仅设农学1门，后增设农业化学门[2]。1913年，农科大学第一届农业化学门学生（17名）毕业。1914年，私立金陵大学开设农科，开中国四年制农科大学之先河[3]，其招生课程规定每一个农科学生都需要经严格"农业化学"的专业训练[4]。1920年，东南大学成立，其农科设立农艺、园艺、畜牧、病虫害、农业化学等五个系[5]。综合来看，近代早期创办的几大农科大学基本沿袭了自癸卯学制开始的分科与建制原则，农业化学作为最早被确立的"一级学科"之一，成为了农业大学中最早拥有独立"院系"建制性质的学科之一，这势必会带动其下级学科的发展，其中也包括饲料学。自1904年后的20年间，饲料学一直在农业化学下以"科目课程"的形式存在，20世纪20年代中后期终于实现到"机构建制"的转变。1928年，国立北平大学农学院农业化学系"动物营养研究室"成立，由农化系讲师陈宰均主持，这是中国历史上首个饲料与动物营养学专门的科研机构[6]。正如其名，动物营养研究室从动物营养学理出发，主攻饲料的营养成分与营养价值研究，从1930—1934年间的各项研究，集中发表在《国立北平大学农学院调查研究报告》第四号《动物营养专号》中。[7]就研究方法而言，动物营养研究室早期曾尝试同时进行生化分析与动物饲养试验，可能因工作量与实验条件和效果的原因，从1930年开始转以生化分析为主；相应地，其研究内容也以各类谷

[1]　周邦任、费旭：《中国近代高等农业教育史》，中国农业出版社，1994年，第11页。

[2]　季啸风：《中国高等学校变迁》，华东师范大学出版社，1992年，第64页。

[3]　梁碧莹：《近代中美文化交流研究》，中山大学出版社，2009年，第269页。

[4]　《金陵大学农科简章》，《申报》1915年1月18日。

[5]　曹幸穗、王利华、张家炎、等：《江苏文史资料第51辑 民国时期的农业》，《江苏文史资料》编辑部，1993年，第127页。

[6]　李新：《20世纪中国动物营养学发展研究》，南京农业大学博士学位论文，2010年，第42页。

[7]　《本院农业化学系营养试验室近讯》，《农讯》1935年第31期。

粮、块根、叶菜、瓜类、水果、油类中的维生素（甲、乙、丙、丁、庚）含量的分析与对比研究为主，兼顾其蛋白质与无机盐含量的研究。

除了科研以外，动物营养研究室还承担着教学的功能。在国立北平大学农学院农化系任职期间，陈宰均专门开设了"动物营养化学"课程，并且规定，"农化系大三与大四必修"[1]。动物营养研究室既是陈宰均主要的教学场所，同时也是学生主要的实习平台，陈朝玉、罗登义等第二代营养学家们的科研之路就是从这里起步。

最值得我们探究的是：为什么在农业化学（而非畜牧学或其他学科）的学科土壤中能率先孕育出饲料学的专门科研机构？而且颇有意思的是，动物营养研究室的主要创立者陈宰均在担任国立北平大学农学院农业化学系讲师的同时，还是该校畜牧系畜产学的教授，所以在机构设立上似乎不止一种选择。我们认为，这之中固然应有陈宰均的一番思虑和考量，最主要的原因是在饲料学的早期发展阶段，农业化学与其学科关联更深，对其助力也更大。正如学者尹喆鼎所言："饲料的最大目的是营养成分，依其营养成分的大小，使能决定饲料的价值"[2]，"养分"的发现使得人们对畜禽饲料的认识进入到微观层面，同时也是更接近饲料的本质，所以在饲料与动物营养的科学体系中，营养是核心概念，而饲料含有养分的种类、数量、有效吸收量等，畜禽机体的成分、消化率等，都需要依赖农业化学知识与分析手段，尤其是后者（化学分析实验）在畜牧学发展早期很难具备相关条件。实际上，即便是动物营养研究室在初创时期也面临"尚无适宜的化学方法，而必须进行动物试验"[3]的情况，畜牧学系统就更缺乏生化手段了。国立中央大学农学院同样如此，至迟到1928年前后该院畜牧门尚无法开展饲料成分的分析实验，只得依靠同院农业化学组进行试验操作。[4]以国立中央大学与国立北平大学农学院的办学与师资条件，尚且无法在20世纪30年代以前实现自主开展生化分析试验，更遑论其他高校了。

---

[1]　《国立北平大学农学院农业化学系一览》，《中华农学会报》1931年第85期。

[2]　尹喆鼎：《饲料之化学成分》，《新青海》1933年第1卷第10期。

[3]　张仲葛著，徐旺生选编，东莞市政协编：《张仲葛集》，广东人民出版社，2013年，第500页。

[4]　姚醒黄、韦乐忍：《农艺化学饲料之分析报告》，《农学杂志》1928年第3期。

（二）畜牧学下的课程与基地建设

畜牧学开设饲料学相关课程的时间也较早。按"癸卯学制"规定，除农业化学外，"农学""兽医学"也都开设有"家畜饲养论""畜产学"等科目或课程。[1]1914年，北京农业专门学校设立畜牧科，这是我国最早设畜牧科的学校。[2]1918年南京高等师范学校（简称"南高师"）农科设立"畜牧组"，并聘请美国康乃尔大学畜牧学硕士张天才教授"畜牧学"与"家禽学"，同时建设牧场以饲养猪、牛、鸡等畜禽。学界常将这段史实视作高等畜牧兽医教育的开端[3]，笔者认为也是饲料学高等教育的起步，因为在畜牧学知识体系中，饲料知识往往必不可少，教授畜牧学必然会涉及饲料学，更重要的是，南高师牧场的建立为饲料配合与饲养试验的开展提供了科研场所与硬件条件。

不过正如畜牧学的"科""组"之名，畜牧学在早期设立时并未获得如同农业化学"一级学科"的待遇，学科视域自然就很难兼及饲料学这种细分学科，所开课程也都是诸如"畜牧学""家禽学"等较为综合性的课程。直到1921年东南大学（以下简称"东大"）成立，畜牧学才首次从"农艺学"脱蜕而出，单独设立"畜牧系"，是为东南大学农科五大系（农艺系、园艺系、畜牧系、病虫害系、农业化学系）之一[4]。东大畜牧系成立伊始，即开始引入乳牛、猪、鸡并进行饲养试验及牧草栽培研究"[5]。刘荣志等人称之为"近代饲养试验研究工作之始"[6]，实际上也是饲料与牧草试验工作的开始。自此，"饲养试验"也成为了近代饲料与动物营养学领域最为常用的研究方法。翌年（1922年），畜牧系增设"饲养

[1] 《奏定大学堂章程》，引自璩鑫圭、唐良炎：《中国近代教育史资料汇编·学制演变》，上海教育出版社，1991年，第368页。

[2] 郭文韬、曹隆恭：《中国近代农业科技史》，中国农业科技出版社，1989年，第479页。

[3] 时赟：《中国高等农业教育近代化研究（1897—1937）》，河北大学博士学位论文，2007年，第77页。

[4] 《国立东南大学大纲（中华民国10年3月16日）》，引自东南大学高等教育研究所编：《郭秉文与东南大学》，东南大学出版社，2011年，第243页

[5] 白寿彝总主编，王桧林、郭大钧、鲁振祥主编：《中国通史21》 第12卷《近代后编1919—1949（上）》，上海人民出版社，2015年，第298页。

[6] 刘荣志、向朝阳、王思明主编：《当代中国农学家学术谱系》，上海交通大学出版社，2016年，第21页。

学""养猪学"课程，同时扩增3亩牧草标本区，扩充牧场[1]。得益于畜牧学系的设立，东南大学的饲料学在短短两年间取得了较大进展。

国立北京农业大学紧随东大其后，于1923年设畜牧系[2]，且同样开设有"家畜饲养学"课程。之后，私立岭南大学、四川大学农学院、南通学院农科等亦相继设立畜牧系[3]。据不完全统计，截至新中国成立前，畜牧学拥有一级学科建制的高校与科研单位至少18所。

随着中国各大农科大学畜牧学科的建制化发展，与饲料学相关的课程亦不断增设。大概在20世纪20年代中后期左右开设了饲料学的专业课程："牧草学"和"饲料作物学"，前者于20世纪30年代初被政府认定为全国高等考试农业技术人员报考畜牧科的必试科目，后者则为选试科目[4]，由此可见饲料学在高等畜牧教育中的必需性和普及性。此外，另有两门高度涵盖饲料学知识的课程："饲养学"与"畜产学"亦开设。

饲养学可称得上饲料学最早的课程载体或形式。1904年"癸卯学制"与1912—1913年的"壬子癸丑学制"皆正式定名为"家畜饲养论"，各农业高校畜牧专业也基本按此设置课程，后于20年代逐渐衍生出"养马学""养牛学""养羊学""养猪学""养禽学""养鸡学"[5]等对应各类畜种的细分科目。据胡跃高考证，1921年北京农业大学新设的饲养学课程中，"饲料学内容作为单独章节进行讲授"[6]。随着时间的进展，饲料学知识在饲养学课程中的占比逐渐递增。

近代的畜产学也是高校畜牧学学科体系内的常设科目或课程之一，得益于日本农业高校对畜产学的较早重视及其体系化发展，早期以日本为师的中国也较早地引入了畜产学，1903年留日学生范迪吉等人译出的日本《普通百科全书》100册中，就有日本农校畜产学课教科书《畜产学各

---

[1] 陈加林：《百年徽商与社会变迁：以苏州汪氏家族为例》，上海人民出版社，2014年，第392页。

[2] 季啸风：《中国高等学校变迁》，华东师范大学出版社，1992年，第65页。

[3] 张仲葛：《中国近代畜牧兽医教育发展简史》，《古今农业》1992年第3期。

[4] 唐启宇：《高等考试农业技术人员及农林行政人员考试条件说明》，《农业周报》1931年第1卷第期。

[5] 郭文韬、曹隆恭：《中国近代农业科技史》，中国农业科技出版社，1989年，第479页。

[6] 胡跃高：《20世纪中国农业科学进展》，山东教育出版社，2004年，第663页。

论》[1]。据我们观察，20世纪30年代时农科大学畜牧专业若没有开设饲养学课，那一般会开设畜产学。这种两者似乎可互为替代的局面，背后是双方具有较高同质性的学科内涵。按1932年方瞬华所编译的《最新畜产学》的定义：畜产学是"以家畜为研究对象，研究动物之饲养与繁殖等诸技法的学问"[2]，可见畜产学既探求畜禽如何饲养，又讲究畜禽如何繁殖，是一门介于畜牧学与饲养学之间的分支学科。而正如该定义所诠释的，畜产学既已纳入了饲养学，那自然就纳入作为饲养学分支的饲料学。这种从"畜产"到"饲养"，再到"饲料"的逻辑关系，在当时的各大畜产学乃至农业著作的目录中体现一目了然，1936年杨国藩编著的《初中农业》即是典型一例。[3]

不过，可能正因畜产学既不够"综合"又不够"细分"的特质，所以才致其学科性的发展起步较晚。直到1912年国家教育部颁布壬子癸丑学制后，才将"畜产学"列入到"农学门"本科四年的课程体系内[4]。据笔者考察，较早设立畜产学课的有河北大学农学院、北京农业大学、浙江大学农学院等若干所高校，有意思的是，中国饲料科学的奠基者陈宰均先生曾在上述三所学校中担任过畜产学教授，从这个角度亦能看出畜产学涵盖饲料学的学科关系。1936年，浙江大学农学院畜牧学教授缪炎生在"每于课余把教堂上和农场上所得到的经验——诔诸日记"[5]的基础上新编成畜产学教科书《畜产学》，饲料学内容集中分布在该教材第一编《畜产学通论》下的第六章"家畜的营养"与第七章"家畜的饲喂与管理"之下。[6]

大致在20世纪20年代后期出现了饲料学的专门课程，此时饲料学也成为了饲养学主要的知识组成部分，"家畜饲养，一方为生产学，一方仍为家畜之营养学及饲料之消费学"。[7]除高等院校以外，各大农事试验场、种畜场、畜禽改良繁殖场、牧场、畜牧实验所等科研单位也构成了饲

[1]　时赟：《中国高等农业教育近代化研究（1897—1937）》，河北大学博士学位论文，2007年，第77页。

[2]　方瞬华编译：《最新畜产学》，上海新学会社，1932年，第1页。

[3]　杨国藩：《初中农业》，大华书局，1936年，目录第5页。

[4]　陈学恂：《中国近代教育史教学参考资料》（中册），人民教育出版社，1987年，第178页。

[5]　缪炎生：《畜产学》，正中书局，1936年，自序第1页。

[6]　缪炎生：《畜产学》，正中书局，1936年，目录第2页。

[7]　周建侯：《过去一年间之农艺化学界》，《中华农学会报》1931年第85期。

料学科研活动的另一重要主体，而且与各农科高校畜牧专业相比，畜牧试验场设立初衷之一，即是"孳养牛、马、鸡、羊，生息颇蕃"[1]，所以更容易、也更需要开展与饲料饲养相关的研究活动。较早设立于东北沈阳的奉天农事试验场（东北地区第一家农事试验机构），就曾引进巴克夏猪和美利奴羊进行饲养[2]。1908年吉林农事试验场建立，分设六课，其中畜牧课"掌家畜家禽的饲养、繁殖、管理、病虫害防治，品种交配和改良，天然饲料和人工饲料的种植、管理、收获和储藏，畜产品加工等试验"。[3]1924年陈宰均先生在青岛李村建立新型猪场，对不同猪种进行甘薯叶、谷豆、青粗饲料的饲喂试验[4]。到1934年西北畜牧改良场设立时，已明确规定其工作事项包括"各种饲料营养之试验"和"饲料作物之栽培"[5]。由上可见，近代中国畜牧试验场的饲料科研同样经历了由"相关研究"到"专门研究"逐步壮大的过程。此外，不少民间团体机构，如中国养鸡学社、定县中华平民教育会农场等都曾开展过饲料利用与喂养的试验，并颇有成果[6]。

总之，与农业系统内率先出现饲料学科的单点突破相比，畜牧学系统内的饲料学发展明显呈现出多点"开花"的态势，这种发展更加夯实也具整体性。值得注意的是，在诸多科教单位先后及不同程度地涉及饲料学科教活动过程中，大约有三所机构在饲料学教学或科研的持续性与成果产量上走在同行的前列，已隐有饲料学"科教重镇"的迹象。

1. 中央大学农学院畜牧系一脉。中央大学农学院正式成立于1928年。

---

[1] 白鹤文、杜富全：《中国近代农业科技史稿》，中国农业科技出版社，1996年，第379页。

[2] 赵书广：《中国养猪大成》，中国农业出版社，2001年，第10页。

[3] 中华文化通志编委会编：《中华文化通志63》，第七典《科学技术·农学与生物学志》，上海人民出版社，2010年，第200页。

[4] 白寿彝总主编，王桧林、郭大钧、鲁振祥主编：《中国通史21》 第12卷《近代后编1919—1949（上）》，上海人民出版社，2015年，第298页。

[5] 《畜牧全国经济委员会挽救西北牧畜事业》，《四川农业》，1934年第1卷第6期.

[6] 例如定县中华平教会农场畜牧部主任梁正国与中国养鸡学社试验场郑永存都有饲料专文发表，具体参见梁正国：《猪的饲料配合法》，《农民》1931年第7卷第11期；梁正国：《猪的饲料》，《农民》1931年第7卷第3期；梁正国：《乳羊的饲料与羊乳的关系》，《农民》1932年第7卷第16期；郑永存：《制虫作饲料的讨论》，《中国养鸡杂志》1928年第1卷第7期；郑永存：《饲料所含的蛋黄与蛋白》，《中国养鸡杂志》1928年第1卷第5期。

按李妍的考证，其畜牧学专业前源可追溯至1896年两江总督张之洞创办的江南储才学堂农政门畜牧目。[1]之后，经历过三江师范学堂农业博物科（1902—1912年）、南京高等师范学堂（校）农业专修科（1917—1927年）与国立东南大学农科（1921—1927年）等若干时期。中央大学农学院畜牧系一脉真正有文字记载的饲料学科教工作起步于1918年南高师设立畜牧组后，这被学界视作近代高校饲养试验的开端。不过少有人注意的是，至迟在1920年前，南高师畜牧组曾短暂改设为"畜牧部"[2]，该部袁谦开始着手"科学饲料与习惯饲料关于鸡卵产量之比较试验"[3]，王宗佑等人则选择从科学饲料与习惯饲料喂猪的比较试验入手[4]。1921年，南高师畜牧部已较其他院校领先一步，率先有学术成果发表[5]。

到东南大学农科时期，南高师时期的先发优势进一步显现。1921年东南大学始设畜牧系，由中国著名饲养与饲料学家汪德章先生担任系主任，各畜种的饲养试验开始步入正规与常规化[6]。1925年前后，畜牧系学生卢润孚对棉籽饼喂饲奶牛的效果进行专门研究，其结论是棉籽饼"虽无毒性反应，但以每日不超过2.27公斤最宜"[7]。对此，郭文韬等人曾评价其"对于我国棉籽饼的利用并指导我国乳牛业应用棉籽饼有很重要意义"[8]。袁谦的鸡饲料对比试验也初具成果，其结论为：科学配方饲料要比习惯饲料更符合家禽的生长发育需要；中国土鸡种的生产性能长期以来，因受饲料的限制未能有较好地发挥[9]。

中央大学农学院畜牧兽医系（组）不仅全盘继承了南高师、东南大

[1] 李妍：《国立中央大学畜牧兽医系史研究（1928—1949）》，南京农业大学硕士学位论文，2013年，第18页。

[2] 《南京高等师范校农科畜牧部科学饲料与习惯饲料关于鸡卵产量之比较试验成绩表（九年十一月至十年三月）》，《农学》1925年第2卷第5期。

[3] 袁谦：《饲料营养于鸡卵产量之试验》，《农业丛刊》1922年第1卷第1期；袁谦：《饲料营养于鸡卵产量之试验（续）》，《农业丛刊》1922年第1卷第2期。

[4] 轻微、王宗佑：《肥育幼猪用科学饲料与习惯饲料之比较》，《畜牧兽医季刊》1935年1卷第1期。

[5] 胡培瀚：《家畜的饲料与饲养》，《南京高等师范日刊》1921年第493期。

[6] 李群：《近代畜牧业发展研究》，中国农业科学技术出版社，2004年，第120页。

[7] 卢润孚：《乳牛对于棉籽饼给量之研究》，《农学杂志》1925年第2卷第5期。

[8] 郭文韬、曹隆恭：《中国近代农业科技史》，中国农业科技出版社，1989年，第474页。

[9] 袁谦：《饲鸡之试验》，《农学杂志》1924年第2卷第5期。

学等院校的科教遗产，而且进一步汇聚了当时饲料科教领域内最为顶尖的师资人才，除汪德章、王宗佑等一直致力于饲料的喂饲试验外，还先后引入了濮成德、许振英、王栋等知名饲料或饲养学家任教，三人分别在饲料营养（矿物质）、猪饲料与饲养、牧草与饲料青贮方面颇有建树，尤其许振英与王栋，是学界公认的中国饲料科学的奠基者。据笔者统计，1928—1949年间，中央大学农学院畜牧兽医系师生先后发表论文约18篇（见表8-9），当同期各机构发表同类论文之首。

表8-9　1928—1949年间中央大学畜牧系发表论文一览

时间	论文名	作者	发表出处
1935年	每头家畜全年饲料消费量	彭文和	《畜牧兽医季刊》
1935年	肥育幼猪用科学饲料与习惯饲料之比较	轻微、王宗佑	《畜牧兽医季刊》
1935年	矿质饲料与乳牛产乳量之影响试验	濮成德	《畜牧兽医季刊》
1935年	贮料塔之建筑与运用	轻微（译）	《畜牧兽医季刊》
1936年	动物营养试验方法之商榷	许振英	《畜牧兽医季刊》
1936年	豆渣酒糟酱渣饲猪比较试验	轻微、彭孟泽	《畜牧兽医季刊》
1937年	维他命与家畜之健康	王宗佑	《畜牧兽医季刊》
1939年	第二年养猪研究报告（1937—1938）	许振英、彭文和	《畜牧兽医季刊》
1939年	养猪饲养标准概论	许振英	《畜牧兽医季刊》
1940年	内江种猪场饲养试验报告	许振英	《畜牧兽医季刊》
1940年	营养在遗传研究上之地位	彭孟泽	《畜牧兽医季刊》
1944年	用代乳粉饲养小牛试验报告	濮成德	《畜牧兽医月刊》
1947年	窖藏青贮料积贮后温度变化之测定及其解释	王栋、卢得仁	《西北农报》
1947年	西北牧区之草原问题	王栋	《畜牧兽医月刊》
1947年	西北牧区之草原问题	王栋	《中国边疆建设集刊》
1948年	玉蜀黍青贮料对于乳牛产乳影响之测定	王栋	《畜牧兽医月刊》
1948年	近年来畜牧及家畜营养之进展	王栋	《科学世界》
1948年	六年来牧草栽种与保藏试验之简要报告	王栋	《畜牧兽医月刊》

2. 农林部中央畜牧实验所一脉。农林部中央畜牧实验所（以下简称"中畜所"）来源于1931年创办的中央农业实验所（以下简称"中农所"）畜牧兽医组（1935年改为畜牧兽医系），该机构曾于1934年在四川地区开展过饲料资源调查[1]。1941年中农所畜牧兽医系与农林部兽医防治大队合并，正式组建成立了中央畜牧实验所[2]。尽管成立时间较晚，但中畜所作为农林部直属的"全国最高之畜牧技术领导机关"[3]，具有远超其他院校单位的定位与建制优势，这就带动了其下饲料学科的高建制发展。该机构初创时就分设畜牧、兽医两大组，畜牧组首任主任为许振英先生，畜牧组下设四个研究室，其中就有"家畜营养研究室"与"饲料作物研究室"[4]。1946年中畜所迁至南京，同时将畜牧与兽医组改组为七大系，"家畜营养系"即其中之一[5]，由王栋担任系主任，饲料学科规格建制进一步提升。

在饲料科学试验方面，中央畜牧实验所同样具有"国家性"视角。从1941年开始，该所着力于大后方（湘桂黔滇地区）畜牧业的初步调查，并大致厘清了四省畜种及其饲料的优劣[6]。随后，又与国立清华大学农业研究所合作以专门研究动物饲料营养[7]。1948年在多年调查与实验的基础上，提出了"中国羊毛增产计划"，该计划的重要事项之一就是"增产饲料"[8]。此外，该所还在地方下设机构从事具体的饲料饲养试验，例如1941年于贵州省设立，后隶属于中畜所的"第二耕牛繁殖场"就曾开展过"饲料作物及牧草的栽培试验"[9]。

[1] 四川省地方志编纂委员会：《四川省志·农业志》（下），四川辞书出版社，1996年，第53页。

[2] 梁圣译：《中国兽医生物制品发展简史》，中国农业出版社，2001年，第6页。

[3] 章伯峰、庄建平：《抗日战争》第五卷《国民政府与大后方经济》，四川人民出版社，1997年，第664页。

[4] 李新：《20世纪中国动物营养学发展研究》，南京农业大学博士学位论文，2010年，第40页。

[5] 《农林部中央畜牧实验所组织条件》，引自中国第二历史档案馆：《国民政府行政院公报44》，档案出版社，1944年，第365页。

[6] 中国畜牧兽医学会：《中国近代畜牧兽医史料集》，农业出版社，1992年，第147页

[7] 张思敬、孙敦恒、江长仁：《国立西南联合大学史料三·教学、科研卷》，云南教育出版社，1998年，第724页。

[8] 瞿炳晋：《毛纺原料学》（第二版），大东书局，1951年，第103页。

[9] 贵州省档案馆编：《贵州省档案馆指南》，中国档案出版社，1996年，第192页。

3、西北农学院畜牧学一脉。西北农学院（以下简称"西农"）畜牧学系成立于1938年[1]，1942年秋英国爱丁堡大学牧草学博士王栋任该系系主任后，创建了中国牧草与草原学科，之后可以说一直引领近代中国牧草学的科教工作。现代草学界有学者认为"中国现代牧草学起步于20世纪40年代"[2]主要指的就是西农王栋等人的工作。

在教学方面，王栋首开牧草学课[3]，后于1944年前后推动西北农学院设立了中国高校第一个"牧草学系"[4]。1945年国民政府谋划全国高校课程标准，王栋作为西北农学院代表，与多位专家共同拟定将家畜饲养学、家畜营养学、牧草学等三门饲料学课程作为全国畜牧系学生的必修课程（4个学分）[5]。在王栋任职期间，西北农学院畜牧系相继培养出了卢得仁、刘荫武、章道彬等在饲料学（牧草学）有所建树的学者。在科研方面，王栋带领卢得仁等人采用先进研究方法系统研究牧草，其一系列牧草栽培与青贮试验，很多为国内首次，一些结论至今仍被很多草业科技工作者奉为圭臬。1946年后，王栋就职于中央大学农学院畜牧系与中央畜牧实验所。据统计，1942—1946年间，西北农学院畜牧系发表与饲料相关论文6篇（见表8-10）。

表8-10　1942—1946年间西北农学院畜牧系发表论文一览

时间	论文名	作者	发表出处
1943年	几种牧草中胡萝卜精之[6]含量	王栋、黄兆华	《西北畜牧》
1943年	牧草之重要	王栋	《西北畜牧》
1943年	饲料与泌乳	刘荫武、章道彬	《西北畜牧》
1945年	牧草栽培及保藏之初年研究	王栋	《畜牧兽医月刊》
1946年	第二年牧草栽培试验报告	王栋、卢得仁	《畜牧兽医月刊》
1946年	窖藏青贮料之调制	王栋、卢得仁	《西北农报》

[1] 关联芳：《西北农业大学校史》，陕西人民出版社，1986年，第11页。

[2] 胡跃高：《20世纪中国农业科学进展》，山东教育出版社，2004年，第211页。

[3] 周川主编：《中国近现代高等教育人物辞典》，福建教育出版社，2012年，第28页。

[4] 国民政府教育部教育年鉴编纂委员会：《国民政府第二次中国教育年鉴》，商务印书馆，1948年，第211页。

[5] 王栋：《关于大学农学院畜牧系课程标准之意见》，《畜牧兽医月刊》1945年第5卷第11、12期合刊。

[6] 胡萝卜精，即胡萝卜素。

（三）植物学与作物学下的饲料学科发展

近代植物学传入中国之初一度属"博物学"一支，"在昔科学尚未充分发达时，分门含糊，以动植矿三者同属一种学科，统称为博物学"[1]。在植物学逐步独立并构建教学体系的过程中，其下饲料学内容却并未随之逐渐扩充或体系化。1913年杜亚泉《共和国教科书植物学》是首见有记载饲料知识的植物学教材，第六篇"应用编"第一章"食用植物"的第一节就是"饲料植物及肥料植物"。[2]当时饲料学知识虽已单设一节，但仍限于植物学的"应用"部分，而且内容上也仅限于对"饲料植物"定义性的介绍。[3]对于饲料学来说，杜氏的植物学教材不仅是开端，也成了日后的惯例。之后，饲料学在植物学教材中的内容分布与占比就基本沿袭了杜氏，一直未有变化。

饲料学在植物学教学体系中所拥有的"一席之地"，几乎贯穿整个近代，与之相对应的，则是整个植物学的学科体系处于不断丰富与细分的趋势当中，这就变相导致饲料学在植物学中的占比其实是不断减少的，由此可见，植物学视角中的"饲料学"内涵是十分固定而又狭小的。另外可能也与植物学分支学科的发展有关，因饲料学内容一直属于饲料学的应用部分，所以"应用植物学"或"植物应用学"才是其真正的引领学科。而纵观近代植物学各分支发展情况来看，植物分类学、植物生态学、植物解剖学等是其重点与优先的发展领域[4]，应用植物学则一直处于弱势地位，甚至直到如今，中国应用植物学"方面的人才占的比例依然很小"[5]。所谓"水涨船高，风大树摇"，应用植物学发展的受限必然会直接影响到其下饲料学的发展，其中的道理与农业化学、畜牧学之于饲料学是一致的。

作物学以"农业上栽培的植物"为研究对象，是植物学与农学领域交叉程度最深的一门学科，其与饲料学的学科关联也基本等同于植物学与饲料学的关联。在作物学教学体系中，饲料学同样属于作物学的"应用"

---

[1]　王国维：《王国维全集》（第18卷），浙江教育出版社，2010年，第143页。

[2]　杜亚泉：《共和国教科书植物学》，商务印书馆，1913年，目录第3页。

[3]　杜亚泉：《共和国教科书植物学》，商务印书馆，1913年，第173-174页。

[4]　中国植物学会编：《中国植物学史》，科学出版社，1994年，第76页。

[5]　黄运平：《我国应用植物学领域的现状》，《湖北民族学院学报（自然科学版）》1994年第2期。

知识，而且同样占比很小，1949年黄绍绪《作物学》即载："我国向不注意，实际非常重要而将来发展机会最大的作物，如各种饲料、牧草等。"[1]所以，饲料学在作物学中虽不可或缺，但亦一直未有大的发展变化。

二、饲料学与动物营养学的融合

严格来说，饲料与动物营养属于两个不同的概念，但无论是科学研究，还是在实际生产中，都很难将两者区别或剥离开来。饲料是动物营养的唯一来源与载体，营养是饲料的本质属性，为动物（畜禽）提供营养是饲料存在的唯一意义，两者可谓一体两面、缺一不可。当今学科发展已经高度分化与细化，仍无法将饲料学与动物营养学拆分各自独立发展，而是由饲料学与动物营养学结合组成一门二级学科：动物营养与饲料学，甚至曾分别开设的"动物营养学"与"饲料学"课程，也被不少高校合并为一门"动物营养与饲料学"课[2]。放眼至饲料与动物营养学初传中国的近代，两者更难以区别，几乎能互代彼此，所以李新在《20世纪中国动物营养学发展研究》[3]中干脆将饲料学与动物营养学视作同一概念。这里笔者着重探究的是饲料学与动物营养学的融合过程，以及在该过程中，两个学科的融合方式与相互关系的变化。

（一）以营养为纽带：从饲料学到动物营养学

有意思的是，单就"饲料"与"动物营养"（或家畜营养）概念而言，两者出现的时间相隔很久，"饲料"一词早在明代中期就有记载，见于明著名思想家丘浚《大学衍义补》："凡一岁游牝、腾驹、去势皆有其时，越其时者有罪，凡一日干草、饲料、饮水皆有其节，违其节者有罚"[4]；进入近代以后，"动物营养"一词也不是最早出现，而是直到20世纪20年代中后期国立北平大学农学院农化系陈宰均先生创设"动物营养研究室"[5]后，"动物营养"一词才始见于各个报刊著作之中。

---

[1] 黄绍绪：《作物学》（中册），商务印书馆，1949年，"编辑大意"第1页。

[2] 陈代文：《动物营养与饲料学》（第二版），中国农业出版社，2014年，第二版前言第1页。

[3] 李新：《20世纪中国动物营养学发展研究》，南京农业大学博士学位论文，2010年。

[4] （明）丘浚《大学衍义补卷第一百二十五·治国平天下之要·严武备·牧马之政》，明成化刻本，第2364页。

[5] 国立北平大学农学院陈氏遗著整理委员会：《陈㠀平先生纪念刊》，国立北平杜尔农学院，1936年，序言第1页。

　　即便如此，我们依然能够断定近代饲料学在诞生之初就已与动物营养学相融合，原因就在于饲料学所具备的科学内核：营养成分（养分），这也是近代饲料学与传统饲料知识的根本区别。1900年，《农学报》译载了《重要饲料之成分及其消化量》一文，这是中国第一篇既是饲料学，同时也是动物营养学的专文。其中介绍了赤苜蓿、紫苜蓿、大豆等170多种饲料中的化学成分，包括"水分""灰分""蛋白质""纤维""炭水物"（即今"碳水化合物"）等含量。[1]尽管文中并未明确提出"营养"概念，但首次向国人揭示了饲料中含有诸多人们肉眼无法观测到的微观物质，而这些化学物质即是动物所需的营养。自此，当20世纪饲料学逐步学理化与体系化的时候，实际上也在同步构建动物营养学的理论基础。

　　如《重要饲料之成分及其消化量》所揭，以营养为基础的饲料学最先发展的一支或方向是营养成分研究，这也是饲料学与动物营养学所共享的基础性研究。在20世纪的头十年里，"营养"就被学界视作衡量与评判饲料的最基本的标尺，《实业新法：饲料之调理法》载："凡同一之饲料，有品质调理之不同，而营养上遂大生差异，如品质不良，虽给之多量，不仅无益，时酿生疾病。"[2]20世纪的前10年，"饲料即营养"已成为各大涉农教材的基本观点之一。1912年"适以中等农学院教科书，高等农业教育之学生均得资参考"[3]的《农业全书》第十九章"饲料"中有载："家畜之需饲料，亦犹之植物之需肥料。……家畜则专赖饲料以得营养，较肥料为单纯而简易。"[4]在此原则之下，营养知识自然成为了最基本的知识之一，"饲料虽分动植物两种，但因其滋养之要素，则均得分为三种，曰无窒（即今"氮"，下同）素有机质，曰含窒素有机质，曰无机质是也。"[5]实际《农业全书》所说的"滋养"物质比较宽泛，更接近"化学成分"概念，上文《农学报》所载的"水分""灰分""蛋白质"等物质更接近现代营养学所定义的营养成分。1908年的《论饲料之成分》一文也

[1]　《重要饲料之成分及其消化量》，《农学报》1900年102期。

[2]　《实业新法：饲料之调理法》，《实业报》1908年第18期。

[3]　赖昌：《农业全书》（上编），新学会社，1912年，例言第1页。

[4]　赖昌：《农业全书》（上编），新学会社，1912年，第133页。

[5]　赖昌：《农业全书》（上编），新学会社，1912年，第141页。

同样载："饲料之成分，不可不知，饲料者，水分、蛋白质、合水炭素、纤维质、脂肪、矿物质等所组合而成者也"[1]。1913年供大学畜牧专业教学参考用的《实用养豕全书》首次对"营养"做了诠释[2]。1914年《新制中华农业教科书》中，营养成分与含量被视作划分饲料种类的基本依据："谷类油类等，富有蛋白质脂肪等之滋养分者，曰浓厚饲料，刍草、藁秆等，养分较少者，曰粗薄饲料"。[3]这种分类法并不是一家之言，而是饲料科学界在分类上的共识，1914年忘筌《家畜饲料之研究及制做之效用》一文中还说："其（饲料）性质种类——辨明之，同类饲料，大抵滋养质成分相似……当为饲料之选择，求滋养价值高且合于经济的原则"。[4]到20世纪20年代，饲料分类学研究成为学人视域中一项重要的研究内容，"兹先说明家禽饲料之种类，此表其各种成分之含量，与夫消化部分之分量如次，以供世之选择焉"[5]。有了分类知识做基础，学人又进一步将营养成分与含量视作评定饲料价值的基本依据，并逐渐取得"蛋白质物在动物体内，主筋肉之构造，乳汁之分泌，脂肪之生成，故以蛋白质之多少，定饲料之价值"[6]等基本共识。有了科学上的支持，富含蛋白质的动物质饲料就一直处于饲料体系内的最上端，"以牛肉干燥而制成之粉，实为第一良好之饲料"。[7]

可见，在各地学科课程中的饲料与营养日趋成为一个严密统一体的背后，是饲料学正以营养学为基石构建体系的事实。也正因饲料学对于营养学知识与手段的高度依赖与契合，致使20世纪20年代以后农业化学领域的学人相继投身饲料学领域，并逐渐成为饲料养分化学分析研究的主要科研力量。饲料营养研究队伍的快速壮大，又促进营养知识趋于"常识化"，以至于1926年步毓森开始尝试向农民群体传播这样未曾有过的理念："养

---

[1] 《论饲料之成分》，《实业报》1908年第8期。

[2] 胡朝阳：《实用养豕全书》，新学会社，1914年，第1页。

[3] （清）沈慰宸、丁锡华编，范源廉阅：《新制中华农业教科书》（第四册），中华书局，1914年，第161页。

[4] 忘筌：《家畜饲料之研究及制做之效用》，《直隶实业杂志》1914年第3卷第4期。

[5] 朱晋荣：《家禽饲料之研究》，《中华农学会报》1921年第3卷第2期。

[6] 《农业：养畜饲料选法》，《广东劝业报》1909年第79期。

[7] 孙瑞初：《增收鸡卵之饲料种类》，《中国商业月报》1920年第10期。

鸡家，首要略知饲料养分有哪些。若是营养太好，往往不经济；饲料太劣，虽然适于经济，而不宜于营养；若是营养不足，体质更弱，不能产卵和生肉；若是营养太多，有时候最易生病"。[1]到20世纪20年代中后期，学人对于养分的关注集中于矿物质与维生素两种微量养分。当代动物营养学家陈代文认为，当20世纪中国"阐明了维生素的化学结构后，微量养分的营养学就初步形成了"。[2]饲料中真正被畜禽消化吸收的"可消化养分"，也在之后成为了制定饲养标准的重要指标之一。

正如学者尹喆鼎所指出的："饲料的最大目的是营养成分"[3]，在20世纪的前20多年时间里，饲料学以营养为核逐步构建饲料营养学体系，相继解决了饲料营养"是什么""有哪些""消化性"等基本议题。而饲料学步步深入发展的过程，亦可见与动物营养学逐步融合的过程。随着20世纪20年代中后期"动物营养"概念与理念开始兴起，动物营养学得以借助饲料营养学知识体系，成为一门正式的新学科，某种程度上完成了从"饲料学"到"动物营养学"的转变。对于动物营养学来说，饲料学颇有原生学科的意味；而对于饲料学来说，动物营养学是其存在的基石，"因营养学发达，得于狭隘场所，可以饲育多数动物，其最要条件乃在饲料之科学化"。[4]在此过程中，营养一直是不变的纽带，因为存在着不变的科学逻辑："营养"既是"饲料"的、也是"动物"的；营养知识既是"饲料学"的，也是"动物营养学"的。

（二）以畜禽为视角：动物营养学中的饲料学

既然动物营养学与饲料学共享同一个科学内核（即营养），而且其理论体系与饲料学有很大的同质性与重叠性，甚至在早期称之为饲料学分支亦不为过，那么为什么学界还要再引进、衍生或界定一个新的科学或学科概念？或者具体来看，1928年国立北平大学农学院农业化学系创设的"动物营养研究室"[5]为什么不以"饲料"或"饲料营养"，而是以"动物营

[1] 步毓森：《鸡的饲料》，《农民》1926年第2卷第30期。

[2] 陈代文：《动物营养与饲料学》（第二版），中国农业出版社，2014年，第3页。

[3] 尹喆鼎：《饲料之化学成分》，《新青海》1933年第1卷第10期。

[4] 高季和：《大豆粕饲料化利用之问题》，《中华农学会报》1932年第96-97期。

[5] 周邦任、费旭：《中国近代高等农业教育史》，中国农业出版社，1994年，第43页。

养"为名？而且从动物营养研究室在存续期间的科研工作来看，其基本集中于不同饲料养分（维生素、蛋白质等）的生化分析研究以"饲料营养研究"概之似乎更显合理，原因可能在于学界视角的转变与升华。饲料学的视角是"饲料"，其致思路径是饲料到畜禽，即通过改善"饲料"一端以实现改善"畜禽"一端的目的；而动物营养学的视角是"畜禽"（与饲养学一致），其致思路径是畜禽到饲料，即当谋求"畜禽"一端的改善时，从改善"饲料"一端来入手，同时可能还有如"家畜管理""卫生"等其他方面。显然，后者更切中畜牧业生产的核心，毕竟饲料的服务对象与存在目的就是畜禽。从史料看，这一转变至迟从20世纪20年代早期就有明显迹象。前述彭国瑞发表《饲养原理：饲料之消化性》一文之后，李澍就紧随其后发有《饲养：家畜对于饲料之消化作用》一文，从标题即能看出两者所述内容实为一致，但话语主体发生了变化。在正文之中，这种差异性就更明显，前者载："食物之消化率，于定各种食料，对于动物之裨益如何，必须知某种食物滋养上计算之平均数。"[1]后者载："欲明消化系之奥义，当略悉各质由饲料至化成肌肉时之程序。"[2]可见，两者因视角不同，在同一问题（消化性）上的出发点亦不相同，彭氏因站在饲料的角度上，所以强调饲料可消化养分的计算；李氏因站在畜禽的角度，所以强调饲料养分在动物体内的消化过程。后者所代表的动物营养学视角，在1930年国立北平大学农学院《农讯》对动物营养研究室创办宗旨的介绍中体现更加明确。[3]

从中可见，动物营养学有着饲料学无可比拟的视域优势。所谓"角度即高度"，当学人目光放宽至动物（而非饲料）营养层面时，同时也就站在了与"人类营养学"这种关乎人类切身问题的主流学科同等比较的高度。与两者地位相当、联系密切的还有植物营养学，1936年学者启农详细探讨了"植物营养与动物营养"的逻辑关系。[4]1940年，国立武汉大学高尚荫以更宽广的视角，论述了"土壤、植物、动物与人类营养之相互

[1]　彭国瑞：《饲养之原理：饲料之消化性》，《农事月刊》1924年第2卷第7期。

[2]　李澍：《饲养：家畜对于饲料之消化作用》，《农学》1925年第2卷第5期。

[3]　《农业化学系近况，《农讯》1930年第44期。

[4]　启农：《植物的营养与动物的营养》，《农业进步》1936年第4卷第12期。

关系"。他认为要解决中国国民与动植物的营养问题，不应"单门专而论之"，[1]而是将几大领域的营养问题结合在一起统一地看待与解决[2]。

在学者们视角转变与上升到一个更宏观性层面后，动物营养学自然就会收获更多关注，其学科地位亦随之逐步提升。20世纪30年代，学者们开始构建动物营养学理论体系。1933年，邹国泰阐明家畜（动物）营养学原理应包含养分的意义和必要、饲料的普通成分、饲料的消化与吸收、家畜体内的新陈代谢、诸种生活状态与营养的关系等五个方面。[3]邹氏对动物营养原理的概括具有较大的典型性和影响力，其后又被《农牧月报》连续5期转载，[4]不过从上五个方面来看，至少前三个方面早就被纳入到饲料学范畴内了。1936年，许振英对动物营养学的研究方法就是做对比性探讨，包括"群饲法""单饲法""对饲法""新法"[5]等，几乎都是饲料学领域早就惯用的试验方法。

与此同时，在已有的饲料营养知识与成果的基础上，动物营养学开始专注于对营养本身的研究与探讨。1932年陈朝玉发表《矿物质在动物营养中之功用》[6]一文，同时期饲料学视域的文章则以1933年石彬蔚《矿物质饲料之重要》[7]、1934年金辰区《家禽饲料中的矿物质》[8]等为代表，尽管所述内容大体相同，但仍然是"动物营养"理念与"饲料营养"理念的差异。动物营养学无疑要比饲料学更接近营养本身，所以也更容易在营养研究上有所突破。1946年陈朝玉再发《家畜营养之新智识：简单氮素化合物代替蛋白质》一文，首次在"家畜是小牛，能利用简单含氮化合物构成体

[1]　高尚荫：《土壤、植物、动物与人类营养之相互关系》，《科学》1940年第24卷第7期。

[2]　高尚荫：《土壤、植物、动物与人类营养之相互关系》，《科学》1940年第24卷第7期。

[3]　邹国泰：《家畜营养的原理》，《新青海》1933年第1卷第9期。

[4]　邹国泰：《家畜营养的原理（未完）》，《农牧月报》1934 年第2卷第5期；邹国泰：《家畜营养的原理（二）》，《农牧月报》1934 年第2卷第6期；邹国泰：《家畜营养的原理（三）》，《农牧月报》1934 年第2卷第7期；邹国泰：《家畜营养的原理（四）》，《农牧月报》1934 年第2卷第8期；邹国泰：《家畜营养的原理（五）》，《农牧月报》1934 年第2卷第9期。

[5]　许振英：《动物营养试验方法之商榷（待续）》，《畜牧兽医季刊》1936年第2卷第1期；许振英：《动物营养试验方法之商榷（续）》，《畜牧兽医季刊》1936年第2卷第4期。

[6]　陈朝玉：《矿物质在动物营养中之功用》，《科学》1932年第16卷第1期。

[7]　石彬蔚：《矿物质饲料之重要》，《通农期刊》1933年第1卷第1期。

[8]　金辰区：《家禽饲料中的矿物质》，《农村》1934年第1卷第21期。

蛋白质"[1]试验的基础上，提出用简单氮素化合物代替蛋白质的新营养方案。1947年，罗登义发表《动物营养中不可缺少之氨酸》，其中介绍了人体与动物体所不可缺少的8种氨酸（即氨基酸），氨基酸是蛋白质进入生命体经消化分解后的可吸收营养物，这表明动物营养学研究者对营养物（蛋白质）的认识开始进一步进入小分子层面。

动物营养学步步壮大的过程，实际正是其吸收饲料学营养内核而"壮大己身"的过程，这就导致饲料学与动物营养学进一步深度融合的同时，两者的相互地位与关系发生变化。首先，最直接的变化是饲料学学科范畴的缩小。1930年吴德铭《养鸭法》中，第七章"滋养与养料"与第八章"饲料"、第九章"饲料之配合"并列为一章[2]，考其内容，实则为饲料中水、蛋白质、碳水化合物等营养物的构成与作用，而"饲料"一章内的文章更多侧重于饲料的"分类"与"作用"方面，[3]已明显不同于1925年《新学制农业教科书》将"饲料的营养分"列作一章的体例结构与内容分布。[4]1931年，黄绍绪《农业概论》同样将"家畜之成分与营养需求"设为与"饲料之种类""饲养家畜之方法"并列为一节，而且同样可见将"饲料营养"知识改划入了"动物营养学"范畴。到30年代中后期，开始出现"饲料学"被"动物营养学"概念置换的趋势。

1948年王栋先生的《近年来畜牧及家畜营养之进展》，从内容看称之为"饲料学"进展亦无不可。[5]同年，学者余达人的《食用鱼粉与动物营养之价值》实际指的是食用鱼粉的"饲料"或"饲用"价值。[6]更有部分学者改变了饲料学与动物营养学互为"姊妹学科"的关系，将动物营养学拔高为饲料学的上级学科。例如1933年郑学稼《家畜饲养学》中就专设"家畜营养原理"一章，下设三节，分别为"饲料养分及其分类""养分的消化与吸收""代谢作用"。1936年潘念之《乳牛饲养学》同样设有"家畜营养之原理"一章（第四章），其下8节中至少有两节为直接论述饲

[1] 陈朝玉：《家畜营养之新智识简单氮素化合物代替蛋白质》，《科学》1946年第28卷第4期。

[2] 吴德铭：《养鸭法》，商务印书馆，1930年，序第19页。

[3] 具体见吴德铭：《养鸭法》，商务印书馆，1930年，第45-57页。

[4] 万国鼎：《新学制农业教科书》（第四册），商务印书馆，1925年，第176-181页

[5] 具体见王栋：《近年来畜牧及家畜营养之进展》，《科学世界》1948年第17卷第1期。

[6] 具体见Delisle.R、余达人：《食用鱼粉与动物营养之价值》，《海建》1948年第1卷第7期。

料的内容[1]（见表8-11）。1948年问世的著名畜牧学教材《畜牧学》第一编《家畜营养之要素》下第一章即为"各类饲料之营养"[2]，细究即不难发现，上述教材中的"家畜营养"实际上代替了"饲养"的位置，这也是动物营养学"畜禽"视角的另一佐证。

表8-11　潘念之《乳牛饲养学》第四章目录

"节"号	"节"名	"节"号	"节"名
第一节	饲料之成分	第五节	脂肪之营养价值
第二节	消化作用及新陈代谢	第六节	无机成分之营养价值
第三节	蛋白质之营养价值	第七节	维他命之作用及各营养分之关系
第四节	炭水化合物之营养价值	第八节	饲料品种所含维他命之种类及其含油量

资料来源：潘念之：《乳牛饲养学》，中国农业书局，1936年，目录第2页。

三、牧草的独特性与学科发展

牧草学一支的分化是近代饲料学科发展的一条主线与重要特征，其分化态势从饲料学初入中国之时即已显现，后基本贯穿20世纪的整个上半叶，在多学科的引领和推动下，大体经过了牧草知识与饲料知识"并行"到牧草知识"独行"，再到牧草学部分"代替"饲料学，并最终实现建制方面的突破等若干阶段，期间官方层面的关注与推动加快了牧草学的分化进程。

（一）源于牧草的独特性

早在饲料科学传入中国之初，牧草学就已是其下较为独立而重要的一支。1900年中国《农学报》首载有4篇饲料学专文，其中有3篇为牧草学专文，分别是《本邦彦牧草之成分》《牧草图说》《牧草解说》。[3]其后，在20世纪头10年里，又相继有《译述：泾地所产牧草》（1904年）、《八种牧草种类试验》（1907年）、《介绍牧草部》（1908年）[4]等专文

---

[1]　潘念之：《乳牛饲养学》，中国农业书局，1936年，目录第2页。

[2]　冯焕文：《畜牧学》，中华书局，1948年，目录第1页。

[3]　《本邦彦牧草之成分》，《农学报》1900年第119期；周家樹译：《牧草图说》，《农学报》1900年第104期；《牧草解说》，《农学报》1900年第105期。

[4]　《译述：泾地所产牧草》，《商务报》1904年第11期；《八种牧草种类试验》，《四川官报》1907年第30期；《介绍牧草部》，《农工商报》1908年第36期。

引介至中国，不仅如此，还另有3篇专论"苜蓿"的文章：1900年《论种苜蓿之利》，1901年《苜蓿说》及1903年《论栽培苜蓿之利》[1]。总之，从1900—1909年间的牧草专文约有6篇，其余饲料专文约有8篇，单从数量看，牧草学专文占据了整个饲料学比重的近一半。

对此，《本邦彦牧草之成分》与《论栽培苜蓿之利》中的阐述可以视作比较好的解释，前者有载："牧草乃牛马牲畜之大宗食料，牧草足、畜孳繁"，[2]后者载："（苜蓿）用为牛马固宜，而用以肥料以施稻田尤宜"。[3]对于畜牧业（牛马）与农作物（肥料）来说，牧草是一种十分重要的饲料与肥料资源。研究对象（牧草）的"重要性"自然就会传递到相应的研究领域（牧草学），进而又会进一步延续到以该研究领域构建起的学科体系（牧草学科），这也适用于任何一个从科学到学科的嬗变过程。其实，《本邦彦牧草之成分》"牛马牲畜之大宗食料"[4]的记载，也可以有另一种较为隐晦的解读，即牧草基本上主要供应牛马等大家畜，其他畜禽需求很少，人类更不会食用，这在畜禽的饲料资源结构中是比较特殊的，因为众所周知，畜禽饲料本质上是一种可食性资源，与人类食谱具有相当的重叠与交叉性，绝大部分的饲料人类皆可食用，这从自古以来一直存在人畜"争粮"的矛盾就能见一斑，而在畜禽的大宗性饲料中，牧草是唯一称得上畜禽（主要指牛马羊）的"专用"饲料。总之，在纷繁庞杂的饲料中，牧草既具有饲料所共有的"重要性"，也具有其本身的"特殊性"，而这种特殊性在其后的本土学科构建中可能更为重要，因为它让饲料学体系拥有了更为明确，且真正属于饲料学的研究对象，诸如麦、豆、玉米等往往被视作是农艺学的研究对象。1949年用作职业学校教科书的《作物学》对牧草之于饲料的特殊性解释得更为明确。[5]

饲料学则是不折不扣的舶来品，20世纪初牧草学就具备与饲料学的分野态势也与西方（尤其是日本）的科学关注点直接相关。从1908年《介绍

[1]　（日）藤田丰八：《论种苜蓿之利》，《农学报》1900 年第109期；（日）藤田丰八、（日）吉川祐辉：《论栽培苜蓿之利》，《农学报》1901年第133期；《论栽培苜蓿之利》，《经济丛编》1903年第23期。

[2]　《本邦彦牧草之成分》，《农学报》1900年第119期。

[3]　《论栽培苜蓿之利》，《经济丛编》1903年第23期。

[4]　《本邦彦牧草之成分》，《农学报》1900年第119期。

[5]　黄绍绪：《作物学》（中册），商务印书馆，1949年，第155页。

畜牧部》一文来看，彼时日本农商务省就专设有"牧草部"[1]，这一级别的行政建制终及中国整个近代也未能实现，足见日本对于牧草事业的重视与支持力度。当时"以日本为师"的中国自然深受影响，在牧草学科研起步之初就带有"饲料以牧草为重"的西式烙印，所以也就不难理解，早在1907年之前四川农事试验场就已开展了牧草栽培试验。

进入20世纪以后，大致以植物学家相继开展的牧草资源调查工作为开端或标志，牧草学的科研工作自此得到了比饲料学更早也更快的发展。随着学者们对牧草的关注度与认识的加深，牧草问题逐渐被不少学者视为"畜业之根本问题"[2]，据学者葛言所述，30年代的学界还曾一度流行过"家畜为牧草之化身"[3]的共识；同时，其利用价值与功能亦不断深化与拓展，除上文所述的饲用与肥用功能外，国防建设与水土改善皆有赖于牧草事业的发展，"马于国防上占有重要之位置。盖陆军之骑兵队辎重队，及炮队皆利赖之。马又赖以粮草之供应，古人云：兵马未动，粮草先行是也。"[4]至20世纪30年代，以黄河水利委员会委员长李仪祉为代表的水利专家意识到牧草栽培对防止与改善黄河上游水患颇有功效，"防上游水患莫如植树，唯西北气候干燥，生长较难，不若遍种苜蓿（Medicago），易收实效"[5]，以水土保持学先驱叶培忠为代表的水土保持专家则进行了比较系统的牧草试验。20世纪40年代，以草原学创始人王栋为代表的草业学家又以牧草为基点，将其与家畜、农业生产紧密结合，提出了"草原学"概念，"无草，无牛；无牛，无粪；无粪，无农作。"[6]

到20世纪40年代，尽管牧草在概念上依旧是"饲料"或"饲料作物"一种，但其所建构的研究体系已与一般饲料学体系大为不同，除与一般饲料学共通的饲养试验与化学分析，牧草学已更多着力于资源调查、引种育种、试种栽培、青贮干制等方面的工作。

[1]　《介绍牧草部》，《农工商报》1908年第36期。

[2]　王栋：《牧草之重要》，《西北畜牧》1943年第1卷第2期。

[3]　葛言：《牧草在绥远的重要及应栽培的几种（未完）》，《绥远农村周刊》1936年第122期。

[4]　《畜牧对于国防之重要（陆理成于六月十四日在纪念周演讲）》，《南通学院院刊》1937年第7期。

[5]　《李委员长建议沿黄种植苜蓿》，《陕西水利月刊》1935年第3卷第9期。

[6]　王栋：《牧草学通论》，商务印书馆，1950年，扉页第2页。

（二）20世纪初期：中小学课程的传播

从20世纪初开始，不少中小学的课程体系就已将牧草知识从饲料知识中脱离而出，单独成课。这一授课方式最早见于1914年《新制中华农业教科书》，书中规定了高等小学第二学年第一学期第十七课为《家畜之饲料》[1]。同时，第二十课讲授《牧草类》[2]。可见，在课程形式上，牧草学与饲料学已明确一分为二，各为课时，在课程内容上更是大相径庭。理论上讲，牧草学虽从饲料学中分离，但牧草毕竟仍属饲料一种，而且尚在分化初期，两者课程内容应有很大同质性或包涵关系，但从《新制中华农业教科书》所载可见，饲料课与牧草课仅在开篇论述饲料（牧草）对于家畜与畜牧业重要性的部分颇为相似之外，其后的知识呈现则完全不同。饲料学似乎重视饲料的"配合"与"分类"，在分类上采用以所含"营养"为依据的分类法；牧草学则更重视牧草的"栽培"与"分类"，同时采用基于"植物学"的分类法。

到20世纪20年代，中小学课程中的牧草知识与饲料知识分化得更为明显。以《新学制农业教科书》系列为例，其牧草课与饲料课是这样安排的[3]（见表8-12）。

表8-12　　《新学制农业教科书》中的牧草课与饲料课

课时	课程名	课程目的	课程准备
高小第二学年第一学期十一课	牧草	述牧草的种类，栽培的必要和方法以及保藏等	各种牧草的标本、实物或图书，牧草的种子，牧场和秣场等的照相或图书
高小第二学年第二学期二课	饲料的营养分	述饲料的成分和各种营养分的功用	饲料成分表
高小第二学年第二学期三课	饲料的种类、消化和营养率	述饲料种类的大概，以及消化率和营养率的意义和应用等	各种饲料标本、饲料成分表

[1]　（清）沈慰宸、丁锡华编，范源廉阅：《新制中华农业教科书》（第四册），中华书局，1914年，第161页。

[2]　（清）沈慰宸、丁锡华编，范源廉阅：《新制中华农业教科书》（第四册），中华书局，1914年，第166页。

[3]　万国鼎：《新学制农业教授书》（第三册），商务印书馆，1925年，第72-73页；万国鼎：《新学制农业教授书》（第四册），商务印书馆，1925年，第8、18-19、27-28页。

续表

课时	课程名	课程目的	课程准备
高小第二学年第二学期四课	家畜的饲料	述饲养标准和各种家畜饲养法的大概	饲养标准表、饲料成分表

资料来源：万国鼎：《新学制农业教授书》（第三册），商务印书馆，1925年，第72-73页；万国鼎：《新学制农业教授书》（第四册），商务印书馆，1925年，第8、18-19、27-28页。

从上可见，与20世纪最初几年相比，20年代中小学农业课程中的牧草学与饲料学知识明显更加丰富，例如牧草学中增加了"保藏"知识；饲料学更分为三个课时，增加了"养分""消化率""饲养标准"等若干知识。两个学科所构建的知识体系越细分，其区分度就越明显，即牧草学与饲料学的分野态势也越明显。20年代中后期，甚至出现部分综合性的农学著作仅谈牧草，而不谈饲料。例如：1926年张援编著的《老农今话》就直接设有"牧草"一章[1]，"牧草是供给家畜饲料的，欧美各国畜牧和耕种并重，且饲养家畜很多，牧草的栽培也极注意，中国北方草原居多，但国人向不注意，以致牲畜数量很少"[2]，显然在张氏的农学知识构成中，牧草学基本能代表饲料学的作用与功能。这种从"两者并行"到"牧草独行"的现象到20世纪30年代更加普遍，1935年《复兴初级中学教科书农业》中的第五十课《牧草》[3]，用作师范学校农业科教书的《农业概要》第九编第十一章《牧草》[4]等，反映的都是这种情况。

这一时期，除饲料学的直系学科农学以外，一些关联学科也开始将牧草学与饲料学视作"两种"或"两块"知识，两者诠释的角度不同，但内核却是一致，通俗来说，即认为饲料植物是指用以喂饲牲畜的植物；具体来说，它既包含人类可食性植物（实际就是作物），也包含不可食而专用饲料的植物；既包含植物的部分器官（茎叶果实等），也包含植物的整体（实际就是牧草）。总之，饲料植物是一个"概要性"或"通指"概念。

而到了20世纪20年代，《新中学植物学》中的"饲料植物"已明显有"专指"牧草的倾向："植物可供家畜之食料者，曰饲料植物，其中之主

[1]　张援：《老农今话》，靖江农庆轩，1927年，目录第1页。

[2]　张援：《老农今话》，靖江农庆轩，1927年，第87页。

[3]　具体见褚乙然：《复兴初级中学教科书农业》（第二册），商务印书馆，1935年，第197-202页。

[4]　具体见顾复：《农业概要》（第三册），中华书局，1935年，第285-288页。

要者：在禾本科，有大麦、燕麦、稗、狗尾草、狼尾草等；在豆科，有苜蓿、紫云英等。"[1]《共和国教科书植物学》中的"饲料植物"更是成了"牧草"的代名词。[2]

另外，20世纪初曾有高等小学理科课程纳入了饲料学知识。[3]之后1934年，许心芸《新法理科教授书》中也编入了饲料学知识，不仅课名一致（《饲料与牧草》），其内容也多有相似，即概括性介绍了饲料与牧草的概念与分类。[4]从这两本教材大致可以看出，在理学学科视角下，牧草在饲料之中同样具有一定的特殊性与独立性。

由此来看，至少在农学、植物学与理学等所构建的学科体系内，牧草学都在逐步脱离饲料学，呈独立的发展态势。有意思的是，三者视域内的牧草学分化程度与路径各有特点，在农学课本中，牧草正逐步构建起不同于饲料学的学科体系；在植物学课本中，明显有从饲料植物向牧草聚焦的视域转变；而在理学课本中，牧草被视作是一种因特殊而受到较多关注点的饲料，由此归纳得出的一个事实或现象是：农学范畴中牧草学的分化程度最深，其次为植物学，再次为理学，而三者与牧草学或者饲料学的科学关联度却是渐次递减，唯有"专业"才能孕育"专门"。

（三）20世纪30年代："振兴西北畜牧"战略下的牧草学热

在20世纪的前30年里，牧草学与饲料学的分化态势基本受科学研究与科技发展规律的主导，在牧草学逐步分化的背后，是其科学研究步步壮大与独立化发展的事实。自1907年四川农事试验场、1910年奉天农事试验场率先开展牧草栽培试验[5]以来，中国各大农事试验机构相继以牧草作为其重要的试验内容。[6]自1912年教育部颁布"壬子癸丑学制"，并规定"牧

---

[1] 宋崇义编，钟衡臧、俞宗振参订：《植物学》，中华书局，1923年，第123页。

[2] 杜亚泉编、王兼善、杜就田校订：《共和国教科书植物学（增订版）》，1921年，商务印书馆，第217页。

[3] 吴传绂：《理科·三》，中华书局，1922年，第19页。

[4] 许心芸：《新法理科教授书》（第一册），商务印书馆，1934年，第54页。

[5] 具体见《八种牧草种类试验》，《四川官报》，1907年第30期；《奉天省农事试验场之成绩：试验牧草之成绩》，《广东劝业报》，1910年第112期。

[6] 例如第一种畜场，具体见王酒斌：《农商部指令第二〇五五号令：第一种畜试验场：呈一件呈报地租并未增加及试种牧草》，《政府公报》，1921年第1977期。

草论"为兽医学（畜牧学）本科生必修科目[1]后，不少高等农业院校也先后开展过牧草的专门研究与教学工作，比较早的有浙江省立甲种农业学校、东南大学、私立岭南大学[2]等等。

在此期间，自然也有不少为牧草正名的发声，诸如"刍牧为畜产之基"[3]"养畜宜先栽牧草"[4]等等，不过基本都是民间的声音或舆论，直到20世纪30年代，西北地区建设问题被国民政府视作"整个国家问题"[5]，畜牧业则被视作与西北经济社会与国防建设密切关联的重要经济部门，"振兴西北畜牧"开始成为官学上下的共识。1934年，国民党的第四届五中全会报告指出："现值开发西北之际，畜牧问题，极为重要，未便任其废弛。"[6]在此形势下，政界与学界共同开启了牧草学热潮[7]。

紧随西北牧草资源考察热潮的是研究热潮。1934年，国民政府全国经济委员会第十次常委会通过了"办理西北畜牧事业计划"，该计划首要且重要的措施之一就是设立"西北畜牧改良场"。在经委会处长赵连芳综合考察后，于当年6月在甘肃省夏河县甘坪寺正式设立西北畜牧改良场。[8]按章程规定，西北畜牧改良场的工作内容之一就是"各种饲料营养之试验"与"饲料作物之栽培"[9]，这样就以规章制度的形式保证了牧草研究持续而独立地开展。从现存史料来看，改良场成立伊始就立马着手牧草试验[10]，翌年（1935年）又奉经委会饬令扩充牧草试验，新增青海八角城、

[1]　包平：《二十世纪中国农业教育变迁研究》，中国三峡出版社，2007年，第97页。

[2]　具体见痴农：《牧草之效用及栽培法》，《翼农丛谭》，1919年第1期；《校务：农学院：牧草试验成绩》，《私立岭南大学校报》，1931年第2卷第29期等；另东南大学在牧草学上的工作详见前文第一节。

[3]　刘章瑞：《栽培牧草之利益》，《东三省官银号经济月刊》，1929年第1卷第2期。

[4]　《说养畜宜先栽牧草》，《农趣》，1926年第3期。

[5]　宋子文：《西北建设问题》，《中央周报》，1934年5月310期。

[6]　秦孝：《革命文献》（第75辑），台湾地区中华印刷厂，1978年，第282页。

[7]　陈加晋、卢勇、李群：《中华民国时期西北地区牧草资源研究刍考》，《草业学报》，2018年第27卷第12期。

[8]　《畜牧兽医新闻：全国经委会农业处长赵连芳视察甘肃青海畜牧情形》，《畜牧兽医季刊》，1935年第1卷第1期。

[9]　《畜牧全国经济委员会挽救西北牧畜事业》，《四川农业》，1934年第1卷第6期。

[10]　《西北畜牧事业之进行：举行牧草试验》，《中国国民党指导下之政治成绩统计》，1935年第8期。

甘肃平凉等九处试验地[1]，同时新增八角城、松山等至少5处采种圃。[2]之后（大概在1936年）改良场改属实业部，其牧草试验不仅未断，还在牧草种子的活力性方面有所突破。[3]国立西北畜牧改良场仅是典型一例，同在甘肃的农林部西北区推广繁殖站、天水水土保持实验区、甘肃农业改进所、西北技艺专科学校（即今甘肃农业大学）、西北农林专科学校（即今西北农林科技大学）、绥远农林试验场等机构都曾持续地开展过牧草研究，并且各机构之间互通互鉴[4]，共同构建起了西北牧草学的学术共同体。

总之，在"振兴西北畜牧"战略下，西北地区的牧草资源纳入到了国家顶层设计，也成为多个科学的关注点甚至焦点。通过政界与学界的联合推动，牧草学一度得到了远比饲料快得多的发展。在当时学术界的话语体系中，西北地区的"饲料"概念基本上指的都是"牧草"。1932年，尊卣所著《改良西北畜牧业当注意之苜蓿》学术报告中明言："牛马饲料称为牧草。"[5]1933年，董涵荣提出的"改良青海农业畜牧应取之方针"中，"栽培滋养丰富之牧草"[6]被视作"解决家畜饲料问题"的重要方针之一。受其影响，20世纪40年代，不少团体或学人所指牛、马、羊的饲料，即便不涉及西北地区，也会约定俗成地视其为牧草，例如中央畜牧所制定的"中国羊毛增产计划"中"增产饲料"一项，实际是指通过增加牧草的供应量与品质"以充实羊之饲料"。[7]

（四）20世纪40年代：牧草学科的独立发展

20世纪40年代，牧草学科开始有专门的建制出现，表明其已基本脱离饲料学。这些建制单位大致包括：1941年，中央畜牧实验所下设"饲

---

[1] 《西北畜牧事业之进行：扩充牧草试验》，《中国国民党指导下之政治成绩统计》，1935年第9期。

[2] 《西北畜牧事业之进行：各苜蓿采种圃工作概况》，《中国国民党指导下之政治成绩统计》，1936年第4期。

[3] 封志豪：《牧草种子生活力之初步试验》，《农学》，1936年第2卷第6期。

[4] 例如天水水土保持实验区就曾持续从西北推广繁殖站、甘肃农业改进所、西北技艺专科学校等单位引进牧草种子，详见李荣华：《民国天水水土保持实验区牧草品种的选育》，《农业考古》，2017年第4期。

[5] 尊卣：《改良西北畜牧业当注意之苜蓿》，《新青海》，1936年第4卷第5期。

[6] 董涵荣：《改良青海农业畜牧应取之方针》，《新青海》，1936年第1卷第10期。

[7] 瞿炳晋：《毛纺原料学》（第二版），大东书局，1951年，第103页。

料作物研究室"[1]，专攻牧草的引种与栽培试验工作，这是目前可考的第一个牧草学的专门研究机构。大概1944年前，西北农学院设立了中国高校第一个"牧草学系"。[2]1946年，台湾省农业实验所恒春畜产试验支所设立了"牧草股"，并开展了"牧野改良试验"和"无刺仙人掌之繁育试验"。[3]1947年，中央农业实验所由蒋彦士牵头成立"饲草作物组"，负责搜集牧草种子、国内外文献和开展栽培试验。据沈志忠先生考证，该组在存续期间绘制了中国1∶100万比例尺的草地类型图，同时开展了200多个饲草品种的田间试验。[4]

从绝对数量看，设置牧草学专门建制的单位或机构似乎并不多，仅有4所；但与之对应的是，整个饲料学领域具有独立建制或专门机构的也仅有两所，分别是1926年国立北京大学农学院农业化学系设立的"动物营养研究室"与1941年中央畜牧实验所畜牧组设立的"家畜营养研究室"（后于1946年改为"家畜营养系"），由此足见牧草学的分化与壮大程度，甚至某种程度上可以说，近代牧草学的发展是快于饲料学的，这也是当今以牧草生产作为学科主体之一的"草学"能够获得一级学科，而饲料学则与动物营养学合并组成二级学科的历史原因之所在。

当然，上述4所科研单位或机构能够有条件设立牧草学的单独建制，也是有各自特殊性原因的。中央畜牧实验所与中央农业实验所分别由农林部与实业部直属，拥有其他单位所无法比拟的高建制优势，中央畜牧实验所被定位为"全国最高之畜牧技术领导机关"[5]，中央农业实验所则"主管全国农业技术改进"[6]，加之西北牧草已被纳入国家顶层设计，创设牧草学建制似也理所当然。西北农学院"牧草学系"的建立则与"中国草学创

[1] 李新：《20世纪中国动物营养学发展研究》，南京农业大学博士学位论文，2010年，第40页。

[2] 国民政府教育部教育年鉴编纂委员会：《国民政府第二次中国教育年鉴》，商务印书馆，1948年，第211页。

[3] 台湾省行政长官公署农林处农务科：《民国三十五年台湾农业年报》，1946年，第149页。

[4] 沈志忠：《近代中美农业科技交流与合作研究》，中国三峡出版社，2008年，第191页。

[5] 章伯峰、庄建平：《抗日战争》第五卷《国民政府与大后方经济》，四川人民出版社，1997年，第664页。

[6] 白寿彝总主编，王桧林、郭大钧、鲁振祥主编：《中国通史21》第12卷《近代后编1919—1949（上）》，上海人民出版社，2015年，第294页。

始人"王栋先生密切相关。而台湾省农业实验所系统作为第一个在省级单位设立牧草学建制的先行者，很大程度上可能是继承并借鉴日本统治台湾的结果。

第三节　饲料科技研究的主要成就

饲料的学理研究是近代中国饲料科技利用的主要特征。以1900年中国第一篇饲料学专文《重要饲料之成分及消化量》为标志，学界开始将饲料作为一个专门而独立的研究个体和研究对象。学者们基于"营养"这一科学内核，逐渐构建起以"饲料"为研究对象，以饲养试验、化学分析、栽培试验为基本研究法的饲料科学体系，其具体内容或方向大致可分为四个方面，即"科学调查研究""营养研究""资源开发与利用研究"与"牧草栽培与利用研究"。

一、对饲料的科学调查

科学调查往往是开展科学研究工作的第一步，由调查所得的材料与数据是科研工作顺利与客观开展的必要准备与物质条件[1]。近代持续性开展饲料科学调查研究的有多个学科领域和力量，除农学与畜牧学人以外，至少还有植物学人与乡村建设派学者，后两者各有特点与侧重点，植物学领域开展的调查研究最早，早先仅以调查"植物资源"，后逐渐将"饲草资源"纳入考察视域中；乡村建设派则主要涉及农村饲料的生产、消费等相关调查。20世纪30年代，官方与学界共同发起了西北地区牧草资源的考察热潮，多个学科与社会力量将考察目光汇聚于西北大地，为改善西北牧草资源、畜牧业发展、生态环境，乃至国防建设等出谋划策，期间水土保持学新晋成为一支重要考察力量。

（一）植物学家率先开展的饲草资源调查

最早涉及饲料调查工作的是植物学领域的学人们。在近代科技体系中，植物学是较早传入中国的一支，早在1848年就出现了中国第一部植

---

[1] （美）泰勒著：《科学管理原理》，北京理工大学出版社，2012年，第74页。

物学专著《植物名实图考》[1]，到19世纪末20世纪初，植物学又曾一度作为"博物学"一支受颇多关注，当时近代农学知识刚刚大规模传入。这种先发优势使得中国很早就诞生了一批从事植物学研究的先行者[2]，以陈焕镛（1890—1971年）、钱崇澍（1883—1965年）、胡先骕（1894—1968年）、钟观光（1868—1940年）等人建树最著，他们也都被当今植物学界冠以"中国近代植物学奠基人"之名号。

从诸植物学先驱的研究路径与历史看，起步工作基本都以调查资源与采集标本入手[3]，这之中，以钟观光起步时间最早，是以被喻为中国"植物标本采集创始人"。[4]据朱宗元、梁存柱考证，钟观光植物采集活动开始于1905年前后，到1914年前后，其足迹已遍及中国江苏、浙江、福建、广西、云南等11个省份；采集到的植物标本光"腊叶"类就有1.6万多种；果实、根茎、竹类等300余种。[5]到1937年全面抗战爆发前夕，钟观光的考察足迹几乎遍及中国每个省份，已采植物标本215万号。[6]他用一生兑现了曾经立下的豪言："欲行万里路，欲登千重山。采集有志，尽善完成"。[7]

陈焕镛是继钟观光之后，同样视植物资源考察为重的植物学人，1919年学成回国后，就只身奔赴海南岛进行植物考察，此次考察活动历时一年有余，共采集植物标本几万号，同时还发现了不少新的植物品种。[8]时隔不久，1921年钱崇澍任职国立东南大学后，也开始奔赴浙江和江苏南部植物区进行系统的资源考察与标本采集。[9]1922年，钱崇澍、陈焕镛、

[1] 周益、张芙蓉：《〈植物名实图考〉在山西刊刻流传述略》，《中医文献杂志》，2014年第32卷第6期。

[2] 吴徵镒：《中国植物学历史发展的过程和现况》，《Journal of Integrative Plant Biology》，1953年第2卷。

[3] 中国植物学会编，《中国植物学史》，科学出版社，1994年，第22页。

[4] 李庆山、韩春丽：《当代中国科技1000问》，北京工业大学出版社，2008年，第430页。

[5] 朱宗元、梁存柱：《钟观光先生的植物采集工作——兼记我国第一个植物标本室的建立》，《北京大学学报（自然科学版）》，2005年第6期。

[6] 孟世勇、刘慧圆、余梦婷、刘全儒、马金双：《中国植物采集先行者钟观光的采集考证》，《生物多样性》，2018年第26卷第1期。

[7] 范文涛、陈义产：《缅怀我国近代植物学家钟观光教授》，《生物学通报》，1990年第9期。

[8] 陈德昭：《陈焕镛传记》，见华南植物所：《陈焕镛纪念文集》，1996年，第223页。

[9] 刘昌芝：《近代植物学的开拓者——钱崇澍》，《中国科技史料》，1981年第3期。

秦仁昌等三位专家组成我国第一支鄂西植物考察队，采集了1万多号植物标本。[1]1926年前后，钱崇澍又对南京紫金山、安徽黄山的植物资源的分布、种类、形态、生理等做过专门观察与研究，并写成我国的植物学和区系学方面最早的学术论文《安徽黄山植物之初步观察》。[2]随着身边科研人手的扩充，钱崇澍的考察目光进一步拓展，他组织考察队走遍了江苏、浙江、安徽和四川等四省的高山草坡，为我国东南、西南植物区系和植被等方面的研究开辟了道路。[3]1927年，陈焕镛调任中山大学植物系主任后，随即对华南地区的植物资源进行了科学考察[4]。

在20世纪前二三十年里，植物学家主观上的调查对象是"植物"而非专门的"饲草"，但鉴于两者高度的同质性，对于饲料尤其牧草来说，其最主要来源就是植物，植物学先驱们亲力奔赴的各地丰富植物资源区，如高山、草坡、草原、草地等，同时也是畜牧业的饲草资源区；对植物学来说，饲草是其重要应用途径之一，所以客观上推动了饲草资源调查活动的出现和初步发展，尤其是为我国饲草资源的分区、生理学、分类学等相关研究提供了重要的研究材料和科研基础。事实上，早在20世纪10年代，饲草就已明确被纳入到了植物学体系之中，1913年杜亚泉《共和国教科书植物学》中，就单设有第六篇"应用编"、第一章"食用植物"、第一节"饲料植物及肥料植物"[5]，自此20年代初的《实用教科书植物学》（1921年）、《植物学》（1923年）等也都设有"饲料植物"的独立章节。[6]总之，在20世纪前二三十年里，植物学科的发展与植物学家们对植物资源的调查工作，客观上带动了饲草资源调查活动的开展，尤其是为我国饲草资源的分区、牧草生理学、牧草分类学等相关研究提供了重要的研究材料和科研基础。

早期植物学的发展，促使植物学家们率先开拓与开展了饲料（饲草）

[1] 徐燕千：《缅怀吾师陈焕镛教授》，《中国科技史料》，1997年第2期。

[2] 钱崇澍：《安徽黄山植物之初步观察》，《中国科学社生物研究所论文集》，1927年，第1-85页。

[3] 汪振儒：《我国植物生理学的启业人——钱崇澍先生》，《植物生理学通讯》，1984年第2期。

[4] 中国畜牧兽医学会编：《中国近代畜牧兽医史料集》，农业出版社，1992年，第335页。

[5] 杜亚泉：《共和国教科书植物学》，商务印书馆，1913年，目录第3页。

[6] 具体见彭世芳编辑，龚礼贤、杜就田校订：《实用教科书植物学》，商务印书馆，1923年，目录第3页；宋崇义编，钟衡臧、俞宗振参订：《植物学》，中华书局，1923年，目录第3页。

资源的科学调查工作；而植物学视"调查"为重要科研路径的特质，又决定了之后也一直会是中国饲草资源的一支重要考察力量。20世纪30年代初，刘慎锷研究了西北和北方的植物；焦启源研究了江苏的禾本科植物及分布，而禾本科是食草性牲畜最重要的两大牧草类型之一（另一种为豆科草本植物）；王启元与郝景盛则分别考察了内蒙古南缘和青海湖周围的植被植物。[1]30年代中期，开始有植物学家专门调查牧草资源。1935年，中国禾本科专业开创者耿以礼受美国农业部委托，前往内蒙古百灵庙地区（今乌兰察布盟）采集了多个优良而又耐旱抗碱牧草种籽。[2]1936年，国立西北农林专科学校的植物分类学教师孔宪武受辛树帜嘱托，考察了陕西渭河流域的武功、咸阳、泾阳、富平等18个县，采集到杂草标本240余种，之后他对这些标本进行了科学的植物学分类和详细的植物特性研究，特别对其牧草性能做了分析[3]。值得一提的是，孔宪武对牧草的专注正是当时西北牧草资源考察热潮的写照之一（下文将详述）。此后，1945年，曲桂龄考察了西康乾宁的植物群落；同年，胡兴宗研究了四川省汶川地区的高山草地。1948年，曲桂龄又再奔赴四川考察当地植物资源[4]，这也是目前可查近代植物学家所开展的最后一次植物学调查活动。

（二）"乡村建设派"开展的饲料生产与消费调查

大致在20世纪20年代中期，以"乡村"为聚焦点的"中国近代乡村建设运动"开始兴起。在乡村建设派中，大多都十分重视乡村社会调查工作[5]，"欲改良农业，而于农民之生活，之工作，之耕种方法等等，无充分了解，则改良亦无从着手。欲了解以上种种，则非详细精密之调查不为功"[6]，其中又以中华平民教育促进会开展的乡村社会调查工作最为系统与深入。

根据中华平民教育促进会1929年出版的《社会调查大纲》来看，乡村

[1]　中国畜牧兽医学会编：《中国近代畜牧兽医史料集》，农业出版社，1992年，第335页。

[2]　孙志义：《芳草长青——记开创我国禾本科专业的学者耿以礼》，《南京史志》，1994年第1期。

[3]　孔宪武《陕西渭河流域之杂草》，《西北农林》1938年第3期；孔宪武：《陕西渭河流域之杂草（续）》，《西北农林》，1938年第4期。

[4]　中国畜牧兽医学会编：《中国近代畜牧兽医史料集》，农业出版社，1992年，第335页。

[5]　阎明：《深入民间：近代中国的乡村建设运动（下）》，《中国社会导刊》，2008年第10期。

[6]　冯锐：《乡村社会调查大纲·第一册 普通调查》，中华平民教育促进会，1929年，序。

建设派不仅对农家饲料有专门调查，而且调查项目也颇为细致。按第二册《农业调查》规定，乡村调查的重要一类就是"家畜全部经营调查"；在家畜全部经营调查中，又主查"饲养"。[1]此外，《农业调查》还规定，家畜"分娩与孵化"的调查工作中，需包含有"家畜分娩后给什么饲料与饮料"及"育雏的时候用什么饲料和方法"[2]等方面的内容。

在《社会调查大纲》第三册《经济调查》中，同样载有关于饲料的调查事项："饲料"被列为饲养牲畜支出的一项重要开支[3]；同时也是农场资本的组成部分之一，"房屋、种子、饲料、肥料、农具等，皆估定价值……年初年终之价，均由调查员调查所得"。[4]"干草"作为农场每年增收项目之一，也被列入到了调查统计范围之内。从中可见，饲料已成为一项具有经济属性的商品或资产。

显然，乡村建设派主要关注的是农村饲料的生产、饲喂与消费情况，既属于"农业"调查，也属于"经济"调查。按《社会调查大纲》编者冯锐所述，该书是其在广东、江苏、直隶、陕西等各地多年农村调查经验和学理的总结，这说明至迟从20年代开始，乡村建设派就已经开始从事饲料相关的社会调查，而且业已被实践检验多年，所以与植物学领域的调查研究相比，乡村建设派的饲料科学调查更接近于实际生产，也更具现实意义。

进入20世纪30年代，"乡村建设派"开展的饲料生产与消费调查工作有了进一步发展。1935年，袁植群考察了山东省邹平试验县农事试验场的机构设置后发现，试验场畜牧组的工作事项竟并没有涉及饲料的利用与改良，反倒农艺化学组开展了一些"食品饲料分析，及其农产制造方法改善"[5]试验。对此，袁氏似乎颇有些惊奇，"不知畜牧股饲料研究如何"[6]，实际上这正是当时饲料科学发展的普遍现象，盖因农业化学在方法与手段上具有畜牧学所不具备的条件或优势，所以不少农事试验场将饲

---

[1]　冯锐：《乡村社会调查大纲·第二册 农业调查》，中华平民教育促进会，1929年，第70页。

[2]　冯锐：《乡村社会调查大纲·第二册 农业调查》，中华平民教育促进会，1929年，第80页。

[3]　冯锐：《乡村社会调查大纲·第三册 经济调查》，中华平民教育促进会，1929年，第13页。

[4]　冯锐：《乡村社会调查大纲·第三册 经济调查》，中华平民教育促进会，1929年，第21-23页。

[5]　袁植群：《青岛邹平定县乡村建设考察记》，成都球新印刷厂，1936年，第48页。

[6]　袁植群：《青岛邹平定县乡村建设考察记》，成都球新印刷厂，1936年，第46页。

料的科研工作归属于农业化学而非畜牧学建制单位之下。

1936年，张稼夫奔赴山西中部地区，对当地农家租赁别家耕牛所缴纳的"饲料费"做了一番调查，发现"业主贪婪，饲料小利积为大利，佃农苦受其累"。[1]同年（1936年），张景观和刘秉仁则调查了北平地区农家雏鸭饲料的配合之法。[2]对于生长了两个月的鸭子，则采用"填鸭法"。填鸭所用的饲料各家有所不同，但大多数的混合成分为"高粱面、高粱、麦麸及玉米面混合之后，加水成糊，加细砂少许"[3]。此外，张景观和刘秉仁还统计出了养鸭所需的饲料总量。[4]

少数学者还就多年乡村调查经验与数据，来阐发自己对于问题的解决之道。1931年，梁正国发表的《常识：养猪的饲料》一文就是为了"改正他们（定县）农民的毛病。[5]在梁氏看来，定县养猪农民的最大毛病就是"饲料"利用上。[6]其后，梁正国再发《常识：猪的饲料配合法》一文[7]，明确提出了农家在饲料配合时"特别要注意的经济的、合于滋养的配合之法"。[8]翌年（1932年），梁正国又针对定县农民养羊饲料"粗糙低劣，不求配合"的现状，发表了《常识：乳羊的饲料和羊乳的关系》一文。[9]1936年，徐正学在个人多年的调查经验基础上，提出了"中国农村建设计划"。他认为增加田产每亩生产价值的措施之一就是"种植冬季饲料作物"，尤其对于我国中北部"冬季饲料问题解决之前，畜牧事业是无法进步的"。[10]而在调剂生产消费方面，第一步是调查与统计"衣食住及

---

[1]　张稼夫：《陕西中部一般的农家生活》，见千家驹：《中国农村经济论文集》，中华书局，1936年，第380页。

[2]　张景观、刘秉仁：《北平鸭业调查》，见千家驹：《中国农村经济论文集》，中华书局，1936年，第440页。

[3]　张景观、刘秉仁：《北平鸭业调查》，见千家驹：《中国农村经济论文集》，中华书局，1936年，第441页。

[4]　张景观、刘秉仁：《北平鸭业调查》，见千家驹：《中国农村经济论文集》，中华书局，1936年，第444页。

[5]　梁正国：《常识：猪的饲料》，《农民》，1931年第7卷第3期。

[6]　梁正国：《常识：猪的饲料》，《农民》，1931年第7卷第3期。

[7]　梁正国：《猪的饲料配合法》，《农民》，1931年第7卷第11期。

[8]　梁正国：《常识：猪的饲料配合法》，《农民》，1931年第7卷第11期。

[9]　梁正国：《常识：乳羊的饲料和羊乳的关系》，《农民》，1932年第7卷第16期。

[10]　徐正学：《中国农村建设计划》，国民印务局，1936年，第21页。

工艺原料、饲料消费、各种作物、畜禽数量"。[1]此外，徐正学还估算出该建设计划的饲料费预算是六千元。[2]

（三）农业与畜牧学者开展的饲料科学调查

据现有资料，农业或畜牧学者涉及饲料的科学调查亦始于20世纪20年代。1923年，中央农业推广委员会与金陵大学农学院合作，在安徽和县乌江镇设立乌江农业推广实验区，该实验区的初衷和工作重心虽是以农业推广为主，但受当时风起云涌的乡村建设运动影响，乌江农业推广实验区的实际工作除推广作物品种外，还包括了经济、教育、卫生、政治及社会诸项。[3]经过对当地农户副产物利用方式的多年调查，调查人员统计出当地145户农家拥有种子或饲料的有70户，总估值约2333.5元，占70户总资产的1%左右。[4]

种子与饲料皆是开展农业生产活动的物质基础，实验区拥有至少其一的农家仅占一半不到，即使拥有的农户其存量也不算多（仅占总资产1%），这无疑反映了当地农家生活水平较为低下的事实。但另一方面，饲料对于饲养家畜必不可缺，所以为了补充饲料的不足，必然要花费很多成本。中央农业推广委员会与金陵大学农学院的进一步调查结果也证明了这一点，每年农户的生产支出从高到低依次为"人工费、买进牲畜费、资本减少[5]、饲料费、地税、修理农具、其他捐税、肥料、修理农舍"[6]，饲料费高居第四，竟比地税还多，农民负担的沉重可见一斑。

到20世纪30年代初期，饲料调查开始被部分畜牧学者视作基本工作之一，1930年《东三省畜产志》载："调查牲畜每日食粮多少，市场饲料何时最贵，实为经营畜牧事业之必要功课之一"。[7]1931年，国立清华大学饲养专家王兆泰教授专门制定了"饲料调查表"[8]（见表7-19）以供学人

---

[1] 徐正学：《中国农村建设计划》，国民印务局，1936年，第41页

[2] 徐正学：《中国农村建设计划》，国民印务局，1936年，第90页

[3] 蒋杰：《乌江乡村建设研究》，私立金陵大学农学会，1936年，序。

[4] 蒋杰：《乌江乡村建设研究》，私立金陵大学农学会，1936年，第241页。

[5] 民国大部分时间内处于通货膨胀状态，农民资本常年贬值。

[6] 蒋杰：《乌江乡村建设研究》，私立金陵大学农学会，1936年，第244页。

[7] 黄越川：《东三省畜产志》，美成印刷所，第121页。

[8] 王兆泰：《实用养鸡学》，华北种鸡学会，1930年，第23页。

参考。1936年，国立中央大学农学院轻微为调查南京奶牛场的经营情况，特拟定了一系列《乳牛场调查表》，其中就包含有一份"饲料与生长万年录"[1]。

不过总体来讲，20世纪30年代的畜牧学者主要的考察区域与对象是西北地区的牧草资源。同时受该热潮的辐射，西南地区的牧草资源调查工作也开始兴起。1934年，美国植物学家洛克博士赴西藏西部草原，考察并采集优质牧草种籽。为护其安全，中国农业部亦派专家与工作人员一齐同往。[2]1937年全面抗战爆发后，西南地区成为中国的大后方，因此当地的饲料调查工作更受重视。1939年，经济部[3]选派调查员前往云南省考察，历经八个多月的时间，调查人员基本摸清了滇省农民最为常见的数种饲料[4]（见表8-13）。同时，还全面总结了当地农民的主要饲料配合方法。[5]

表8-13　1939年经济部调查出的云南省常用饲料

序号	分类	用途
1	玉米	多为养猪之用，间有用以饲鸡，牛、羊、马、骡等甚少用
2	大麦麸皮	乳牛用之最多，此为猪与骡马
3	黑面子	粗麦粉与麸子混合，多为养猪之用，乳牛及鸡亦常用之
4	大麦、高粱、包谷、酒精	乳牛之主要饲料，猪亦用之
5	蚕豆	供给乳牛、骡、马与猪之主要蛋白质饲料
6	蚕豆糠	乳牛及猪之主要饲料
7	稻草	几为牛、马之唯一粗质饲料
8	糠糟	乳牛及猪多用之
9	米糠	猪之普通饲料

资料来源：《云南省之自然资源》，1941年，第198-199页。

---

[1] 轻微：《乳牛场调查表：饲料与生长万年录》，《畜牧兽医季刊》，1936年第2卷第2期。

[2] 《农林消息：美植物学家将将赴西藏采集牧草种子》，《农林新报》，1934年第11卷第15期。

[3] 1931年中国农矿部与工商部合并组为实业部，1938年实业部改为经济部，全国农业归属为经济部农林司统辖，参见和文龙：《南京民国政府农林部机构设置与变迁（1940—1949年）》，《中国农史》，1997年第4期。

[4] 国民政府经济部：《云南省之自然资源》，1941年，第198-199页。

[5] 国民政府经济部：《云南省之自然资源》，1941年，第199-200页。

20世纪40年代初期，四川省建设厅全面考察了西康省泰宁实验区的畜牧业情况，其中饲料有五类数十种，牧草有五类二十多种[1]。1942—1943年期间，有畜牧学工作者对广西的牧草资源做了全面普查。调查结果表明：广西的牧草"以禾本科最为常见，其次为莎草科"。同时需要警醒的是，省内还分布有不少有毒或容易引发牲畜疾病的草类，因此利用草场资源"需剔除毒害牧草和改良提升普通牧草的营养价值"[2]。1943年前后，钟崇敏与朱寿仁调查四川的蚕饲料市场，结果发现各地蚕饲料市场相差有别，粗略可分为"桑叶市"和"柘叶市"两种："川东五桑叶之固定市场，桑叶不足之蚕农，先向有桑叶之农家包树头，或临时向饲料有余者直接议价购买，川南与川北则不然，除购预贷外，育蚕期间，概有供给现货之固定场所"。[3]1944年，畜牧学家蒋森走访了西康省内主要的山坡草地，对西康省内主要的草地类型、植被分布分类等做了较详细的归纳和总结。同时特别指出：虽然总体上西康的牧草资源较为丰富优良，但是载畜量也十分大，草场承载力已到极限，如果再进一步地深度放牧，草场退化是迟早之事，所以草场的改良实有必要。[4]

（四）西北地区的牧草资源考察热潮

1928年，国民政府提出"开发西北"战略。[5]进入30年代后，社会舆论兴起浪潮，作为西北国防与社会经济重要基础的畜牧业受到前所未有的关注，"振兴西北畜牧"成为全国上下的共识。1932年，乔熙根据常年的走访经历，提出创办种畜牧场是振兴宁夏省畜牧业的首选措施，"振兴牧政，尤为因地制宜刻不容缓。由省支付筹集资本，分设种畜牧场二处，以资提倡"。[6]为此他通过实地调查，提出宁夏省内有不少牧草资源较佳的荒草地，希望政府能从中选择作为种畜场场址的备选。乔熙的建议十分具有前瞻性，因为之后国民政府振兴西北计划的第一步就是创办畜牧改良

---

[1] 四川省政府建设厅：《西康省泰宁实验区之畜牧调查》，四川省政府建设厅，第14页。

[2] 《广西牧草调查研究》，《中央畜牧兽医汇报》，1945年第3卷第1期。

[3] 钟崇敏、朱寿仁：《四川蚕丝产销调查报告》，中国农民银行经济研究处，1944年，第68页。

[4] 蒋森：《西康畜牧考察报告》，《畜牧兽医月刊》，1945年第5卷第7-8期合刊。

[5] 马红艳：《民国时期的西北开发与新西北思想研究》，宁夏人民出版社，2016年，第25页

[6] 乔熙：《垦牧宁夏省应办种畜牧场及试养蜂鸡兔之管见》，《中国建设》，1932年第6卷第5期。

场。同年夏天，我国动物营养学先驱陈宰均亲率学生赴西北考察牧业[1]，他认为西北牧草问题在于"牧人不事耕植，随水草而迁徙，不知贮草藏料之方，以冬日草木枯时之用"，而且"西北一带牧草虽多，然优良者甚少"。针对以上两点，陈宰均提出了自己的改良意见，一是"栽植优良牧草，改游牧为定牧之制……推进窖藏之法，实有考虑之必要"，二是"采集各地牧草——本国的、外国的及野生的——详加研究"。[2]

1934年底，国民党四届五中全会报告中明确提出："现值开发西北之际，畜牧问题，极为重要，未便任其废弛。"[3]随即政府部门采取一些相应行动。1935年，全国经济委员会第十次常委会通过了"办理西北畜牧事业计划"，此项宏大计划的第一步就是"设立西北畜牧改良场"，改良场具体的工作就包括"各种饲料营养之试验"和"饲料作物之栽培"[4]，可见饲料工作被视作振兴西北畜牧事业的重要内容之一。紧接着，为觅得良好牧场的选址，全国经委会农业处长赵连芳亲赴甘肃与青海地区考察畜牧情形，他走访了兰州的松山牧场，甘肃交界处的大马营牧场，海西一带的四处牧场，青海南部化隆、循化、同仁等各县牧场后，得出了"甘肃省水草相对便利，牧草资源情况较好"[5]的结论，并建议在夏河县甘坪寺设立畜牧改良场，这就是其后"西北畜牧改良场"的由来。

此时，西北地区已真正掀起考察牧草资源的热潮，有不少学者奔赴西北考察牧草资源，并纷纷谋划改良建议。1934年4月，粟显倬自南京出发，赴西北考察，耗时数月之久。根据他的调查，认为甘青宁牧业衰落的症结在于"千里草原，牧草管理不善、质量不佳，竟无一处畜牧场"。[6]三年后，调查经历的累积让他进一步认识到，"改革（西北）整个之畜牧问题，非仅改良牲畜品种即可解决……提倡牧草之栽培，实为西北畜牧之切要

[1] 国立北平大学农学院陈氏遗著整理委员会：《陈嶲平先生纪念刊》，和济印书局，1936年，第47页。

[2] 国立北平大学农学院陈氏遗著整理委员会：《陈嶲平先生纪念刊》，和济印书局，1936年，第40页。

[3] 秦孝仪主编：《革命文献》（第75辑），台湾省中华印刷厂，1978年，第282页。

[4] 《畜牧全国经济委员会挽救西北牧畜事业》，《四川农业》，1934年第1卷第6期。

[5] 《畜牧兽医新闻：全国经委会农业处长赵连芳视察甘肃青海畜牧情形》，《畜牧兽医季刊》，1935年第1卷第1期。

[6] 粟显倬：《甘青之畜牧》，《开发西北》，1935年第4卷第6期。

问题耳"，而提倡栽培牧草，则"必先从事试验，盖宰制作物之生长"。[1]

这一时期，国立西北农林专科学校也专门开展过牧草资源的调查活动，调查区域集中在陕西境内。继1936年孔宪武考察了陕西渭河流域的18个县后（详见上文），沙凤苞又于两年后（1938年）再次调查了陕西渭河流域的23个县及彭阳、陇县2县内的畜牧与水草情形，各县分布的牧草品种是重点考察内容之一，如富平县北乡丘陵地草类多细软之蟋蟀草（*Eleusine indica*（L.）Gaertn）、狗尾草（*Setaria Beauv*）、马蹄草（*Hydrocotyle nepalensis Hook*）等，还有一种特产羽茅（*Achnatherum sibiricum*（L.）Keng，当地人称"白草"）；而陇县的草多为酸性草类，以薹草属（*Carex Linn*）、羽茅两种为最多。[2]在《陕西关中沿渭河一带畜牧初步调查报告》中，沙氏有不少关于牧草的结论值得重视，一是陕西牲畜体型瘦小的缘由是牧草质量不佳，并认为紫花苜蓿和雄刈草为牛羊的最佳牧草，应大力推广育栽；二是西北草地的重要性不亚于耕地，历史和现实教训告诉世人为扩大耕地而牺牲草地，必将遭受惩罚；三是西北地区独特而脆弱的生态环境下，栽种牧草还有益于水土保持问题的解决。[3]

牧草对西北水土保持的重要作用这时还被黄河水利委员会委员长李仪祉所认识，他通过自己多年的调查经验，察觉"防上游水患莫如植树，唯西北气候干燥，生长较难，不若遍种苜蓿（*Medicago Sativa*），易收实效"[4]，所以他建议在西北沿黄省份大量种植苜蓿，以固河床而防冲刷。不久这一建议即被全国经济委员会采纳，"查种植苜蓿既裨益河工，又利畜牧，固应直接种植，树之风声，尤应积极提倡，以期普遍。"[5]在这一基本共识下，全国经委会一方面饬令该会农业处在萨拉齐设立萨韩区苜蓿采种圃，同时派遣专员前往黄河沿岸一带调查各地植被情况；另一方面，还特别制定了详细办法转请行政院，通令西北各省沿黄河种植苜蓿。[6]

---

[1] 粟显倬：《改良西北畜牧事业刍议》，《畜牧兽医季刊》，1937年第3卷第1期。

[2] 沙凤苞：《陕西关中沿渭河一带畜牧初步调查报告》，《西北农林》，1938年第4期。

[3] 沙凤苞：《陕西关中沿渭河一带畜牧初步调查报告》，《西北农林》，1938年第4期。

[4] 《李委员长建议沿黄种植苜蓿》，《陕西水利月刊》，1935年第3卷第9期。

[5] 《公牍择要：农字第一七六六号》，《黄河水利月刊》，1935年第2卷第12期。

[6] 文萱：《一月来之西北：经委会请行政院通令西北各省沿河植苜蓿》，《开发西北》，1935年第4卷第5期。

1942年初，畜牧学家汪国兴在走访天水至兰州凡数百里地段后，深切地感受到西北大地"满目荒凉，未见真正牧草，如此环境，有何畜牧可言"。基于此，汪氏认为"饲料是发展畜牧事业之最大问题"，他对"栽种牧草"的重要性做了详细阐释。[1]

1943年，罗家伦带领西北建设考察团赴西北考察。同年，罗德民又率领西北水土保持考察团考察陕甘青等省水土流失严重地区，由此西北牧草资源调查活动进入又一个密集期。时任甘肃农业改进所所长的汪国兴随团考察后，认为西北牧草问题在于"牲草欠茂"，并提出了具体建议。[2]

畜牧学家顾谦吉对西北草原做了深入调查后，根据自然环境和草种情况将其划分为七大草区。他在《西北畜牧调查报告及设计》中详细阐述了各大草区的地形、土质、水源和草种（见表8-14），同时提出了西北牧地草原改良办法设计。[3]

表8-14　西北草原的分区和常见草种

草区	常见草种
蒙古草地	芨芨草 *Stipa splendeus Trin*，虎尾草 *Chloris virgata Swartz*，芦苇 *Phragmites Communis*，柽柳 *Tamarix Chinensis Trin*，白刺 *Nitaria shoberi Linn*，茵陈蒿 *Artemsia Capillaris Thunb*
祁连山区	针叶莓 *Poa attennata Trin*，莓串草一种 *Agropyron cristatium (L.) Gaertn*，开怀茅草 *Festuca orina (L.) vor.*，西藏雀麦 *Avena tibetica Roshev.*，六月霜 *Anaphatis Pterosulon max.*
青海环海区	芨芨草 *Stipa splendeus Trin*，莓串草一种 *Agropyron cristatium (L.) Gaertn*，垂头莓串草 *Agropyron nutaus keng*，西藏雀麦 *Avena tibetica Roshev.*，骆驼草 *Hololaenne songarica Ehrenb.*，开怀茅草 *Festuca orina (L.)*
柴达木区	柽柳 *Tamarix Chinensis Lour.*，沙柳 *mgricaria germenica Desv.*，白刺 *Nitaria shoberi Linn*，骆驼草一种 *Chenopodiac sp.*，骆驼草一种 *Hololachne songarica. Ercen*，芦苇 *Phragmites Communis*，芨芨草 *Stipa splendeus Trin*，虎尾草 *Chloris virgata Swartz*，早熟米 *Poa annua y.*，虫子草 *Traqus rawwmosuz (y.) Scop.*，狼尾草 *Pennisetum flaccidum Griseb.*
巴额哈山区	开怀茅草 *Festuca orina (L.) vor.*，西藏雀麦 *Avena tibetica Roshev.*

[1] 汪国兴：《甘肃畜牧事业之前途》，《中央畜牧兽医汇报》，1942年第1卷第2期。

[2] 汪国兴：《甘青畜牧事业之前途》，《福建农业》，1943年第4卷第1-3期。

[3] 顾谦吉：《西北畜牧调查报告及设计》，《资源委员会季刊》，1942 年第2卷第1期。

草区	常见草种
玉树区	开怀茅草 *Festuca orina (L.) vor.*，西藏雀麦 *Avena tibetica Roshev.*，芨芨草 *Stipa splendeus Trin*，金蝉莓 *Potentilla fruticosa y.*
甘肃陇南及西倾山区	垂头莓串草 *Agropyron nutaus keng*，莓串草一种 *Agropyron cristatium (L.) Gaertn*，六月霜 *Anaphatis Pterosulon max.*

资料来源：顾谦吉：《西北畜牧调查报告及设计》，《资源委员会季刊》，1942年第2卷第1期，第313-346页。

　　西北水土保持考察团成员则基于水土保持之目的调查牧草资源，并希望能采集到利于水土保持的牧草以供推广。叶培忠历经陕甘青三省，深入考察了青海日月山、共和海和三角城分布的主要牧草种类及其生长习性。调查发现：当地干燥之处自生草类不下20种，以羽茅属之芨芨草（*Stipa splendeus Trin*）、醉马草（*Achnatherum Inebriants*（Hance）Keng）数量最多、分布最广；湿润地自生的草类也近20种，以小糠穗草（*Small bran*）、鹅观草（*Ser. Kokonoricae Keng*）等最为常见；其余半干燥地也各自有土生之草种。[1]但总体上"牧草质量均非上乘，影响放牧至钜，极应选择理想品种，加以观测试验，进而举行杂交育种"。[2]

　　到解放战争期间，仍有少数学者自发前往西北调查草地资源。1947年前后，陈斯英走访了新疆省内的几处主要牧区，包括：天山山脉西部伊犁区的特克斯、昭苏、巩哈等县境内的草原，中部焉耆区的柱勒都斯草原、迪化区的南山草原、迪化至达镇间的山区牧场；阿尔泰山脉南麓承化、布尔津、吉木乃、哈巴河等县境内的草原；以及新疆省西部葱岭一代的游牧区。[3]1948年，联合国派畜牧饲养专家麦康基调查我国西北畜牧，他途经陕西至甘肃并沿甘西走廊深入青海草原，实地调查后认为西北地区牲畜死亡率高，主要因"饲料缺乏"。基于此麦康基建议：西北六省成立一饲料及家畜改进协会，合作改进严重之饲料问题，选择国内外优良牧草籽种，于六省中心设立一饲料研究站，每省设分站用以觅取生产、调查、分类试

---

[1]　孙启忠、柳茜、陶雅，等：《我国近代苜蓿栽培利用技术研究考述》，《草业学报》，2017年26卷第1期。

[2]　叶培忠：《改进西北牧草之途径》，《草业科学》，2009年第26卷第10期。

[3]　陈斯英：《经济资料：新疆畜牧事业概述》，《中央银行月报》，1947年第12期。

验中外草种，然后决定以适宜草种分配栽种，饲料亦经改善。[1]

综上，西北地区牧草资源的考察热潮大致始于20世纪30年代初期，终于20世纪40年代中后期，参与群体的身份与学科背景较多，粗略可分为两类，即政府和学者。政府的调查工作有较强目的性，无论是为创办"西北畜牧改良场"还是为"铲除毒草"，皆带有浓厚的"农政"色彩。民间学者是西北牧草调查的主力军，不仅调查次数更频、调查区域更广，调查角度和方法也更为专业和深入，属于典型的"学术性"研究。不管是政府行为，还是学者活动，很多是没有明显界限的，不少学者本身就在政府担任要职，如赵连芳、李仪祉、粟显倬等，他们的学术活动往往同时代表着民国政府的意志，其调查结论对政府决策也具相当影响力。

二、饲料营养研究

1934年，署名"司晨"的学者在《家禽饲料说明》开篇就明言："我们在饲养家禽的时候，最紧要的，是要说明白各种家禽营养与维持所需要的饲料"[2]，其在强调饲料之于家禽"最紧要"作用的同时，也道出了营养之于饲料的根本性的关系，用尹喆鼎所讲，即"饲料的最大目的是营养成分"。[3]"营养"的发现打开了国人对饲料认知的"新世界"，即一个微观的，同时更趋近于事物本相的认知阶段。从1900年始，以营养为内核的饲料营养研究一直是近代饲料学领域最基础与最主要的科研工作。

（一）饲料营养成分研究

饲料中的营养成分是什么、有哪些？是饲料营养研究最为基本也最核心的命题，"当调制并给与饲料之先，必须知道的是：产卵鸡必须摄取的养分是什么？同时其必需养分，要以何种饲料？这实在是饲料的根本知识。"[4]按1900年《农学报》译载的《重要饲料之成分及其消化量》所述：在170多种的饲用植物中共同含有的主要"成分"分别是"水分""灰

[1]　《边政两月简志：七月份：联合国派畜牧饲养专家调查我国畜牧》，《边疆通讯》，1948年第5卷第6、7期合刊。

[2]　司晨：《家禽饲料说明》，《农牧月报》，1934年第2卷第3期。

[3]　尹喆鼎：《饲料之化学成分》，《新青海》，1933年第1卷第10期。

[4]　得鱼：《鸡业家必具的：养鸡饲料之知识》，《农业进步》，1934年第11期。

分""蛋白质""纤维""炭水物""脂油"。[1]按1908年《实业报》上刊登的《论饲料之成分》一文所载："饲料者，水分、蛋白质、物亚买笃、合水炭素、纤维质、脂肪、矿物质等所组合而成者也"。[2]

从期刊所刊饲料专文看（区别于非专文），首次采用"养分"概念的是南京高等师范学校胡培瀚。1921年，他在《家畜的饲料与饲养》一文中，详细探讨"日产一十二磅牛乳、体重一千磅的饲料养分标准""三十五磅红苜蓿的养分""十磅玉蜀黍和其心粉的养分"含量问题，具体为"蛋白质""碳水化合物"及"脂肪"[3]，养分数量的减少恰说明学者们从"引介"到"研究"阶段的实质转变。20世纪20年代是学者们真正开始认识并以营养为重的时期。一方面，在饲料的分类研究中，营养开始成为分类依据。1921年朱晋荣将饲料资源分为"植物质饲料"和"动物质饲料"两大类，其中"小麦滋养上价值甚高。用时可以肉质食物或乳质食物混合之，以增加其蛋白质之比量"。[4]1926年，步毓森在此基础上，直接将富含矿物质营养的"矿物质饲料"归为第三类，"矿物就是石头和土一类的东西，也是不可缺乏的饲料，矿物里的石灰质，是饲料的要素；缺乏石灰质，鸡便不容易生卵，就是生卵、也多是软的"[5]，至此"植物质—动物质—矿物质的饲料三分法"形成并开始流行于学界。另一方面，饲料资源开发研究也开始纳入营养的维度。[6]

20世纪20年代中后期，饲料营养科研真正实现了"分析"研究的突破。1926年，陈宰均主持创办的动物营养研究室，开展了数十种饲料的蛋白质与维生素分析研究。自此，"维生素"被纳入到营养概念中，并成为20年代末至30年代中期最具价值的研究之一，饲料的"生化"分析也成为了饲料学最为重要的试验手段之一。1928年，国立清华大学农艺化学组成功分析出了棉饼、面饼粉等四种饲料的化学组分[7]（见表8-15）。1937年，

---

[1] 《重要饲料之成分及其消化量》，《农学报》，1900年第119期。

[2] 《农业：论饲料之成分》，《实业报》，1908年第8期。

[3] 胡培瀚：《家畜的饲料与饲养》，《南京高等师范日刊》，1921年第493期。

[4] 朱晋荣：《家禽饲料之研究》，《中华农学会报》，1921年第3卷第2期。

[5] 步毓森：《鸡的饲料》，《农民》，1926年第2卷第30期。

[6] 《鱼渣粉末可作牲畜饲料》，《科学》，1938年第3卷第7期。

[7] 姚醒黄、韦乐忍：《农艺化学饲料之分析报告》，《农学杂志》，1928年第3期。

国立中山大学农学院王性良分析出几种常用饲料的营养成分含量[1]（见表8-16）。

表8-15　1928年国立清华大学农艺化学组饲料分析试验结果

	棉饼头	棉饼粉	花生饼	豆饼
水分	9.78	9.94	12.85	13.19
灰	7.55	7.24	6.35	14.64
脂肪	8.19	7.11	8.05	6.96
蛋白质	35.07	31.68	46.27	39.91
炭水化合物	39.41	43.98	26.48	25.30
二氧化矽	1.98	1.03	2.76	8.27
磷酸	1.83	2.59	3.47	1.76
分析者	恽宝润	汤交通	刘振书	熊同和

资料来源：姚醒黄、韦乐忍：《农艺化学饲料之分析报告》，《农学杂志》1928年第3期。

表8-16　1937年国立中山大学农学院王性良饲料分析试验结果

		油菜籽	麦麸	豌豆	米粒	豆饼	绿豆	碎米	萝卜籽
	水分	14.4389	19.4002	11.6665	12.5591	14.6530	17.4739	14.952	10.1924
	粗脂肪	36.1306	1.0599	1.3924	10.2376	5.2483	0.5488	3.4400	40.7088
	粗蛋白质	12.3987	12.0287	19.7794	10.6191	38.3100	19.8781	8.2862	21.9881
炭水化物	淀粉粉	—	31.2166	40.0439	12.6425	—	—	48.8473	—
	粗纤维	7.7483	8.1541	5.0526	12.2939	5.8566	3.7898	2.2541	5.2525
	无氮抽出物	26.0286	22.2988	19.2235	28.4916	27.3108	54.3240	8.0899	19.4505
	灰分	3.2549	5.8417	1.8417	13.1582	8.6213	3.9854	14.1299	4.4077

资料来源：王性良：《饲料分析报告》，《江西农讯》1937年第3卷第4期。

随着科学研究的深化与微观化，学者们对营养的认识也更加全面与客观。1933年，尹喆鼎高度概括了养分的几大基本功能。[2]同年（1933年），钟崇庆则首次系统论述了饲料主要营养成分的分析方法，并且明确强调化学家所认定的营养物质为六种：

[1]　王性良：《饲料分析报告》，《江西农讯》，1937年第3卷第4期。

[2]　尹喆鼎：《饲料之化学成分》，《新青海》，1933年第1卷第10期。

（1）水分（Water or moisture），（2）脂肪（Fat），（3）蛋白质
（Protein），（4）纤维质（Fiber），（5）灰或矿物质（Ash or mineral
matter），（6）Nitrogen free extract（笔者注：无氮浸出物）[1]

由此初步形成了"六大营养素"的概念，到1945年，唐锡华以
"维生素"替换"纤维质"，再次确立了"六大营养素"的地位，是为
"水""蛋白质""脂肪""炭水化合物""矿物质""维生素"。[2]至
此，学人对营养成分的认知才真正基本等同于现代动物营养学意义上的营
养了。

（二）饲料营养价值研究

饲料的营养价值取决于不同养分的组成与含量。在六大营养素被确立
之前，水、蛋白质、脂肪和碳水化合物是较早被认识与关注的养分，"此
等物质，皆为必要之成分"。[3]但自学人认识到蛋白质"主筋肉之构造，
乳汁之分泌，脂肪之生成"[4]后，蛋白质开始被视作最重要的营养物质。
1921年，陈禹成强调：蛋白质"乃筋肉之生成的唯一原料，饲料喂给最要
关注蛋白质之分量"。[5]1933年郑学稼是明言："（饲料中）最重要的养
分就是生质精（即蛋白质）。"[6]

在此逻辑下，饲料营养价值的评定就多以其蛋白质含量高低为标
准，如苍德玉所说："以蛋白质之多少，定饲料之价值。如幼稚之生植
物，及谷实，富于蛋白质量，老熟之植物及纤维多之藁草，其量甚少
也"。[7]1920年孙瑞初在《增收鸡卵之饲料种类》中指出：富含蛋白质的
鱼粉饲料乃是"一等良好滋养物"。[8]而在饲料资源开发工作中，蛋白质
含量较高的资源也常更受关注，例如1936年云惟扬多次开展的以椰油粕作
为小鸡蛋白质补充饲料的试验研究："由椰油粕的各项影响观之，椰油粕

[1] 钟崇庆：《饲料之化学分析法》，《农业世界》，1933年第2卷第3期。

[2] 唐锡华：《家畜饲料营养素之种类及其生理作用》，《民主与科学》，1945年第1卷第56期。

[3] 晓农：《养鸡饲料可消化的营养成分》，《农村》，1934年第1卷第7期。

[4] 林：《饲料与营养》，《种植与畜牧》，1947年第2期。

[5] 陈禹成：《家畜饲料之成分及其效果》，《江苏省立第二农业学校月刊》，1921年第7期。

[6] 郑学稼：《家畜饲养学》，黎明书局，1933年，第50页

[7] 苍德玉：《养猪与饲料》，《农业进步》，1935年第3卷第6期。

[8] 具体见孙瑞初：《增收鸡卵之饲料种类》，《中国商业月报》，1920年第10期。

为小鸡蛋白质供给饲料之不甚良好者。"[1]1937年，《满洲特产月报》则重点论述了"德国之饲料蛋白与淀粉价值"。[2]

20世纪20年代还出现了另一新认识：饲料营养价值的高低还与"消化率"有关。拥有较高消化率的饲料，其营养价值自然就较高。彭国瑞对饲料消化性的研究表明："饲料之效益，视所含各质之消化程度而异。"[3]彭氏是饲料学领域内少数探讨饲料消化性问题的学者，学者们先期饲料的消化率知识大多从家畜生理学领域获得，之后逐步成为饲料学的基础知识之一。1930年前后陈宰均开设的"动物营养化学"课程就有"消化率之测定"[4]的实习要求。基于此，一些蛋白质含量不高但消化性较好的饲料，就重新得到了学人的正视，例如豆渣、油渣等农产制造残余物等。[5]

大概从20世纪20年代中后期开始，学者们的研究对象和热点转向了"微量元素"，具体来说，也就是"矿物质"和"维生素"。其实矿物质概念早就引介至中国，但似乎鲜有关注，直到1929年，燕京大学农学院王世浩才首次发表了矿物质饲料的专文，他在文中强调："以矿质饲料之价值，及在畜体中之种种功用，又其补救另饲之方法等，皆为畜牧家所急于明了。"[6]1933年，石彬蔚进一步论述了食盐、硫、镁、碘、铁、钙与燐（磷）等各类矿物质元素对于家畜的重要作用。[7]翌年（1934年），《农牧月报》翻译并刊登了53种家禽饲料的矿物质含量表。[8]

与矿物质不同，维生素是20年代新发现的营养物质，我国动物营养科学奠基人陈宰均是国内第一个接触并系统研究维生素的先行者。早在1922—1924年留德期间，他就开始探索维生素，并率先译为"威达敏"，回国后他曾多次向学生传达维生素的重要性："威达敏对于营养，甚为重

[1] 云惟扬：《以椰油粕作为小鸡蛋白质补充饲料》，《琼农》，1936年第25-27期。

[2] 具体见《德国之饲料蛋白与淀粉价值》，《满洲特产月报》，1937年第1卷第1期。

[3] 彭国瑞：《饲养之原理：饲料之消化性》，《农事月刊》，1924年第2卷第7期。

[4] 《国立北平大学农学院农业化学系一览》，《中华农学会报》，1931年第85期。

[5] 屈智承：《豆渣及甜菜糖渣之乳牛饲料价值》，《农学》，1937年第3卷第3期。

[6] 王世浩：《家畜之矿质饲料（燕大农系同学会研究报告）（未完）》，《燕大农讯》，1929年第1期，第4页。

[7] 石彬蔚：《矿物质饲料之重要》，《通农期刊》，1933年第1期。

[8] 《家禽饲料的矿物质含量表》，《农牧月报》，1935年年第4期。

要，并可防除各种缺乏症。故吾人从保持动物体的健康而言，必须着重这一课题研究。"[1]

矿物质和维生素只是饲料营养成分之一，却得到了相对较多的关注和较快的研究进展，原因就在于它们的"稀缺性"，研究它们在饲料中的含量及营养作用无疑比普通成分要更具学术价值和现实意义，这在一定程度上反映了国人研究视角的转变和精准化趋势。

（三）饲料养分与畜禽机体关系研究

饲料养分与动物机体的关系，即与牲畜生理、生产能力的关系，较早就受到国内学者的关注，这不难理解，因为搞清两者之间的关系，有利于提高动物生理指标和生产能力，对畜牧生产和经济有直接裨益。正如日本中央畜产会的山下胁人等在饲料与肉质关系上的断言："研究饲料与肉质之关系，以何等饲料饲养，能使肉质优良，而使生肉和加工品增进其价值。"其代表作《豚之饲养上饲料与肉质之关系》于1920年由吴祥引介至国内，其中"米糠较麸、大豆粕、酱油粕对猪育肥效果最佳"的结论使得人们在猪饲料的选择与搭配上多了一份科学依据。同时，这也是民国时期第一篇专门研究饲料与牲畜生理与生产的文章，为国人的研究提供了一个新的研究方向和研究范式。

1921年，王茂从营养学角度阐述了饲料与家畜疾病的密切关系：饲料不适动物的消化、品质不佳、或调理不得法，均会导致牲畜的不同疾病。如："饲料不足时……皮鼻疽、疥癣病，牛类之血尿症、蛋白尿症。"[2]之后，一批学者相继投入研究，据统计公开发表的成果有12篇（见表8-17）。

---

[1] 刘建平、苏雅澄、王玉斌：《不曾忘却——中国农业大学先贤风范》，中国农业大学出版社，2005年，第381页。

[2] 王茂：《饲料与家畜疾病之关系》，《中华农学会报》，1921年第3卷第3期。

表8-17　近代饲料营养与机体关系的研究

时间	研究者	饲料与动物 生理生产		结论	出处
1921年	王茂	饲料	家畜疾病	饲料不适动物的消化，品质不佳，与饲料调理不得法，均会导致牲畜的疾病。	《中华农林会报》
1922年	袁谦	饲料	鸡卵产量	定额内配富于蛋白质之饲料对于产量之影响固较不配者为佳，而动物质之蛋白质饲料则又远较植物质之蛋白质饲料为佳。冬季之鸡产卵少而需饲料则较多，惟体重则稍能增加；春季之鸡与动机相反，产卵甚多，需饲料少，体重亦略有减少。	《农业丛刊》
1932年	梁正国	饲料	乳羊泌乳量	乳羊饲料，合宜与否，对于羊之奶量，很有关系。充足青草和杂草，实较喂干草所出之乳量为多。	《农民》
1934年	雪村	饲料	雏鸡生长率	雏鸡从六星期到十二星期间体重呈"U"型，饲料供应量则随着呈"M"型。	《农牧月报》
1935年	张任侠	桑叶	蚕儿发育	桑叶成分之如何？桑叶组织之粗密，软硬，厚薄以及桑叶之不良，均与蚕儿之发育有绝大之关系。	《浙江省蚕种制造技术改进会月刊》
1935年	濮成德	矿质饲料砖	乳牛产乳量	矿质饲料砖能补充谷类饲料与稻草之不足，而增进产乳量。每磅可增加产乳量15磅，至少亦有5磅又五分之四。	《畜牧兽医季刊》
1936年	沈亚五	饲料	兔疾病	食物不善，管理未周，很大可能发病，主要病症有：下痢、便闭、鼓胀病、食欲减退、垂涎病、伤风、肺炎、麻痹、痉挛、赤尿病、急性热病、耳疮。	《现代生产杂志》
1937年	周仲容	饲料	鸡卵产量	除鸡品种外，饲料亦为左右产蛋量之主要原因。	《大众农村副业月刊》
1937年		桑叶	蚕质	日照不足之桑叶饲用，一周后蚕发病率明显，二周后蚕茧质量下降。	《镇蚕》

时间	研究者	饲料与动物 生理生产		结论	出处
1939年		饲料	羊皮品质	半数饲以逾份之饲料，半数以不充分之饲料，其皮则前者大于后者一倍半，厚于后者两倍，坚韧度亦高于后者一又三分之二倍。	《浙江农业》
1943年	刘荫武 章道彬	饲料	乳牛泌乳	蛋白质可使乳量增加，但不能影响乳汁之化学组成；若在化合物少而蛋白质含量较多之配合饲料中，酌量加多碳水化合物之供给，则乳量增加；脂肪量增减，能否影响乳量与乳质之问题，未有定论；矿物质间接可使乳量增多，乳质正常。	《西北畜牧》
1943年	罗资嘉	饲料	鸡蛋增产	饲料之消费量依其种类、体重，以及年龄等而有差异，但主要则与产卵之多寡有最大关系。	《每月科学画报》

上表清楚地表明，尽管饲料与畜禽生理与生产的相关研究始于20年代初，但真正的"开花结果"则要在30年代以后，特别是1930—1937这七年时间里，发表的论文数量就占据整个民国时期的一半以上。就畜禽种类而言，饲料与生理与生产关系的研究对象集中在鸡、羊、牛、兔、蚕，未有"六畜"中的马、猪、狗，这从侧面也反映了当时畜产业，尤其是畜产商品化需求的侧重点。与后者相比，鸡、羊等不仅能为人们提供肉、奶、蛋等食品，更能为工业提供皮、毛等原料，甚至少数如鸡蛋更是当时国家出口创汇的大宗商品，在30年代一直位居国家对外贸易的前四位[1]，所以这些畜禽生产能力与饲料关系的研究需求自然更加迫切。

值得一提的是，研究饲料与畜禽生理与生产的关系本身就具有很大的应用价值，其受关注和研究起步均较早也说明了这一点，不过实际中研究的"高产期"却相对滞后，看似有违常理，但如果将这一研究放置到整个饲料与动物营养学发展进程来看，20年代近10年的"空窗期"恰恰体现了此研究发展的科学性与合理性。饲料对动物生理和生产能力的影响，本质

---

[1] 程海娟.:《近代我国畜产品出口贸易及其对经济的影响(1840—1936)》，南京农业大学硕士学位论文，2006年，第32页。

上取决于饲料中营养成分是否正确与充足，所以这项研究工作需建立在一定的营养学基础上，而正如上文所述，20年代初饲料营养成分研究才真正开始有突破性发展，到20年代末才逐渐走出"黑箱"，所以饲料与畜禽生理与生产研究"高产期"紧接于30年代初出现乃是符合科学发展规律的。

三、饲料资源开发与利用研究

饲料资源的开发与利用是解决畜禽食物与食谱从无到有、从乏到丰的唯一途径。饲料资源的数量决定了饲料的品种和产量，而饲料资源的质量则决定着提供畜禽营养的多少及平衡性。理论上讲，可以作为家畜饲料的所有物质都可以称为"饲料资源"，但由于畜禽饲料与人类食物、农作物肥料有相当程度的"重叠性"，自古以来畜牧业与人类、种植业存在不同程度的"争粮""争地（资源供养场所）"矛盾，而在人类、农作物、畜禽的三角关系中，畜禽无疑是最为弱势的一方，属于"伙食"最缺也最次的群体，所以为了保障家畜最基本的"口粮"需求，历朝历代均很重视饲料资源的开发和利用工作。发展至明清时期，中国畜牧业已经累积形成了一个以"农家废弃物"为特色的庞杂资源库[1]，特别是猪饲料资源的开发程度最为彻底，已经达到"大凡水陆草叶根皮无毒者，皆食之"[2]的地步，这在客观上为近代新资源的进一步开发研究增加了很大难度，不过倒为旧资源的进一步开发利用提供了丰富的物质基础。

（一）新饲料资源的开发研究

与古代相比，国人的生活水平与农业生产效率并没有因进入近代社会而有所改善，相反对于当时的普遍（尤其是农村）贫穷和落后的农业生产时有报道和评价。据罗资嘉称，直到1943年仍然是"饲料饥谨的日子"，可见近代新饲料资源的开发动力依旧十分强烈。但实际上，自19世纪末西方近代农学传入中国后，该项研究一直未有多少进展。1915年，《军事杂志》才第一次报道了由德国人发明的"新饲料"，制造方法大致如下：

---

[1]　陈加晋、吴昊、李群：《生态农业背景下饲料系统的变化及价值——以明清太湖地区为例》，《山西农业大学学报（社会科学版）》，2016年第12期。

[2]　（清）杨屾著，郑辟疆、郑宗元校勘：《豳风广义》，卷下《收食料法》，农业出版社，1962年，第165页。

用反刍动物第一胃之内容，与谷草磨成之面粉，调和而制造饲料，可以久储不朽，此诚于养牲之经济两有裨益者也。反刍动物者，即牛羊等牲畜也。[1]

很明显，这种"反刍动物胃内物与草面"混合制成的新饲料的初衷是为军事用途。尽管文中大力宣传有"久储不朽""两有裨益""不特资本巨甚"等多个优点，但并没有推而广之。笔者之见，此为必然，因为即使以当今的科技水平也难以做到能将"反刍动物的胃内物"作为饲料的原料，况且从1918年《家庭常识汇编》所记录的常用猪饲料，即"自以糠麸为最，他如厨中之残滓、酒粕、菜根、海藻、鱼贝、兽肉及其脏腑"[2]来看，当时国人对饲料资源的利用还依旧保持在原有传统观念内，即重资源开发的广度而非深度，重饲料的可食性而非营养性。

到20世纪20年代以后，饲料资源的开发研究方才真正兴起，最直接的证据是一系列宣称发明或发现了"新饲料"的文章或报道见诸于各大主流报刊，表明近代对资源开发的重视程度越来越深，开发需求也越来越大。旺盛的需求自然来源于现实中饲料的紧缺，所以也就不难解释为什么在1937—1945年全面抗战期间，同时也是饲料资源开发的相关文章发布最频繁、数量最多的一个阶段。1944年，《革命行动》报道了一则"应征饲料未能拨供军队"的重大责任事件，山西省临汾、汾城、河津等县积欠军队长达2～4个月的饲料，波及部队包括第八集团军、十三集团军、炮二十三团二营、第八十三军，致使"马骡因无料而瘦羸倒毙，减低部队输力，影响作战甚巨"。[3]"山西事件"的发生，表面是因应征饲料不足而导致拨供受限，深层原因还是因民间饲料供应不足导致应征不足。这并不是个案，而是在许多战区普遍存在，以至军政部明文电令：部队马骡饲料"应按规定定量充足，不得减少发"。[4]

即使是盛产饲料的东三省，也在战争期间饱受饲料不足之苦。日本

---

[1] 《纪事：用胃内物与草面调和制造饲料》，《军事杂志》1915年第39期。

[2] 天悲：《猪之饲料》，《家庭常识汇编》1918年第5期。

[3] 《临汾汾城河津等县，应征饲料未能拨供，分别予以记过绝食处分》，《革命行动》1944年第10卷第6期。

[4] 《马骡饲料应按定量发足》，《西北经理通讯》1944年第21期。

占领区伪满洲国从1938年起就设立"饲料配给会社"专门负责"高粱、包（苞）米之集聚、出运"。[1]1939年正式执行饲料输入统制政策，"基于公布之饲料配给法实施规则，从（重）新制定饲料输入限制规定"。[2]1940年，日本另一占领区台湾亦紧随其后，开始实行饲料配给统制。[3]

从发布"新饲料"的媒介出处来看，以两类报刊为主。一是农业类报刊，包括知名农业学术性刊物《农业丛刊》《农声》，农业推广与科普性刊物，如《农村》《田家半月报》等。二是科学类报刊，如《科学》《科学画报》《科学时报》《每月科学画报》等，由此可见饲料资源的开发研究被纳入到了近代主流科技体系之中。值得注意的是，两类报刊在刊载时间上有较明显的先后之别。在1935年前几乎均为农业类报刊（除《军事杂志》外），没有一家科技类报刊有相关报道，某种程度上反映了饲料科学研究（尤其是饲料开发研究）从被农业领域到被整个科技界重视的过程。

而从发布的"新饲料"的种类来看。尽管都被研究者冠以"新饲料"之名，但事实上部分饲料资源其实"徒有其名"，并不是真正新开发出的资源，特别是具备直接可食性或只需简单加工即可的资源，如"竹叶""茶渣""枫叶"等在古代很可能都被利用过，"礜（蚕）沙"等更广见于各大农书文献，早在元《农桑辑要》中就指出，喂牛之前需"约饲草三束，豆料八升；或用蚕沙、干桑叶，水三桶浸之"[4]，所以从研究类型或方向来看，以上述资源作为研究对象显然并不属于"开发"式研究，而应是"利用"性研究。其他，如"维他命""碘化钾""碘化酪素"等，真正意义上并不属于"饲料资源"的范畴。

尽管有诸多不科学之处，但仍不妨碍当时对饲料资源开发研究被视作一个巨大的进步。

第一，与古代"可利用资源"为主的资源库相比，近代新增的饲料种类中仅有"七叶树果实"和"美棉籽"属于直接可食的可利用性资源，而

---

[1]　《满洲饲料配给会社大连支店将于最近期间开始业务》，《满洲特产月报》，1938年第2卷第5期。

[2]　《日本实施饲料输入限制》，《满洲特产月报》1939年第3卷第1期。

[3]　《台湾之饲料统制》，《满洲特产月报》1940年第4卷第6期。

[4]　《韩氏直说》，转引自石声汉校注、西北农学院古农研究室整理：《农桑辑要校注》，农业出版社，1982年，第245页。

且两者均为外来物种，前者引自"伦敦皇家植物园"[1]，后者是由美国选育而成的陆地棉品种[2]（这也再次论证了基于传统科技水平的饲料资源开发程度几乎已达极致）。数量最多的则属于"不可利用资源"，包括"乳牛粪""木屑（锯木灰）""鱼渣粉末""桦太冻土""石灰藁"等。在粪便饲料化方面，古代江南地区曾成功地将猪粪、羊粪、鸡粪用来喂鱼，到近代则第一次实现了用动物粪便作为畜禽的饲料，当时的《科学时报》刊载[3]，其后该报道又被《现实新闻周报》全文转载。[4]陶贤都、李艳林曾考证，在近代"科学类"期刊中，《科学时报》比较注重刊载内容的真实性和知识性，对稿件质量有较高的要求[5]，加之《现实新闻周报》的转载行为，据此我们可判定用乳牛粪喂鸡的科学性和真实性得到了当时科学界的部分认可。除"乳牛粪"外，"石灰藁"也得到了两家不同报刊的报道，"木屑"更是有三家报刊（《农业丛刊》《农声》《中山文化教育馆季刊》）先后报道过，特别是《中山文化教育馆季刊》的刊载表明该饲料资源具备一定的推广价值。

由上可见，以"木屑"为代表的"不可利用资源"与以"美棉籽"为代表的"可利用资源"相比，尽管看似利用成本更高，但实际上更受学界关注或认可，原因就在于前者所拥有的"近代性"的开发方式。谢钟灵《木屑可以化作牛马之饲料》一文详细记载了以"木屑"做饲料的具体方法。[6]木屑不是、也无法从传统经验累积中获得，而是采用近代生物化学方法（"分解""碱酵"等），从科学的试验过程中诞生的饲料。这些本不可利用的资源，在经历过近代"科学"的论证后，受到科学界认可也就理所当然，与古代相比，这是一个质的进步。

另一方面，近代在饲料开发过程中，已经将饲料的"营养性"列为重要的考察因素，"与米糠、干糠、麸等之营养成分并无何等差异"。近代

---

[1] 珣：《科学新闻：果实充动物饲料》，《科学》1941年第25卷第56期。

[2] 《世界棉情：毛子美棉子为安全之家畜饲料》，《中国棉业副刊》1947年第1卷第3期。

[3] 中华自然科学社：《科学新闻：乳牛粪可为鸡饲料》，《科学时报》1947年第14卷第2期。

[4] 涂长望：《中华自然科学社科学新闻：乳牛粪可为母鸡饲料》，《现实新闻周报》1947年第12期。

[5] 陶贤都、李艳林：《〈科学时报〉与中国近代科学技术的传播》，《中国科技期刊研究》2014年第25第4期。

[6] 谢钟灵：《木屑可以化作牛马之饲料》，《农声》1924年第30期。

国人认识到，饲料的本质是"营养"，营养是唯一能保障动物生理需要、提高动物生产能力的物质，所以营养是否充足成为了评判新资源价值的重要标尺之一。例如学者王世浩评价开发出的新饲料"石灰藥"具有增加脂肪的营养功效[1]，更有以"晓农"为代表的少数学者将营养，如"维生素"等直接定义为新饲料"品种"，此举虽有缺乏科学之处，但对饲料营养性的重视甚至推崇却是毫无疑问的。正是基于营养本位的考虑，1942年《科学新闻》刊登推广一种由"空气中氮之合成"[2]的综合氮化合物，以此作为反刍动物的补充饲料，这也是近代中国文献记载最早的由人工合成的"创生性饲料资源"。

（二）旧饲料资源的利用研究

开发饲料资源的目的无疑是为了利用，所以在饲料科技话语体系中"开发"常与"利用"并称。[3]从广义上讲，将各种饲料资源用于饲喂畜禽的过程就是饲料资源的利用，它包括一系列处理、调制、加工、添加、配合等过程。而这里笔者遵循"利用"的本源涵义，即探讨近代国人如何通过科学研究，从而"利于"旧有的饲料资源更好地发挥"效用"，所以在立意上更侧重于饲料资源"饲用价值"的挖掘，在利用体系中更接近于对饲料资源的"优化"处理。

1. 饲料资源的科学分类

将饲料资源按照性质或各自特点进行科学的分门别类，对提升饲料的利用效率有直接作用。近代旧饲料资源的利用研究即是基于科学分类基础上的研究，属于"分类式"利用。实际对于整个近代科技体系来说，"分类"都被视作科学的基础或第一步，所以科学的本源涵义也正是"分科之学"。在治学路径上，中国古代虽也讲究以"格物"为方法，但就饲料而言，目前仅见明代养马专家曾对马的饲料资源做过分类，包括"米部""豆部""青草部""枯草部""生水部""熟水部"等六类[4]。该

---

[1]　《最省钱的牲畜新饲料石灰藥》，《田家半月报》1942年第23期。

[2]　珣：《综合氮化合物充牲畜饲料》，《科学》1941年第11期。

[3]　单安山：《饲料资源开发与利用》，科学出版社，2013年；《非常规饲料资源的开发与利用》研究组：《常规饲料资源的开发与利用》，中国农业出版社，1996年等。

[4]　［明］杨时乔，吴学聪点校：《新刻马书》，农业出版社，1984年，第22-27页。

分类法的最大特色是对马的饲料水做了细致划分，但整体上的分类归纳远远不能涵盖古代庞杂的饲料资源库。

近代对饲料资源的第一次分类是在1914年，当时学者忘筌援引了西方对饲料的分类法，具体包括"干草类""生草类""藁秆类""麸皮类""根菜类""谷实及果实类""农产制造副产物"等七类[1]（见表8-18）。

表8-18　忘筌对饲料资源的分类

分类	主要资源
干草类	五等牧草、四等牧草、三等牧草、二等牧草、一等牧草、库麻查查、小笙、白芽、稗、田畔杂草、下等赤库路巴[2]、中等赤库路巴、上等赤库路巴、最上等赤库路巴、中等白库路巴、花中之红豆草、深红苜蓿、中等青刈豌豆、上等青刈豌豆、花初之豌豆、花中之豌豆、花终之大豆、葛之蔓叶、花中之胡枝子、青刈大豆、马铃薯之茎叶
生草类	花前禾本草、目的草、稗、青刈玉蜀黍、青刈粟、牧场之榍若库路巴、花花之赤库路巴、花中之赤库路巴、花中之白库路巴、花初之红豆草、深红苜蓿、蚕豆、花中之青刈豌豆、六月之胡枝子、老熟之落花生、青刈芸苔、荞麦、甘蓝、芜菁、马铃薯之茎叶、胡萝卜叶、刺金雀花、玉蜀黍、甜菜叶
藁秆类	秋时小麦、秋时大麦、春时大麦、荞麦、豌豆、蚕豆、芸苔、玉蜀黍、大豆、罂粟、陆稻、水稻
麸皮类	小麦、大麦、豌豆、蚕豆、大豆、芸苔、亚麻、落花生、粟
根菜类	马铃薯、菊芋、甜菜、胡萝卜、芜菁、晚种芜菁、甘薯、芋、莱菔、薯蓣
谷实及果实类	小麦、大麦、欧托麦、玉蜀黍、白米、水稻玄米、陆稻玄米、陆稻糯、粟、稗、豌豆、蚕豆、大豆、赤小豆、亚麻、芸苔、大麻、棉实、落花生、荞麦、粟、南瓜
农产制造副产物	细末小麦麸、粗末小麦麸、荞麦皮、豌豆谷、豌豆粉、豌豆皮粉、粟壳、大麦麸、米糠、酒糟、豆腐糟、酱油糟、芸苔糟、山茶油糟、大麻油糟、有皮之花生油糟、无皮之花生油糟、大豆油糟、胡麻油糟、棉子油糟、茶子油糟、肉粉、牛乳

1921年，朱晋荣在《中华农学会会报》上发表了《家禽饲料之研究》，他在文中首次将家禽饲料依据"饲料来源"划分为"植物质饲料"

---

[1] 忘筌：《译林：家畜饲料之研究及制做之效用》，《直隶实业杂志》1914年第3卷第4期。

[2] "库路巴"，即木樨花。

和"动物质饲料"。[1]此分法虽较简单且并不全面，但在视域上向适合中国国情的饲料品种做了值得赞许的倾斜，例如"植物质饲料"下的"小麦麸""稻糠""玉蜀黍""高粱"，"动物质饲料"下的"鱼渣""牛肉渣滓""牛乳沫"[2]等。同年，养鸡专家孙瑞初在此基础上，在"鸡"的饲料种类上增加了"矿物质饲料与水"一类，并认为矿物质有助消化并维持健康增进产量。[3]可见，孙瑞初不仅吸收了"矿物质"这一新兴概念，同时还沿袭了古代中国对于饲料水重要性的认识。之后，尽管饲料水作为饲料的一类有所争议，但"植物质、动物质、矿物质"（下简称"植、动、矿"）的三分法受到了学界认可，并逐渐成为近代饲料资源的主流分法。1926年，著名农学家步毓森明确认可这种简单明了的饲料分类法。[4]而到20世纪30年代，几乎所有涉及到饲料"分类"的文章或报道都沿用此法。[5]

值得注意的是，"植、动、矿"三分法在近代的提出和流行并不是西学传入所致，而是近代学者基于本土资源所做的自主性的分类归纳，有着鲜明的本土色彩。这在步毓森《鸡的饲料》对"植物质饲料"的说明可见一斑。[6]文中无论是"把菜设法挂在墙上，或是半空中"的喂食方法，还是萝卜、白菜、菠菜、高粱、麸糠等饲料的列举，无一不是中国传统的喂鸡手段和鸡的惯用"食谱"。从1914年的"六类"到20世纪20年代以后的"三类"，近代国人对饲料的分类明显具有"本土化"的转变。

在20世纪二三十年代以前，近代中国学界对饲料资源的分类基本上一直依据"饲料来源"和"物理性状"的原则。在此思路之下，学者们仍只能加以简单分类，很难将中国现存的如此庞杂的资源体量剥丝抽茧、化

---

[1]　朱晋荣：《家禽饲料之研究》，《中华农学会报》1921年第3卷第2期。

[2]　朱晋荣：《家禽饲料之研究（续）》，《中华农学会报》1921年第3卷第3期。

[3]　孙瑞初：《增收鸡卵之饲料种类》，《江苏实业月志》1921年第27期。该文后被《中国商业月报》、《申报》全文转载。

[4]　步毓森：《鸡的饲料》，《农民》1926年第2卷第30期。

[5]　具体见梁汉碧：《鸭的饲料》，《禽声月刊》1933年第1卷第9期；锡英：《养鸡小品：鸡的饲料》，《鸡与蛋》1936年第1卷 1期 ；胡雪帆：《鸡的饲养与饲料》，《农村副业》1936年第1卷第6期；《农林常：金鱼饲料》，《农声》1936年第202期；力农：《牛的饲料》，《农村副业》1937年第2卷第8期。

[6]　步毓森：《鸡的饲料》，《农民》1926年第2卷第30期。

繁为简地概括，所以著名农学家丁颖（1888—1996）才会指出："饲料之种类，因地方风土而有殊……遂分辨择选颇有些为难。"[1]随着饲料科学工作的微观化与深入发展，尤其是基于饲料利用配合化的需求，学者们开始以"营养成分（特性）""消化率""生产价值"等更多元更科学的原则作为饲料分类的依据。在潜移默化之中，学者们视域中的"资源"视角亦就逐步转向"原料"视角，由此就构建了依据"营养"原则对饲料"原料"科学分类体系。

2. 旧饲料资源饲用价值的提升

近代对于旧饲料资源饲用价值的提升研究主要集中在粗饲料、废物性饲料等方面，盖因这些资源作为畜禽饲料结构的重要组成部分，本身往往质地粗硬、适口性差、消化率不高、营养价值低[2]，所以提升其饲用价值实有必要。

在诸多庞杂的资源中，秸秆无疑是当时最受关注的对象。1928年，刘雨若（1900—1943）提出通过"生物发酵"以实现"秸秆变成好饲料"的目的。与古代相比，其具体发酵方法并无多少创新之处，但他首次阐明了其中的化学过程和原理。[3]1937年，李芸培则首次采用科学的调制试验方法，以石灰调制而成的藁草比普通藁草有"二三倍之淀粉质，亦即热量价二倍至三倍"[4]，而且"容易消化，含有钙质"。[5]紧接着在1940年，能提升麦秆滋养价值的"化学"手段也被发明出来，《科学》杂志曾有所报道。[6]

化学法、生物法、加工调制法，也基本构成了当时提升饲料资源饲用价值的主要手段。而三者比较而言，以后两种最为普遍。1933年，《农业世界》刊载了5种农家废物饲料化途径，基本都是采用生物积贮法。[7]另据

---

[1] 丁颖：《牛畜之饲料问题》，《农声》1929年第122期。

[2] 梁正国：《常识：猪的饲料》，《农民》1931年第7卷第3期。

[3] 刘雨若：《藁秆变成好饲料》，《农工部农工浅说》1928年第4期。

[4] 李芸培：《既省费富营蚕家畜食用藁草调制新法（附表）》，《农业进步》1937年第5卷第8期。

[5] 李芸培：《既省费富营蚕家畜食用藁草调制新法（附表）》，《农业进步》1937年第5卷第8期。

[6] 珣：《科学新闻：麦秆饲料》，《科学》1940年第24卷第1期。

[7] 新望：《农家废物利用为乳牛之饲料》，《农业世界》1933年第1卷第7期。

南通农学院高季和[1]、国立北平大学农学院屈志承[2]等人的引介，当时日本则已实现通过"饲养试验"手段达到提升饲料价值的目的。

3. 旧饲料资源饲用对象的拓展

拓展饲料资源的饲用对象，是提升其饲用价值的另一有效手段。近代在该领域成就最高的是蚕学家顾青虹（1894—1985）。

1938年，因战争原因，顾青虹随浙江大学迁至江西省泰和县，后又继续内迁至广西宜山。时中国东北、华北等大片国土相继沦陷，顾青虹为了在广西开辟出柞蚕蚕丝生产的新基地，以缓解全国蚕丝生产锐减之痛，开始寻觅柞蚕新饲料资源。他在多方考察后，开始以广西盛产的"枫叶"作为饲料试养柞蚕，没想一举成功，而且枫叶饲喂的柞蚕的减蚕率和出丝量都优于他曾参考的日本学者北泽氏于1932年开展的"麻栎叶饲养柞蚕"的试验成绩。[3]1939年，顾青虹将其研究成果《枫的柞蚕饲料价值》发表在自己所创办的《蚕声》刊物上，肯定了枫叶饲蚕的价值。[4]该论文初登刊物便引起了学界重视，并被高度评价为"达到了当时国际先进水平"。[5]

四、牧草栽培与利用研究

牧草在植物学范畴内常被称作"饲料植物"，在作物学范畴内则常被称作"饲料作物""饲用作物"等。在畜禽的饲料结构中，牧草是十分特殊的一类。与大部分饲料取自某种植物果实、茎叶等不同，牧草本身就用作饲料，换句话说，牧草既是饲料资源又是饲料原料（所以才与植物、作物等更为靠近）；从营养上看，由于牧草是整体利用，所以养分构成比较均衡，以富含微量元素、维生素、粗纤维为特点，尤其含有的粗纤维可帮助促进牛、羊等反刍类动物的肠胃运动，对维持和促进反刍动物健康的作

---

[1] 高季和：《大豆粕饲料化利用之问题》，《中华农学会报》1932年第9697期。

[2] 屈智承：《豆渣及甜菜糖渣之乳牛饲料价值（附图表）》，《农学》1937年第3卷第3期。

[3] 中国科学技术协会编：《中国科学技术专家传略·农学篇·养殖卷1》，中国科学技术出版社，1993年，第86页。

[4] 顾青虹：《枫的柞蚕饲料价值》，《蚕声》1939年第5卷第3期，引自《全国农林试验研究报告辑要》1942年第2卷第1期。

[5] 江苏省政协文史资料委员会、镇江市政协文史资料委员会：《江苏文史资料第65辑·嫘祖传人：镇江蚕桑丝绸史料专辑》，江苏文史资料编辑部出版，1993年，第179页。

用是其他饲料无法替代的。从分布上看，牧草主要分布在北方草原区，以畜禽视角即"马牛羊主产区"，尤其西北地区牧草资源分布最广、品质最为纯良。王栋在《牧草》中说："漫山遍野长满牧草，牧草当然是牲畜唯一的食料。"[1]

正是因为牧草本身在"生理""营养""分布"等方面具有多种特殊性，以牧草为研究对象的牧草科学自传入中国之初，就从饲料学中分化出来并走上一条较为独立的发展道路。饲料学多采用"饲养试验""化学分析"等研究手段，而牧草学更近于作物学的方法，以"栽培试验"为主，相应地，其研究主体以牧场、种畜场等农事试验机构为主，院校系统内则以中国草学创始人王栋开展的科研工作持续时间最长，成就最高。此外，牧草学的研究视域与机构分布也具有较大的地域性，以牧草资源丰富的西北地区最受注目。

（一）牧草引种与栽培试验

据富象乾考[2]，近代最早的牧草引种行为发生在1875年，其时比利时传教士马修德把本国的草种红车轴草（红三叶草、红花苜蓿）携至中国湖北省，并栽于其工作所在地巴东县细沙河天主教教堂的周边地带。这本是个人自发行为，但因红车轴草具有较强的风土适应力，此草种逐渐就推广开来，直至成为鄂西地区最为常见的牧草之一。1903年前后，活动于东北大连地区的俄国人与日本人曾先后将苜蓿引入当地，栽于中央公园和广场地带[3]，可见当时的苜蓿还主要用于园艺而非饲料。

真正具有"试验"性质的牧草栽培行为应该以四川农事试验场为先。1907年，该场就发布了莎苜蓿、莉荪草、猫尾草、莪茶草、匈牙利草、高茎燕麦草等8种牧草的栽培试验结果。[4]1908年，吉林农事试验场甫一创立，就着手于"天然饲料和人工饲料的种植试验"。[5]在此期间，奉天农事试验场也一直从美国与日本搜罗豆科与禾本科牧草种子，截至1910年前

[1] 王栋：《牧草》，商务印书馆，1951年，第2页。

[2] 富象乾：《中国饲用植物研究史》，《内蒙古农牧学院学》1982年第1期。

[3] 徐旺生：《近代中国牧草的调查、引进及栽培试验综述》，《中国农史》1998年第12期。

[4] 《八种牧草种类试验》，《四川官报》1907年第30期。

[5] 中华文化通志编委会编：《中华文化通志63》，第七典《科学技术·农学与生物学志》，上海人民出版社，2010年，第200页。

后已积累数十种。[1]1914年，公主岭农事试验场引入苜蓿数种，于铁岭、辽阳、郑家屯等多处适宜地区进行适应性栽培试验。1919年，学者痴农首次系统阐述了牧草的栽培方法[2]（见表8-19），以尝试推广牧草栽植。

表8-19　1919年学者痴农推广的牧草栽培法

步骤	方法	详解
1	栽培法	宜栽培于秫场或种于放牧地。播种时不论何地均宜先将土地耕起打碎土块。施布肥料，轻轻践压之。然后始行撒播种子，单用一种者甚少，大概择开花期相同者混合而播种之。
2	播种量	用撒布之法，每一亩之播种量禾草类四五斤，豆草类一二斤，如此配合。
3	肥料	凡牧草类之肥料，以用堆肥厩肥。等之窒素肥料为主体。而又须用草木灰等之加里肥料。又豆草类尤宜施用加里及石灰多量。
4	排水	凡栽培牧草于低湿地，如不排水，则品质不良，故地势低洼之处，宜注意排水。
5	田野杂草	凡牧草宜在冬季灌水，以防根株之冻死。其水中之养分，又能肥沃土地，是以栽培牧草于灌水排水两途均宜注意，行之适当，获利殊多。
6	收获	最好在花蕾将绽之时。盖此时叶中所含滋养分最多也。牧草之回数及其收量因风土不同，未能一致，然以每年刈取二次或三次。

资料来源：痴农：《牧草之效用及栽培法》，《翼农丛谭》1919年第1期。

上表显示，在20世纪前20年时间里，牧草引种与栽培工作主要集中在东北地区，从20世纪20年代起，试验活动中心开始转向西北地区。1921年，宁海职业学校校长李成蔚专门发文大力提倡牧草栽培，可收"一举三得"之功效：一是可开垦利用周边荒地，利于土地利用；二是可饲养美利奴羊，利于畜牧生产；三是能增进学生创业兴趣，利于学生培养。[3]

始于20世纪30年代的西北牧草考察热潮，直接带动了西北地区牧草引种与栽培活动的热潮。1934—1935年期间，新疆曾从苏联引种猫尾草（*Dhleum Paretense*）、红三叶（*Trifolium pratense*）、紫花苜蓿、"苏

---

[1]　《奉天省农事试验场之成绩：试验牧草之成绩》，《广东劝业报》1910年第112期。

[2]　痴农：《牧草之效用及栽培法》，《翼农丛谭》1919年第1期。

[3]　李成蔚：《我对于甘肃设施职业教育的意见》，《教育与职业》，1920年第23期。

鲁"燕麦（*Avena sativa* L.）等草种，在当地多个牧场进行试种，包括乌鲁木齐南山种羊场、伊犁农牧场、塔城农牧场及布尔津阿魏滩等，以南山种羊场的紫花苜蓿"繁殖最为茂盛"。[1]

1934年西北畜牧改良场甘肃分场成立后，最主要的工作就是牧草栽培试验。为此，自该场成立后就一直在附近适宜地带开垦采种圃，1935年，该场从美国引进牧草种籽15种后，即着手开展比较栽培试验。为了更好地观察各种牧草种子在西北的适应能力，试验于8个地区同步开展，分别是甘坪寺、兰州、松山、宁夏、洪广营、萨拉齐、武功、太原等处，以观各种籽在西北适应之能力，然后再行推广。[2]当年下半年，黄河爆发水患，灾情险峻，鉴于牧草优良的水土保持功能，全国经委会农业处饬令西北畜牧改良场进一步扩充牧草试种与栽培试验，在原有试验地的基础是，再增青海八角城，甘肃平凉、临潭、天水、山丹，陕西三原、西安、泾阳、潼关等8处试验地[3]，并且每处都规划建设采种圃。据文献记载，到1936年下半年，八角城采种圃、松山采种圃、萨韩区采种圃（萨拉齐）、潼汜区采种圃（萨拉齐）、泾渭区采种圃（武功）等5处基本开垦完竣并投入试验。[4]

进入20世纪40年代后，西北地区的牧草引种与栽培试验规模进一步扩大。1940年，甘肃省农业改进所开始从美国、澳大利亚及国内各兄弟单位收集牧草种子以供试验，10年间，共收集有禾本科牧草种子161种、豆科39种、其他科属24种，共计224种。经过四年时间的试验观察与验证，发现"具有耐旱能力生长优良而适于本省者为禾科*Elymus*（披碱草属）、*Agropyron*（鹅观草属），以及豆科*Medicago*（苜蓿属）、*Melilotus*（草木犀属）等属，而Melilotus属之*Melilotus alba*（白花草木樨）及*Melilotus afficinoles*（草木樨）二种于干燥情形下栽种，辅株生长竟高达二公尺余，枝叶繁茂，且较易发生幼苗成长迅速的情况，所以更适合甘省荒山及各牧

---

[1] 新疆维吾尔自治区地方志编纂委员会：《新疆通志·畜牧志》，乌鲁木齐：新疆人民出版社，1996年，第281页。

[2] 《西北畜牧事业之进行：举行牧草试验》，《中国国民党指导下之政治成绩统计》1935年第8期。

[3] 《西北畜牧事业之进行：扩充牧草试验》，《中国国民党指导下之政治成绩统计》1935年第9期。

[4] 《西北畜牧事业之进行：各苜蓿采种圃工作概况》，《中国国民党指导下之政治成绩统计》1936年第4期。

区种植之用"。[1]

就整个40年代西北地区的牧草栽培试验而言，以国立西北农学院王栋开展的时间最长，成绩也最突出。从1942年起，王栋就着手牧草栽培试验前的各项准备工作，如草籽之收集、实验区之规划等。1943年春开始播种牧草，翌年继续，并一直持续到新中国成立前。王栋开展的一系列栽培试验，很多为国内首次，一些结论至今仍是很多草业科技工作的圭臬。[2]

在我国水土保持和牧草学研究开拓者之一的叶培忠的主持下，天水水土保持实验区也是当时国内牧草试验栽培的重要基地。从1943年起，天水水土保持实验区先后引进国内外牧草种质超过300种[3]，这些种质资源来自美国、苏联、苏格兰、土耳其、西班牙、非洲等多个外域，为实验区栽培与育种试验的开展提供了重要种质储备。1944年秋，天水水土保持实验区还派员深入天水小陇山采集了葛藤种子，叶培忠对其进行科学研究后，于实验区内进行试种。1946年，叶培忠带领吕本顺等人一起对天水葛藤进行了无性繁殖试验，结果表明葛藤具有喜人的水土保持作用[4]，同时还兼用插种育苗方法，培育出了大量幼苗。

基于牧草繁殖和育种的场地需求，叶培忠还在1943—1948年里主持新建了天水河北草圃、天水耤河河南苗圃和龙王沟新淤河滩地草籽繁殖地。经过前三年的播种试验，叶培忠总结出：一年生牧草以3月中旬至6月初为宜，而以4月最佳。多年生牧草，以8、9、10月播种为宜，而以8月底9月初为最佳。经过五年300多种牧草的栽培活动，叶培忠进一步探索出了一套科学规范的牧草选择标准和栽培方法，特别是实验区牧草栽培，须从"选择草种"到"采收种子"，再到"播种育苗"；"播种育苗"下又分"圃地之选择""整地筑床""播种方法""品种排列"等，每一步骤均有严格细致的规定。冬季时牧草可行迟播，盖因此时的温度、湿度等均不利于种籽发芽，所以须将种子暂置土壤内，待到春时可顺时发芽。[5]叶培忠在

[1]　《甘肃省牧草试验》，《中华农学会通讯》，1945年第47、48期。

[2]　王栋：《六年来牧草栽种与保藏试验之简要报告》，《畜牧兽医月刊》1948年第7卷第4/5期。

[3]　叶培忠：《改进西北牧草之途径》，《草业科学》2009年第26卷第10期。

[4]　叶培忠《葛藤——大地之医生》，《中国草原与牧草》1985年第1期。

[5]　李荣华：《民国时期西北牧草资源改良思想初探》，《兰州学刊》2017年第6期。

牧草育种上取得的成就，与他所进行的大规模牧草引种与栽培试验密不可分。

在西北地区的牧草引种与栽培试验蓬勃发展之际，南方地区的相关工作也开始兴起。1921年东南大学畜牧系成立伊始就开始扩充院内牧场，后增设成贤牧场，"进行饲养试验及牧草栽培研究"。[1]1926年，岭南大学农学院"扩张牧草区域，以供所畜乳牛之用"。[2]到1931年，该校牧草引种栽培试验初具效果："试验所得，中有一种成绩最佳，其味可口，为牛畜喜食，生长又极速，播种九十日，即能高至四尺，便可刈作饲料"。[3]

当然，农事机构依然是牧草引种与栽培研究的重要主力。1921年，农商部饬令第一种畜场"增加试种牧草规模"，并划地十亩以为逐渐推广草种之用。[4]1937年，福建农事试验场经多年牧草栽培试验，"牧草收获良多，保有优良品质"。[5]1941年广西农事试验场开展的栽培活动规模较大，涵盖豆科24属57种、禾本科22属30种、十字花科2属3种，根据一年观察发现："禾本科牧草中，生长最佳良者为红壳草、苏丹草、长叶草、黑麦草、发司克草。豆科中春播之最有希望者，有爱字豆、紫苜蓿、铁扫帚、白车轴草、瑞典车轴草等。其在秋播有希望者，有各种肥田草、蓝花羽扇豆、山蔾豆、及Hop clover（胡普三叶草）等，至十字花科中之有名满园花及萝卜子者，生长亦甚繁茂"。[6]1942年，广西省第四区农场技正张仲葛先生与刘应周、陈育新合作，以狗尾草、红顶草、紫苜蓿等数种牧草为研究对象开展了一次较具学术影响力的引种试验[7]，有力地证明了国产牧草所具有的优良品性，一定程度上破除了以往学界对本土牧草品质的偏见，其结论曾先后被《福建农业》《全国农林试验研究报告辑要》等期刊

[1] 白寿彝总主编，王桧林、郭大钧、鲁振祥主编：《中国通史21》第12卷《近代后编1919—1949（上）》，上海人民出版社，2015年，第298页。

[2] 《校闻：畜牧系消息：该系扩充牧草区域，以供所畜乳牛之用》，《农事月刊》1926年第4卷第11期。

[3] 《校务：农学院：牧草试验成绩》，《私立岭南大学校报》1931年第2卷第29期。

[4] 王迺斌：《部令：农商部指令第二〇五五号》，《政府公报》1921年第1977期。

[5] 《本联合机关各部工作报告》，《福建农报》1937年第2期。

[6] 《广西农事试验场三十年度工作报告》，1942年，第2页。

[7] 张仲葛、刘应周、陈育新：《牧草引种试验》，《畜牧兽医月刊》1942年第2卷第9期。

转载过。[1]台湾恒春畜产支所也曾至少连续两年开展过牧草栽培与改良试验。[2]在农事试验机构中，中央农业实验所是少有的持续开展牧草引种或栽培试验的农事机构。1932年，中央农业实验所（以下简称"中农所"）和中央林业实验所，从美国引进100多份豆科和禾本科牧草种子，算是近代少有的大规模牧草引种活动。此后，中央农业实验所就一直是南方牧草引种与栽培试验活动的学术中心之一。1947年中农所专门成立饲草作物组，同时聘请王栋担任组长，牧草引种和开展栽培试验自此进入一个新阶段。1948年，中农所又从联合国粮农组织引进牧草种籽62种，这是近代最后一次较大规模的牧草引种活动。[3]

（二）牧草营养、保藏、育种及配合饲喂研究

1. 牧草营养研究

从1939年开始，王栋开展了几种最重要牧草中胡萝卜素含量的试验研究，目的为探索生长及施肥对于几种最重要牧草中胡萝卜精含量的影响。两年时间里，他采割了各生长时期的白三叶（*Trifolium repens*）、多年生黑麦草（*Lolium Perenne*）、鸡脚草（*Dactylis glomerata*）及猫尾草作为试验样本，四种草样共计63种，皆来自西北农学院附近的14处农场。经过对它们的总氮量及胡萝卜精之含量的化学分析和多次试验后，结果表明：除黑麦草外，其他三种牧草叶及茎的胡萝卜精含量较穗或花为多。晚施硫酸铝可使黑麦草茎叶内的胡萝卜精含量增加55%，及花内之胡萝卜精含量增加17%。钙肥及铁渣对鸡脚草及黑麦草之胡萝卜精含量影响不明显，环境对于胡萝卜精之含量亦无甚影响，铁质与胡萝卜精之含量有密切的连带关系，而影响二者含量最重要的因子为生长时期。此外，放牧对于二者含量的增加亦有重大影响。[4]

---

[1]　具体见张仲葛、刘应周、陈育新：《农业论文摘要：牧草引种试验》，《福建农业》1942年第3卷第3/4期；张仲葛、刘应周、陈育新：《畜牧兽医：牧草引种试验》，《畜牧兽医月刊》1943年第3卷第34期。

[2]　具体见恒春畜产试验支所：《牧草试验》，《台湾省农业试验所年报》，1946年，第154页
恒春畜产试验支所：《牧草试验》，《台湾省农业试验所年报》，1946年，第181页。

[3]　王栋：《六年来牧草栽种与保藏试之简要报告》，《畜牧兽医月刊》1948年第7卷第4/5期。

[4]　王栋、黄兆华：《几种牧草中胡萝卜精之含量》，《西北畜牧》1943年第1卷第2期。

2. 牧草青贮试验

1943—1946年，王栋在从事牧草栽培试验的同时，与卢得仁等人在陕西武功进行了四次牧草青贮试验。[1]具体方法为[2]：择地势高燥、排水便利之处挖掘土窖，深宽各约六英尺，长约二十英尺，深视地下水位之高低而异，宽可视当地运输用大车略阔，长视贮料多少而定。窖壁宜垂直光滑可使青料易于陷缩。窖底应先铺藁秆约三四英寸，然后贮入青料，每装半英尺许，应多行践踏以压紧之，青料装贮既满，再覆藁秆二、三英寸，对以二尺多之土层，并行踏紧。冬季启用时应自窖之一端开始，从旁挖开，直切而下，渐及他端。每立方之青贮料初贮时约重25磅，陷落后约重30磅。

王栋的四次青贮试验，均是以苜蓿与玉米青贮。不过前两年因青料未经切碎，不易压紧，有一部分草料发生霉烂。后将玉米先行切碎，然后积贮，效果上佳。据王栋本人评价：青料色泽棕黄，气味芳香，略带酸味，各种家畜甚喜食。诚可推广于西北各处地势高燥之区域，以供冬春时期各种家畜之辅助饲料[3]。而且与国外多采用青贮塔相比，王栋采用的窖藏试验法无疑更适合我国当时的国情，基本做到了"方法简单，费用省俭，俾易推行"。[4]

此外，多年的牧草青贮试验也让王栋积累了许多科学经验，并发表了多篇有学术影响力的文章。在1946年秋的青贮调制过程中，王栋等人自开始贮积起就按时测定窖内温度，观察到在初贮后8小时材料中温度自63℉-83℉，嗣渐降至72℉，然后第二日又升至92℉，温度复逐渐降低[5]，后在《窖藏青贮料积贮后温度变化之测定及其解释》中详细解释了该试验青贮期间化学与温度变化的原理。

---

[1] 孙启忠、柳茜、陶雅、等：《我国近代苜蓿栽培利用技术研究考述》，《草业学报》2017年第26卷第1期。

[2] 王栋、卢得仁：《窖藏青贮料之调制》，《西北农报》1946年创刊号；王栋、卢得仁：《窖藏青贮料之调制（续）》，《西北农报》1946年第2卷第1期。

[3] 王栋、卢得仁：《窖藏青贮料之调制（续）》，《西北农报》1946年第2卷第1期。

[4] 王栋：《六年来牧草栽种与保藏试验之简要报告》，《畜牧兽医月刊》1948年第7卷第4、5期。

[5] 王栋、卢得仁：《窖藏青贮料积贮后温度变化之测定及其解释》，《西北农报》1947年第2卷第7期。

3. 牧草干制试验

1943年夏秋之季，王栋教授进行了牧草干制试验。他以苜蓿作为实验材料，希望能从牧草干制过程中探索出水分蒸发速度与空气温度、湿度、风速，以及草种鲜嫩、厚薄的确定关系。最终结果也证明了他之前的猜想，即牧草质地越嫩、草种较薄、水分含量越高，则水分蒸发速度越快；高温、晴热、干燥的天气下，牧草水分蒸发得也较快。鉴于此，王栋建议，在调制干草时，需薄铺草层，多行翻转。[1]

4. 牧草育种试验

近代西北地区的牧草育种工作主要由于叶培忠所开展。1943年叶培忠参加完西北水土保持考察团后，就留在水土保持实验区进行育种研究。在试验区的前三年，叶培忠的主要工作是将收集到的中外牧草种子栽培在草圃中，持续观察其生长情况和性能，收获后优胜劣汰，三年后保存了不少可能在西北地区栽培的牧草良种，包括鹅观草、野牛草（*Buchloe Engelm*）、蕢草等共计68种，其中所选育出的草木樨（*Melilotus Adans*）被誉为西北地区的"宝贝草"。

从1944年秋开始，叶培忠以西北地区常见的三种牧草品种，戾草（*Pennisetum alopecuroides*（L.）Spreng.）、狼尾草（*Pennisetum Rich*）及徽县狼尾草作为亲本进行杂交育种试验。操作方法为：先将戾草的雄蕊剪去，再以狼尾草及徽县狼尾草的花粉，授与戾草柱头上[2]。实验结果十分良好，第二年继续将采收的草种播种，得到杂交而成的F1代幼苗3株。观察幼苗形态，与母本较为相似，生长情况喜人，且均开花结实，后又继续栽于草圃进行观察和比较，成绩均超出预期，这就是著名的杂交草品种"叶氏狼尾草"。此次试验后，叶培忠又进行了鹅观草、蕢草等各种牧草种系之间的杂交育种试验，5年多时间里培育出了多个具有推广价值的杂交品种。

5. 草料配合饲喂

1935年，伊犁种羊场成立，经多年发展后成绩斐然，被喻为当时畜牧场规模之最大成绩之最佳者。该场的成果之一就是在科学饲养试验的基础

---

[1]　王栋：《牧草栽培及保藏之初步研究》，《畜牧兽医月刊》1945年第5卷第1/2期。

[2]　叶培忠：《改进西北牧草之途径》，《草业科学》2009年第26卷第10期。

上，研究制定出本地羊种软布耐耶的草料配合法：每冬平均每羊给与草85公斤，料48公斤，辅助之饲料以燕麦为主。[1]

第四节 饲料科技成果的转化

中国饲料科技的近代化，根本目的还是为畜牧生产做贡献。但在此进程中，学术界作为事实上的饲料科技近代化的主导力量，其群体特点与职能即决定了其所构建的饲料科技体系基本属于偏重于知识型、潜在的农业生产力，所以要想将饲料科技应用于生产界、真正为中国畜牧业发挥力量，就必须经历"科技成果转化"这一步骤。尽管时人尚不了解科技成果转化是何物，但在解决现实生产问题的迫切需求与实用性思维的主导下，饲料知识、理念与科技的推广与应用一直被视作学界的重要命题之一。

近代饲料科技成果转化的相关工作也处于"准备"与"尝试"阶段，而且几乎就等同于"饲料配合"科研成果的转化。这种群体选择的一致性，背后是由饲料科技逻辑与规律所决定的，因为饲料配合针对的正是动物饲喂工作（生产）的第一个环节，即饲料的选择环节。

一、饲料配合理念的推广

现代饲料学意义上的"配合"一词，最早见于1900年[2]，强调的就是为实际生产服务。1908年，《实业报》首次表达了饲料配合技术在养牛业中的美好前景："组合何种饲料，而因此经济可省，养牛可肥，诚紧要之法也"。[3]1909年《农业：养畜饲料选法》指出："养畜以选择饲料为紧要，成本之轻重，及畜长之迟速，皆关于此。"[4]

在20世纪前十年中饲料学专文仅有8篇（不计牧草学专文）的现实情况下，"饲料配合"能被多次提及与多处记载，足见国人对于畜禽生产界应用饲料配合的重视、关注与期待。从理论的角度看，饲料配合理念的兴

[1] 刘行骥：《新疆省畜牧兽医事业概述》，《畜牧兽医月刊》1944年第4卷第4/5期。

[2] 《重要饲料之成分及其消化量》，《农学报》1900年102期。

[3] 《实业新法：饲料之调理法》，《实业报》1908年第18期。

[4] 《农业：养畜饲料选法》，《广东劝业报》1909年第79期。

起甚至已略微超前了本该支撑其发展的理论构建，因为饲料配合学需要建立在饲料学与动物营养学多个科学分支（至少包括营养成分研究、饲料消化性研究、动物生理与营养研究、饲养标准研究等）臻至一定程度的基础上，在饲料学体系中是不折不扣的"上层建筑"。所以到了20世纪初，推广饲料配合理念的发声者仅见于《农业：饲料拣采法》一文，"饲养家畜，必要配合良善饲料，固不待言"，紧接其后又说："但饲料种类颇多，所以各种饲料的状态及其性质，亦各有差异。"[1]由此窥测，此时学术界正在着力饲料配合的研究与理论构建，处于马占元所说的"农业科技成果形成阶段"。[2]

大致以20世纪20年代为开端，学界开始比较密集地向生产界推广饲料配合理念。仅1921年就同时有两位发声者，南京高等师范学校胡培瀚强调："饲养的人，有一件不可缺少的事体，就是选择或预备家畜的饲料加以配合。"[3]王茂则指出："饲料配合不善，足损害其消化机能，诱起各种疾病。"[4]为便于生产者的理解，以进一步增加推广的有效性，一些学者便有意识地将"配合"概念阐释得更加通俗浅显。例如彭国瑞就喜用"混合"一词来替代"配合"，"对于选择饲粮，其要不在于饲料之总数，而在于饲料之混合得宜。"[5]燕京大学王世浩也认为饲料混合要比配合更容易为"副业养殖者"所接受："混合饲牲畜，此法颇常用，副业养殖者也很易上手。"[6]

20世纪30年代后，饲料配合理念的推广工作显现出一些新动态。其一，部分学者不再单纯宣传性地阐述饲料配合的重要性，而是更多强调应用配合饲料的重要性，即从"饲料配合"到"配合饲料"理念的转变。尽管两者看似相似，但实则差异明显，前者更加笼统宽泛，侧重于体系或方法，后者则更加明确具体，直接物化为饲料产品，显然后者的理念更容易被农民接纳。基于这种理念，有人提出了"平衡饲料"的概念，即为突出

---

[1]　《农业：饲料拣采法》，《广东劝业报》1911年第107期。

[2]　马占元、王慧军：《农业科技成果转化概论》，中国农业出版社，1994年，第28页。

[3]　胡培瀚：《家畜的饲料与饲养》，《南京高等师范日刊》1921年第493期。

[4]　王茂：《饲料与家畜疾病之关系》，《中华农学会报》1921年第3卷第3期。

[5]　彭国瑞：《饲料之消化性》，《农事月刊》1924年第2卷第7期。

[6]　彭国瑞：《饲料之消化性》，《农事月刊》1924年第2卷第7期。

"配合饲料"不同于一般饲料的优越性，同时还规避"配合"一词的学术与生涩，正如学者金辰区所说："有效的饲料，才能实现家禽需求的平衡。"[1]

值得一提的是，"平衡饲料"概念直到今天仍被学界沿用，不过其内涵已有所改变，专指"浓缩饲料"，即以蛋白质饲料为主，配以一定比例的矿物质饲料与预混合饲料制成的混合饲料。[2]除此以外，"科学饲料"是另一流行范围较广、通行时间较长的叫法。1920年前后南京高等师范学校袁谦提出了这个说法。在袁氏看来，配合饲料时，"对于种类之选择，滋养物之分量，详细斟酌"，而且"所含之滋养物，需预为计算，务与饲养标准相合"[3]，这是一种明显有别于"传统农家之法"的"饲养之法"，由科学之法配合而成的饲料，则是明显不同于"传统习惯饲料"的"科学饲料"。20世纪30年代时，国立中央大学的轻微与王宗佑也曾将"玉米大麦调配而成"的饲料称作猪的"科学饲料"。[4]实际上，"平衡"也好，"科学"也罢，都是为了强化生产界对饲料配合的认可度与普及度。

对于养鸡业的聚焦，是推广配合理念的另一转变。1930年，赵仰夫在《饲育雏鸡之新研究》中指出："母鸡育雏鸡所需饲料之配合，尤为紧要。"[5]两年后（1932年），他又在《副业养鸡法》中强调："饲料的配合，如舍饲与栅饲时，则非常重要。"[6]胡雪帆在《鸡的饲养与饲料》一文中说："合理的管理、鸡病的防治，都与饲料配合密切相关。"[7]到1936年，沈乃农已经开始尝试制定新的鸡饲养标准，以代替过去沿用的Wolf饲养标准。[8]1937年章乃焕《养鸡》第四章"饲料"中，基本讲的都是

[1] 金辰区：《家禽饲料中的矿物质》，《农村》1934年第1卷第21期。
[2] 李和平、王月影：《养猪与猪病防治问答》，中国轻工业出版社，2012年，第29页。
[3] 袁谦：《饲料影响于鸡卵产量之试验》，《农业丛刊》1922年第1卷第1期。
[4] 轻微、王宗祐：《肥育幼猪用科学饲料与习惯饲料之比较》，《畜牧兽医季刊》1935年第1卷第1期。
[5] 赵仰夫：《饲育雏鸡之新研究》，新学会社，1930年，第15页
[6] 赵仰夫：《副业养鸡法》，新学会儿社，1932年，第90页，
[7] 胡雪帆：《鸡的饲养与饲料》，《农村副业》1936年第1卷第6期。
[8] 沈乃农：《新饲料标准与饲料配合》，《鸡与蛋》1936年第1卷第11期。

饲料的配合知识与方法，包括"营养与营养率""饲养之标准""饲料之配合。"[1]

随着饲料配合理论的深化，学术界的饲料配合的推广与宣传也明显臻至一个更加务实与具体的阶段，对此前显现的"唯饲养标准"风气有所遏制。一方面，以郑学稼、缪炎生等为代表的学者在考察了西方饲养标准的发展历史后，发现被国人视作饲养圭臬的西式饲养标准本身还尚未"完全科学"，仍处于不断更新和完善的道路，较早传入中国的饲养标准更是"十分粗略，不适合科学"。[2]另一方面，即便饲养标准的科学性无大问题，仅依靠饲养标准计算得来的饲料配合法也未必科学，正如潘念之所说："在实际应用（饲料配合）时，虽奉之（饲养标准）为金科玉律，作精密计算，标准丝毫无异，亦未必一定能及预期之成绩"[3]，因为除饲料营养性因素，还有多种因素存在并共同作用，例如饲料的种类、卫生，畜禽的状态以及饲用的目的等。更难能可贵的是，在学者们的极力宣传下，饲料配合的理念开始下沉至农民大户群体，有少数养鸡业从业者开始意识到饲料配合在饲养管理中的重要性。1933年，养鸡大户陈嘉峪曾向《禽声月刊》写信请教"雏鸡、童子鸡、产蛋鸡所需之复杂平均配合法"。[4]1935年广东关平地区的农户司徒保也致信求助："现在把本地出产各种饲料的种类和价格抄上，请代配合一平衡而价廉的饲料配方。"[5]正因饲料配合所具有的普及度，使得中国即便在此之后陷入了长达13年（1937—1949年）的战争泥淖中，提倡饲料配合新法与饲养标准的言论也并未断绝，只是发声渠道不可避免地狭窄很多。笔者目力所见的王剑农《满州适地养鸡法》、刘长安《养鸭之秘诀》、缪炎生《畜产学》、吴信法《乳牛学》等都明确涉及有饲料配合方面的内容，其相关理念也基本沿袭20世纪30年代，并未有超越性的观点，遂笔者不再赘述。唯值得一提的是，1940年学者事浩指出饲料配合效果最好的是"产蛋鸡"，"产卵鸡能

---

[1]　具体见章乃焕：《养鸡》，上海黎明书局，1937年，第83-98页。

[2]　郑学稼：《家畜饲养学》，黎明书局，1933年，第18页。

[3]　潘念之：《乳牛饲养学》，中国农业书局，1936年，第33页。

[4]　《陈嘉峪君问》，《禽声月刊》1933年第1卷第11期。

[5]　《广东关平司徒保君问》，《禽声月刊》1933年第2卷第11期。

力与饲料配合，两者相依，最为功效"[1]，这在过去是未见的，由此也反映出了近代鸡饲料配合理论明显超出其他畜种的事实。

二、饲料配方的推广

最早的饲料配合方案出现在养牛业。1929年，龚厥民根据凯尔纳饲养标准，制定出了"每1000克体重的乳牛"的饲料配合方案。[2]龚氏严格按照凯尔纳的饲养标准，力图在现有常用饲料资源的基础上（甜菜、干草等），能配合出几乎完全符合营养比例的饲料方案，并且为便于计算，遂采用了"每1000克体重的乳牛"作为配方设计的对象，显然在现实中这样的牛是不存在的，龚氏更偏重于理论探索。不过作为中国近代的第一个科学饲料配方，龚氏奶牛饲料配方的意义是不言而喻的，其填补了近代畜牧业在饲料配方上的空白。从饲料配合理念与理论（特别是饲养标准）发展脉络看，在养牛学领域内率先出现饲料配方是具有必然性的，因为在20世纪30年代以前，学界主要遵循西方视角，更关注于牛、马等反刍大家畜，第一个引介至中国的饲养标准也是乳牛饲养标准。[3]

此外，国立中央大学农学院濮成德为探讨矿物质饲料对奶牛产乳能力的影响，从1932年开始进行饲养比较试验。据其所述，其所试验的8头奶牛的饲料配合方案为："玉蜀黍五磅，麸皮一磅，豆饼四磅，青草十磅，稻草十二磅。每日分上午四时与下午四时两次给料，每次数量相等。"[4]

在近代，第一个也是唯一一个猪饲料配方见于1931年梁正国《猪的饲料配合法》一文中[5]（见表8-20）。

---

[1] 事浩：《鸡饲料之配合及调制》，《合作与民众》1940年第39-42期。

[2] 龚厥民：《养牛法》，商务印书馆，1929年，第42-44页。

[3] 具体见《实业新法：饲料之调理法》，《实业报》1908年第18期。

[4] 濮成德：《矿质饲料砖与乳牛产乳量之影响试验》，《畜牧兽医季刊》1935年第1卷第1期。

[5] 梁正国：《猪的饲料配合法》，《农民》1931年第7卷第11期。

表8-20 1931年梁正国设计的猪饲料配方

饲料种类与分量	公猪（普通）		母猪（育种）	
	14月龄	42月龄	14月龄	16月龄
大豆	5斤	4斤	5斤	5斤
玉米	30斤	30斤	30斤	30斤
高粱	25斤	20斤	25斤	25斤
麸子	10斤	10斤	10斤	10斤
叶菜	40斤	40斤	40斤	40斤
合计	110斤	104斤	110斤	110斤
每日喂饲	5斤10两	8斤	5斤10两	5斤10两

资料来源：梁正国：《猪的饲料配合法》，《农民》1931年第7卷第11期。

从上表看，梁氏记录的是一次饲料配合工作中的饲料组合，并没有将其进一步概括为一次或一日喂饲活动的饲料组合，与现代饲料学配方的制式规范尚有不少距离。而且饲料的供应方案也比较粗糙，最显见的就是用作育种的14月龄母猪，与16月龄母猪、14月龄普通公猪的饲料与营养供应量竟完全一致；14月龄公猪与42月龄公猪的饲喂量虽有不同，但差距也不大。此外，该配方的饲料组成大多为人的食粮，成本不低，实际应用难度估计也较大。

不过即便如此，梁氏猪饲料配方的内核还是科学的，因为该配方是根据营养标准计算而得。[1]

近代中国的新式养鸡业发展迅速，鸡的饲料配合从20世纪30年代之后最为学界关注，1931年，清华大学农学院王兆泰为中国蛋鸡业制定了首个蛋鸡饲料配方[2]，其配方中设计的供应量是以每日200只蛋鸡为准。这份配方是王氏在总结自身长期饲养试验的基础上，自主制定的饲养标准，体现出明显的中国本土特色。[3]

兔饲料配方出现于20世纪30年代中后期。1937年，养兔专家华兆蕃有感中国养兔研究"远不能如养鸡等之进步"，尤其缺乏饲料配合法。为此，他以"饲料收集之难易及兔之嗜好"为指导原则，制定出了一份兔饲

---

[1] 梁正国：《猪的饲料配合法》，《农民》1931年第7卷第11期。

[2] 王兆泰：《实用养鸡学》，华北种鸡学会，1931年，第297-301页。

[3] 王兆泰：《实用养鸡学》，华北种鸡学会，1931年，第299页。

料配方[1]，以供养兔业界参考。同年（1937年）另一养兔专家萧苇则根据不同月度设计出了饲料配合方案。[2]将两者对比观察发现，萧氏配方与华氏配方明显不同，除了饲喂量的精确度外，华氏比较重视浓厚饲料，而不重青绿饲料，只需"生绿饲料、蔬菜屑、根菜类数种或一种"[3]即可。萧氏则与之相反，其更重视家兔青饲料的来源与种类的多样性，规定兔饲料有12种，每个月需喂2～8种，不同月份在青饲料的选择上各有偏重（除10—12月份）；与此形成反差的是，其浓厚饲料却仅有5种，甚至五月份和八月份的家兔饲料构成中都没有浓厚饲料，由此可见两者饲养理念的差异性。

三、开展配合指导与培训工作

大概从20世纪30年代起，有少数学者开始深入到畜牧业生产一线开展饲料配合的指导工作，同时亦有个别团体或机构组织开展了饲料配合的相关培训工作。这些工作均属于零碎的自发行为，但与以报刊作为推广阵地相比无疑前进了一大步。由于无论是实地指导工作还是培训工作，都能直面生产一线，所以饲料配合成果的转化效果也要好得多。

（一）学者开展的配合指导工作

根据资料记载，比较早亲临生产一线开展饲料配合指导工作的是上海德园鸡场场长黄中成，至迟从1932年起，黄氏就致力于德园鸡场的饲料配合工作，据曾兴善回忆，黄中成已经将本人所配定的饲料投入实际生产之中了。[4]

1934年，冯醒华亲赴江苏武进地区的"生生牧场"考察。据冯氏所述，生生牧场"白色来克杭鸡种千羽"[5]的养鸡规模令其赞叹，受该场技正的"恳切之请"，冯醒华对该场的鸡饲料配方进行了修正和完善（见表8-21）。

[1] 华兆蕃：《关于养兔饲料的研究》，《兔苑养兔杂志》1937年新年号。

[2] 萧苇：《家兔饲料月别表》，《中国新农业》1937年第1卷第1期。

[3] 萧苇：《家兔饲料月别表》，《中国新农业》1937年第1卷第1期。

[4] 曾兴善：《贵场所配定之饲料》，《禽声月刊》1933年第1卷第9期。

[5] 具体见冯醒华：《生生牧场各种饲料配合法》，《禽声月刊》1934年第2卷第3期。

表8-21　1934年江苏武进生生牧场设计、冯醒华修订的鸡饲料配方

饲料种类	饲料分量	饲料种类	饲料分量	饲料种类	饲料分量
粒饵		粉饵		湿饵	
小麦	50磅	麦麸	100磅	鲜虾壳	20磅
玉蜀黍	50磅	粗麦粉	150磅	青菜	30磅
大麦	20磅	玉蜀黍	150磅	玉蜀黍	20磅
稻	20磅	虾壳粉	100磅	麦麸	20磅
麦牺	10磅	晶盐	2磅	下等面粉	10磅
		炭末	3磅		
		蛎壳粉	10磅		
每日早晨六时半及晚上六时喂给		正常喂给		用于雄鸡，每日下午二点喂给	

资料来源：冯醒华：《生生牧场各种饲料配合法》，《禽声月刊》1934年第2卷第3期。原文并未制表，本表是根据所述内容制作而成。

　　1936年，国立中央大学学者"轻微"对南京市各大奶牛场做了调查，其中对当时南京最大的国立牧场"国民革命军遗族学校牧场"（今南京卫岗乳业）做了重点考察。期间，他与一名担任该场技术顾问的加拿大专家详细探讨了奶牛在不同生理状态下的饲料配合问题[1]，当时进入牧场技术组工作不久的王育民恰好亲历了此次考察工作。[2]

　　（二）机构团体开展的培训工作

　　近代能够有兴趣且有条件开始饲料配合培训工作的，大概也就少数团体或机构。首次开展相关培训的，仍是由黄中成领导的上海德园鸡场。1933年，德园鸡场组织了一次由各养鸡大户与鸡场场主参加的"养鸡经营"培训会。此次培训一共11科（课），培训讲义由黄中成从德国家禽函授学校教材编译而来，其中第7科即重点培训饲料的配合方法。其后，德园鸡场将培训成果"一成份平均之粉饵配方"发布在了《禽声月刊》上以供"各家禽饲养者参考"[3]（见表7-23）。不久之后，曾"养鸡经营"培训会的310号学员陈嘉裕还特意写信给黄中成，请教"稻（禾）、米、黄粒玉蜀黍、米之糠、甜番薯、落花生"等对于雏鸡、童子鸡与蛋鸡的"复杂平均

[1]　轻微：《南京乳牛场调查》，《畜牧兽医季刊》1936年第2卷第2期。

[2]　桑万邦：《南京著名奶牛专家王育民的坎坷一生》，《中国奶牛》2012年第6期。

[3]　《饲料研究栏》，《禽声月刊》1933年第1卷第11期。

配合法"。[1]

表8-22　1933年《禽声月刊》刊载的饲料配方

序号	饲料种类	饲料分量（磅）	蛋黄数	蛋白数
1	大豆	25	54	163
2	米碎	100	246	163
3	玉蜀黍	100	260	125
4	米肉糠	100	251	217
5	稻（连壳磨粉）	100	267	160
6	落花生	100	286	368
7	荷兰薯[2]	150	82	23
8	骨粉	50	11	188.5
9	鱼粉	25	22	157.5

资料来源：《饲料研究栏》，《禽声月刊》1933年第1卷第11期。

1936年，中国养鸡学术研究会也开展了一次饲料配合相关的培训，此次培训的反响似乎同样不错，培训会结束后，学员陈叔猷还就个人实际的养鸡情况与当地饲料出产情况，向中国养鸡学术研究会请教了成年蛋鸡饲料的配合量。[3]尽管近代开展的饲料配合指导与培训工作仅有数例，且均为个别学人、团体或机构的自发行动，但从有限的史料中也能窥探出，鸡饲料配合成果的转化以养鸡业最为成功。当时不仅有学术界的人士，更有生产界农户都参与了鸡饲料配方的设计，中国养鸡业也成为了几乎唯一在生产端应用饲料配方的养殖业，由此也反映了当时中国以鸡（尤其蛋鸡）为大宗的畜牧业结构。此外，单从鸡配方应用实践的检验结果来看，当时畜牧业对于饲料配方的需求是强烈的，饲料配方对于畜牧业经济效益的增长是明显的。

综上所述，近代中国饲料科技的主要工作与成就体现在饲料配合化与饲养标准两方面的体系化发展，学理化研究是这一时期中国饲料科技利用的主要工作与特点。以1900年中国第一篇饲料学专文《重要饲料之成分及消化量》为标志，学术界开始由"畜禽"视角向"饲料"视角转变，并

---

[1]　《三〇一号学友陈嘉裕君问》，《禽声月刊》1933年第1卷第13期。

[2]　"荷兰薯"，即"甘薯"，此为南方叫法。

[3]　《南京陈球南君来函》，《鸡与蛋》1936年第1卷第3期。

逐渐构建以"饲料"为研究对象，以饲养试验、化学分析、栽培试验为基本研究法的饲料科学体系。20世纪30年代，官方与学界共同发起西北地区的牧草考察热潮，多个科学领域与社会力量合流参与其中。"饲料营养研究"是饲料领域最基础与最主要的研究方向，学者们在深入认知"营养成分"基础上，对"营养价值""营养与机体关系"方面颇多探讨。"牧草研究"是一支较独立的研究方向，以栽培试验为主，研究主体多在北方草原区，南方以中央农业实验所为代表。不论学术界还是生产界在近代都对中国饲料配合成果的转化进行了艰苦卓绝的准备与尝试。在解决现实生产问题的迫切需求与实用性思维的主导下，饲料配合成果的转化一直被视作近代饲料学界的重要命题之一，总体上处于成果转化的"准备"与"尝试"阶段。集中体现在四个方面：一是开展以应用为导向的相关基础研究。二是引进西方饲养标准并在模仿学习的基础上尝试自主制定。三是以报刊为主要阵地，着力宣传配合理念与推广饲料配方。四是饲料相关学人、团体或机构开展了饲料配合指导与培训工作。

后 记

2015年，一个阳光明媚、春暖花开的季节，经全国著名动物营养学家、南京农业大学教务处处长王恬教授引荐，认识了中国动物营养学界德高望重的李德发院士，当时李院士正在南京出席全国第三届饲料加工展览会，同时他也在为筹建中国乃至世界上第一个饲料博物馆而谋划。当时，李院士希望我们给予他建设饲料博物馆提供一些饲料史文献方面的帮助，同时他还提出，希望我们在三四年内编写出《中国饲料科技史》和《世界饲料科技史》两本书，所需研究经费均由他无偿提供。对李院士的这一义举，我自然感到非常欣喜、十分荣幸和非常感谢！欣喜的是，能受到院士看重，表明我们在长期的中国畜牧兽医史研究中，已得到院士的一定认可，而且，如果开展这项研究，我们还有机会在李院士的亲自指导下做一些有利中国畜牧史研究工作，进一步将中国畜牧史，尤其是中外饲料科技史研究推上一个新台阶，填补这方面研究空白。然而，这项任务也使我备感压力巨大，其原因是，在我国的学科分类中，畜牧史研究隶属科技史农业史，科技史是历史学中的专门史，因此畜牧史是一个非常小的冷门学科，在国家重视经济建设和一贯重视实际应用科学研究的大环境下，长期以来，备受轻视，不仅没有国家科研经费支持，而且在学术界的地位也很低，因此这一学科门类的研究工作一直进展缓慢，成效很低，全国从事畜牧兽医史研究的学者不仅少，其可供借鉴的研究成果也非常少，深恐有负李院士的重托。

古语有云"士不可以不弘毅，任重而道远"。尽管研究饲料科技史的任务比较艰巨，但也不能辜负李院士对我们的这一份深情厚意！接下任务后，我立即组织人员开展研究工作，并先后派出陈加晋、吴昊、马凤进、葛雯、张洪玉、顾胜楠、佘燕文等博士后、博士、硕士研究人员到全国各地图书馆搜集资料，实地调查等，其中不少研究生同学还直接到李院士的国家饲料工程技术研究中心学习实践，他们少则一月，多则一年有余，身受李院士和马永喜教授等老师的亲自指导，我也曾有幸数次前往北京向李院士与马教授等诸位老师汇报研究工作，受到李院士等老师的热情接待和悉心指教，李院士平易近人、睿智豁达、高瞻远瞩、高屋建瓴、一丝不苟、精益求精、敢为人先、永争第一的精神给我留下深刻印象。

非常遗憾的是，李院士交给我们的这项中外饲料科技史研究工作还是未能按期完成，一方面由于期间有中央11部委重大科研项目"老科学家学术成长采集工程·刘大钧院士传"以及本校"基于文化精神内涵南京农业大学动物科技学院院史研究"等任务的插入，分散我们不少精力；另一方面，也确实因为中外饲料科技史研究的基础太弱，其研究内容和难度远超我们的想象。所以，时至今日，我们才勉强拿出《中国饲料科技史》书稿，真有些惭愧不已！

《中国饲料科技史》这一初创之作的完成，还是要非常感谢李院士和马永喜教授及国家饲料工程技术研究中心老师们的大力支持！同时还要非常感谢马凤进、葛雯、陈加晋等人的辛勤付出，他们分别对秦至元、明清、民国三个时段的中国饲料科技史进行认真细致的梳理研究，并分别完成二篇硕士学位论文和一篇博士学位论文。俗话说："宝剑锋从磨砺出，梅花香自苦寒来"，同学们艰苦探索、通宵达旦、废寝忘食的身影一直深深印记在我脑海中。其后，又在杨虎博士的通力协作下，我们通览全部资料，增补相应内容，终成该书。

《中国饲料科技史》这一书稿虽已完成，但囿于精力、知识储备，以及思维能力等诸多条件限制，加之资料收集的难度大，行文论述等方面难免有这样或那样的错误，作为抛砖之作，我们期待学界专家们，尤其是畜牧兽医学界、农史学界的专家们多提宝贵意见，为我们今后进一步修改完善提供参考。"路漫漫其修远兮，吾将上下而求索"，我们将继续努力，争取圆满地完成李院士的重托以及各位同仁们对我们寄予的厚望！

再次对长期支持、关心我们的各位专家学者表示最诚挚的敬意和感谢！

李　群

2021.3.28

图书在版编目（CIP）数据

中国饲料科技史研究 / 李群, 杨虎主编. -- 长春：
吉林大学出版社, 2021.10
ISBN 978-7-5692-9031-8

Ⅰ.①中… Ⅱ.①李… ②杨… Ⅲ.①饲料—农业技
术—技术史—研究—中国 Ⅳ.①S816-092

中国版本图书馆CIP数据核字(2021)第200251号

书　　名：中国饲料科技史研究
ZHONGGUO SILIAO KEJI SHI YANJIU

作　　者：李群　杨虎　主编
策划编辑：黄国彬
责任编辑：田茂生
责任校对：单海霞
装帧设计：刘　丹
出版发行：吉林大学出版社
社　　址：长春市人民大街4059号
邮政编码：130021
发行电话：0431-89580028/29/21
网　　址：http://www.jlup.com.cn
电子邮箱：jdcbs@jlu.edu.cn
印　　刷：天津和萱印刷有限公司
开　　本：787mm×1092mm　　1/16
印　　张：16.25
字　　数：250千字
版　　次：2022年02月　第1版
印　　次：2022年02月　第1次
书　　号：ISBN 978-7-5692-9031-8
定　　价：88.00元